日本人と馬

――埒《らち》を越える十二の対話

出版にあたって

東京農業大学「食と農」の博物館は馬事公苑に隣接し、開館十周年を迎えた昨年は午年と、馬との縁が大変深い博物館です。昨年四月一日より九月十五日まで「食と農」の博物館開館十周年の特別企画展「農と祈り ——田の馬、神の馬」が開催され、その一環として、座談会「日本人と馬 ——埒を越える十二の対話」が企画されました。馬に関しては他の追随を許さない農大内外の先生方により、熱く語り合っていただいた内容が、「神の馬、昔の馬、喜びの馬、働く馬」の四章立てとして、この度出版の運びとなりました。

馬の起源は約五千万年前の北米に遡ります。馬の祖先は小型犬位の大きさの「ヒラコテリウム（別名　エオヒップス）」で、森に棲んでいたようですが、三千五百万年前頃から乾燥が続いて森が減少し、見通しの良い草原に変わってから、肉食獣から逃れるため、足が長く逃げ足の速い個体が進化したと考えられています。和名の「アケボノウマ」というネーミングも、馬の祖先として相応しいものでした。

馬の家畜化は、紀元前三千五百年頃の中央アジアに始まり、わが国に馬が渡来したのは古墳時代といわれており、日本人と馬との歴史は千六百年以上もの長きに渡り続いています。当初は軍事目的で使用されることが多かったのに対し、明治から昭和初期にかけて農業との関わりが深まりました。農家にとっての馬は家族の一員であり、農耕や運搬の為に重要視され、馬の健康を祈って絵馬を掛け、馬を供養するために馬頭観音像が守護神として祀られ、豊作を祈る祭祀では、各地で藁馬が作られてきました。

これらは現代にも受け継がれていますが、一方では農業の機械化が進み、日本人と馬とのかつてのような関係は希薄になりつつあります。しかし、乗馬、競走馬以外に、ホース（アシステッド）セラピーやホーストレッキングといった、本来、馬が持っている温厚な性質に接し、体温を感じ、乗馬により運動機能が刺激されることで、人にヒーリング効果をもたらす新たな関係性も生まれています。本書に収められた、専門分野を超えた対談・鼎談においても、日本人と馬との新たな関係性や今後の展望が見いだされることでしょう。

この出版には多くの方のご尽力をいただいております。この場をお借りし、厚く御礼を申し上げます。

平成二十七年三月

東京農業大学「食と農」の博物館 館長　上原万里子

《目次》

出版にあたって

序

「農と祈り——田の馬、神の馬」にちなむ座談会

第一章 神の馬

祓の象徴 小島瓔禮 楠瀬良 12

馬と生きる信仰 千葉幹夫 川田啓介 前川さおり 42

馬装と神の座 片山寛明 長塚孝 皆見元久 74

第二章 昔の馬

馬文化の発展経路 入間田宣夫 横濵道成 諫早直人 104

和種馬に乗る誇り 近藤誠司 寺岡輝朝 136

馬の博物誌 末崎真澄 松井章 玉蟲敏子 164

第三章　喜びの馬

ンマハラセー――走らない馬の美《ちゅ》ら　高田勝　梅崎晴光　202

日本競馬観客考　立川健治　檜垣立哉　園部花子　228

馬の幸福のエネルギー　西村修一　森部英司　266

第四章　働く馬

国家を築く馬　寺島敏治　黒澤弥悦　大瀧真俊　298

知識は馬の背に乗って　識名朝三郎　入福浜賢　小島摩文　川嶋舟　330

記録される馬　香月洋一郎　村井文彦　木村李花子　362

座談会を終えて――埒を越えたのか　399

「農と祈り――田の馬、神の馬」への図書館情報学分野の参画

馬に関するレファレンスについて　那須雅熙　404

馬関係書籍の書評作成について　惟村直公　408

あとがき

序

馬あるいはムマは歴史の中、書籍の中に、現在の我々が感じるよりは人に近しい存在として表されております。不羈《ふき》でありかつ従順であるという二面性をもつ生き物としての記述は私達の祖先と馬との関係が深かったことを意味しています。確かに意のままに馬を扱うのは困難であるようで、馬に軽んじられた話がある反面、障害を持つ人には乗馬の際、決して邪険にはしないのでセラピーに使用しているとも聞いております。文字上の伝承と合わせれば、馬は人に近い心を持った存在であると推察されます。

文字から離れ古くからの土地を歩くと馬はより一層身近になります。馬に纏わる様々な地名、街道筋の多くの馬頭観音など、紙の上に記載された華々しい馬ではなく我々の祖先と時間・空間を共有し日常を共にした馬たちが現れてきます。

このような馬と人の係わり合いについて多方面の専門家の方々に協力を要請し企画展（東京農業大学「食と農」の博物館　開館十周年記念展示「農と祈り――田の馬、神の馬」）を開催しましたが、本書はこの企画展に並行して実施された座談会の記録であります。この書を通じ現在の私たちに引き継がれている先祖の心情、日常に想いを繋いで頂けたらこれに勝る喜びはありません。

平成二十七年三月

教職・学術情報課程主任　額田恭郎

「農と祈り——田の馬、神の馬」にちなむ座談会

第一章　神の馬

神の馬
「祓の象徴」

小島瓔禮（琉球大学名誉教授）
楠瀬　良（日本装削蹄協会常務理事）

名馬生育の舞台

小島　ここ（神奈川県愛甲郡愛川町半原）には、『平家物語』巻九「宇治川の事」で有名な、名馬スルスミを育てたという家がありました。伊保四軒と呼ばれた集落の一戸、代々、小島庄兵衛を名乗りとした家です。

私はこの名馬スルスミの物語を、昭和二十八年頃に、六十歳すぎぐらいの地元の人から聞いています。その人が若い頃、おそらく明治四十年頃、庄兵衛家を訪ねると、当主の時蔵さんが、今日はヨリガヒだと言ったそうです。ヨリガヒとは自分の先祖が育てた名馬スルスミを源頼朝に献上した記念日だということで、スルスミの話をしてくれたそうです。

楠瀬　日本各地にスルスミ伝説がありますが、「ヨリガヒ」は初めて聞く言葉です。

小島　伊保には家々の用水になるような、小さな沢の水が流れています。これをスルスミ沢と呼びます。集落のすぐ上の中津川の河岸段丘の急な崖の部分の上部、台地上の平地のすぐ下のあたりから水が豊富に湧き出して沢になり、崖の岩の上を流れています。崖と沢が流れ込む中津川と、その間に少しばかりの平地があって、そこに伊保四軒の集落がありました。この沢が中津川に合流するところには、大きな淵があって、それをスルスミ淵と呼んでいたのです。半原では一般に、名馬スルスミをこの沢で崖を上り下りさせ、下流の淵で水浴びをさせて訓練したので、この沢をスルスミ沢、淵をスルスミ淵というのだと伝えています。

この名馬伝説は、古くは愛甲郡教育会の『愛甲郡制誌』大正十四（一九二五）年に記述があり、地元にも色々な伝えがありますが、スルスミ沢周辺の人は、この沢の上のほうに、馬の足の跡のような窪みのある大きな石があり、それはスルスミのものであると伝えていました。転がり落ちると危険であると、爆破して処分してしまったといいます。終戦後のことのようです。

愛川町教育委員会の『愛川町文化財調査報告書』第十九集「あいかわの地名―半原地区―」（九十六頁）にも名馬スルスミを育てた家のことがみえていますが、人名などが異なっています。その家は時次郎屋敷あるいは時屋敷といい、代々、十兵衛と名乗った小島家の屋敷跡であるといいます。明治五（一八七二）年の壬申戸籍では、親子二代とも十兵衛を称しています。スルスミ沢の左岸の四〇九〇番地近くにあったとありますが、その地番も宅地ではありますが一畝しかありません。私が伊保の人に聞いた話を総合すると、四〇八六番地かと思えます。

庄兵衛と十兵衛では少し語音に差がありますが、これは言い違い聞き違いの程度です。時次郎とは代々の十兵衛を名乗る前の幼名で、時次郎が明治二十八（一八九五）年五月五日に没して、この家は絶えたとあります。私が古老から聞いた時蔵さんが浮いてしまいますが、時蔵さんは独身で、そのまま家は絶えたといいますから、時次郎さんのことかもしれません。その古老は伊保のすぐ近くの人で、少年期にこの時屋敷を尋ねていると考えられます。

いずれにせよ、古老が家を訪ねて時蔵さんから聞いたという話は、私が知る範囲では、一番根拠がありそうです。今日は、それを紹介しましょう。源頼朝の愛馬スルスミは、小島時蔵家の先祖が献上したものであるという。非常な駿馬で、毎日スルスミ沢で鍛え、その嘶《いなな》きは、遠く鎌倉にも聞こえた。名馬を求めるように命令されていた畠山重忠は、この声は名馬であると、スルスミを召した。そのときいただいた、スルスミを献上すれば望みの品を取らせるという文書と、その折の御下賜品の白鞘の正宗の太刀と鈴石というものを伝えていたが、明治初年にそれらの品を質入れして、家からは失われたという。

この古老の話で重要なのは、ヨリガヒという言葉です。「頼朝の日」と理解されていたのでしょうが、頼朝をただヨリと呼ぶのもあまりに省略がすぎています。時蔵家に、スルスミの記念日としてヨリガヒが記憶されていたのは、別の意味があったと私は推測しています。特別な日でヨリガヒといえば、私などはすぐに、神霊が人に憑依することを表すヨリマシのヨリという言葉を連想します。ヨリガヒとは、神霊を迎えて祀る特定の日ではなかったかと考えます。

楠瀬　そこでは、スルスミが祀られる強い動機があったと…。

小島　それが名馬スルスミと結びついていたことからみますと、時蔵家は、名馬を育てる伯楽《ばくろう》の家柄ではなかったかと思われます。文書はスルスミを育てた名家であるという、伯楽の権威づけをする由緒書であった可能性があります。刀や鈴は神霊を祀るときによく用いる祭具です。正宗の刀・鈴石とは、その類の道具であったのでしょう。名馬スルスミを記念して、名馬が育つことを祈って馬を守護する神霊を祀る日が、伯楽家のヨリガヒではなかったかと想定しています。

この名馬スルスミを育てたというスルスミ淵が、馬の訓練にとってどのような環境か、馬の調教にもお詳しい楠瀬先生に見ていただきたいと、先ほど、スルスミ沢の源泉のある三八四八番地の下の源流から下流の、スルスミ淵があった中津川のほうまで、約三百メートルのスルスミ沢を展望していただいたわけです。

楠瀬　何か大きな牧場のようなものがあったのでしょうか。

小島　私は、大きな牧場というよりは、むしろその家が調教師的な仕事をしていたという想像のほうが合いそうな気がするのですね。

楠瀬　じゃあ、どこかから連れてきて…。

小島　その点は分かりません。そのヨリガヒの話をしてくれた人が言うには、「このスルスミ淵とこの沢で上り下り、朝な夕なに嘶く声が聞こえてくるような訓練をして、名馬に育てたのだ」と、むしろ、調教するということを強調して、この話は伝わっているのです。

楠瀬　あれだけ急斜面だと、かなりのトレーニングにはなると思います。

小島　そうですか。その話を聞くと、鵯越《ひよどりごえ》の。

楠瀬　いかにもそんな感じがしますね。

小島　「鹿も四つ足、馬も四つ足、馬の越えざる道理はなしと」なんていうイメージで聞いていたのですけれどもね。写真を撮っていただいて、少しはイメージが伝わると思います。沢の、水の流れているところではあるけれども、険しい岩場を上り下りする。やはり淵があるというのは、訓練するのにいいことでしょうね。

楠瀬　ここはそんなに流れはないのでしょうね。

小島　私の父の話では、中津川は滔々《とうとう》と水が流れていて、そして誰もが言うのは、足にぶつかるほど魚がいたというのです。ところが、関東大震災で土砂が流れ出して。だから、このあたりの山の丹沢山地の山は丸かったそうですよ。それが全部とんがった山になったのだそうです。中津川は豊富な水が流れ、スルスミ淵も深かったと思います。

楠瀬　土砂崩れとか、そういうことですかね。

小島　直接、地震で崩れたところも相当あったと思うのですが、そのあとの大雨のたびに土砂が流出する。終戦の年あたりにも、この下の沢が大氾濫しました。せいぜい二～三キロしかないような沢ですけれどもね。地震のあと川を見に行ったら、底が抜けたみたいに水がなくなっていたというのです。

楠瀬　水脈が変わったということなのでしょうか。

小島　おそらく、沢のある場所は断層でしょうから、ずれて水がしみたのではないかと思います。専門家が見たら、何とおっしゃるか。この辺では、川で泳ぐことを「水浴び」と言うのですけれども、昔はこの沢で水浴びができたと言います。しかも、アユがこの下あたりまで上ったというのです。ということは、餌となる苔のついた岩があったということですね。

楠瀬　なるほどね。

小島　私が覚えているのは昭和二十年頃からの数年ですけれども、昭和二十年というと関東大震災から二十年余りしか経っていないわけです。ところが、私自身がここから離れて、戻ってくるのに五十年経ったもので、沢の水が干からびていますよ。我々が子供の頃は、まだ流れていました。今日、中津川沿いの下の道を通っていただきましたよね。あの沢のあのあたりにはまだアユが上ったそうです。そのくらい水があったのですね。その頃はスルスミ沢も水が豊かで、台地上の学校からすぐ近くにも湧き水があって、小学校の水道が渇水すると、掃除当番の時には崖を掃除用のバケツをさげて下りて、水を汲みにいきました。

楠瀬　なるほど。

小島　こういう沢と淵があって訓練したという、そういうことが楠瀬先生のご専門から見て、「なるほど、トレーニングかな」と思えるとするとおもしろいなあという。

楠瀬　トレーニングには使える場所という感じはしますよね。ただ、今の馬は、競走馬や乗馬ですから、そういった馬のトレーニングに使うとしたら違和感はあります。でも、侍が戦闘に使う馬のトレーニングなら、ありうると思います。

小島　四尺が基準の時代には、ちょうどいいでしょうね。私は鵯越を思い浮かべて、こういうところで訓練しなければ、戦で使える馬にはならなかったのではないかという感じがしました。もし、そうだとすると、スルスミ伝説がここにあるひとつの理由が見えてくる。

楠瀬　水練というか、泳がせることは、昔からやられていました。今はプールで調教をしますが、こうした調教法は急に始まったことではなく、ずっと昔からやられていて、それを上手に競走馬のトレーニングに取り入れているんです。源平時代、戦で使うとなると、戦う環境は変化に富むと思われます。戦に使う馬なら、いろいろな状況に慣れさせておくことが重要だったのだと思いますね。

小島　『平家物語』ですと、宇治川の合戦で先陣争いをするわけですから、川を渡るという。

楠瀬　「磨墨」と「池月《いけづき》（生食）」という二頭の名馬ですよね。イケヅキ伝説も、あちこちにあるのですか。

小島　多いです。民俗学を築いた柳田國男の著書『山島民譚集』は、各地の「磨墨」「池月」にちなむ伝説をたくさん集め、分析を加えています。『平家物語』は、もともと琵琶法師が口語りする語り物でした。百二十ほどに区切って一場面一場面を語ったものです。そのうちの一場面くらいを一晩で語る。すると、始終語られる場面は限定されるわけです。そういう意味で、宇治川の先陣は…。

楠瀬　一番クライマックスのところですね。

小島　クライマックスですね。頼朝が名馬を二頭持っていて、誰に「磨墨」を与え、誰に「池月」を与え、という。

楠瀬　いわゆる『平家物語』を語る人は、行脚して廻ったのですか。

小島　琵琶法師は、一般には旅する芸人でした。文庫本でこんなのが二冊になるくらいありますから、それが全部できる人は最高級の琵琶法師です。普通の旅から旅へ芸を持って歩くような法師は、大事な場面しかやらない。

楠瀬　聞くほうも、そこが聞きたいと思っていたのでしょうね。

スルスミ沢（神奈川県愛甲郡愛川町半原）
河岸段丘の縁の岩場を流れ下るスルスミ沢の上部。この水源の近くに、馬蹄形の窪みのある大きな岩があった。下流は中津川にあったスルスミ淵に注いでいる。

競走馬のプール調教（JRA 美浦トレーニングセンター）

小島　はい。伝説というのは、伝えの舞台はあっても、具体的な証拠はなかなかないのです。この阿部正信の『駿国雑志』（一八四三年成立）の摺墨首骨の図、この首が静岡県の旧鞠子駅の泉ヶ谷にある農家、熊谷家の入口の柱にかけてあったということです。ここに繋ぐと、病気の馬も駻馬《はね》もすぐに治るとあります。

楠瀬　頭蓋骨ですか。

小島　こういうものがあるということは、どうもこの家も、馬の病気を治す力を持っていて、これはおそらくその看板だろうと思います。

楠瀬　獣医さん。

小島　いわゆる伯楽ですね。そういう家柄があちこちにあって、スルスミの伝説を持っていた、と。この土地にどのくらい馬の歴史があるか分かりませんが、東北の曲り家《まがや》では、馬屋が母屋の中にあり、人間と一緒に暮らしていたことで有名ですが、我が家も土間の端が馬屋だったそうです。

楠瀬　その頃は、この馬は農耕に使っていたということですかね。

小島　そうだと思います。それともう一つは、肥料の生産です。年寄の話だと「木曽馬」といって、伯楽が売りにきたといいます。この辺は、木曽馬圏のようですね。はっきり、木曽馬という言葉が残っていました。

楠瀬　生産はせずに伯楽から買って、農耕や肥料の生産に使うということですね。

小島　家畜に曳かせる鋤《すき》の話は聞いたことがないですね。畑だから使わなかったのか。ここには水田がありませんからね。父の話によると、それでも馬を飼っていたから、塩は叺《かます》で大量に買って使っていたみたいです。叺が空くと、最後はお風呂に漬けて、塩湯に入ったと聞いています。

楠瀬　もっぱら運搬で使うのですか。

小島　運搬にも使います。この山の西側の村は炭焼きで暮らしていて、坂が厳しいから馬に積んでよそに出す。すると馬が歩かないから、人間が馬を引っ張るんだという話もあります。水田で馬耕って、昔はなかったのですか。

楠瀬　馬の蹄は、トイレが詰まったときに使う真空ポンプの先のような形をしています。だから水田だと、足抜けが悪くて向いているとはいえません。

小島　すると、坂道なんかにはいいかしら。

楠瀬　坂道も、馬は本当はあまり得意ではないですね。一方、牛は偶蹄です。つまり爪が分かれていてフレキシブルなので、坂道も牛のほうが得意です。馬は、ごつごつしたところは不得意なのですが、戦となるとそんな贅沢なことを言っていられないですからね。だから、それだけ訓練が必要なのだろうと思います。

小島　ここでは馬を何に使ったのか、聞いたことはないですね。

楠瀬　飼えるくらいだから、豊かな農家ですよね。

小島　おそらく昔の家を作った人は私の高祖父なのですが、この地域の木挽き仲間の親方をやっていたのです。だから、もしかしたら山の中で木を運ぶために使ったかもしれません。

楠瀬　今は、いわゆる使役馬というのは、ほとんどいないのですが、残っているのは山の木を運び出すとき、たとえば北海道などで重機が入れない山などでは、道産子を使って曳いてくるようです。

小島　それはイメージとして、材木そのものに車をつけるのではなく、曳きずって。

楠瀬　そうです。

小島　そりの原理で、馬が曳きずって出すという。それに使ったのかもしれないですね。

楠瀬　北欧などでは、大型の輓馬を連れて仕事があるところへ出かけていって、木の切り出しをしてお金をもらって生活している人は、まだいるようです。では、先生の専門分野である祓《はらえ》の話を。

犠牲獣

小島　日本の馬の歴史と言いますと、戦後あまり経たない頃、北方ユーラシアの専門家だった江上波夫先生が「天皇家の先祖は騎馬民族である」という説を出しました。世間から驚かれると同時に、その反応に先生自身が驚かれたようです。日本民族学協会の機関誌『民族学研究』第十三巻第三号（一九四八年）で「日本民族―文化の起源と系統」と題する座談会を特集しました。何も話題がないとどうしようもないから、そのくらいのことを言ってみようということだったとの先生の述懐がありましたけれども。

楠瀬　そうなのですか。

小島　江上先生の北方ユーラシアの馬の研究は、我々にとってはとても貴重なデータだと思います。江上先生をはじめ、いろいろな方が北方ユーラシアの馬の文化を論じるときに、葬式のときに犠牲にしたらしいという事例を挙げてくださっています。その中でまとまっていておもしろいのは『隋書』の「突厥《とっけつ》伝」です。突厥とは、いわゆるトルコ民族のことです。突厥が活躍した地域は、満州から中央アジアまで広がっているということです。『隋書』ですから、七世紀くらいのことを書いていると見ていいと思います。それによると、人が亡くなると、帳《とばり》の中、蚊帳の原形のようなものを想像してしまいますが、要するにカーテンの中に死者を置いて、そして家の人や親族が馬を殺して祀る。そのあとに「死体を火葬するときに、馬の上に載せて火葬する」と。

馬の上に載せるというのは想像しにくいのですが、乗馬の姿のはずはないでしょうから、犠牲にした馬の上に死者を載せて火葬にした。それが終わると灰を集めて葬ったといいます。これは中国の人が、周辺民族の文化として書き残しているわけですけれども、ほかの資料からも、トルコ系の民族が死者を供養するのに馬を殺したデータがあるということで、信憑性のあることかと思います。

地域で言うとアルタイ山脈のふもとに、トルコ系の民族でアルタイ族と呼ばれている人たちがいます。そのアルタイ人は、後世までシャーマンと結びついて、馬を殺す。なぜ殺すか。馬の魂に乗って、天の神のところへ行くのだということを、シャーマンは説明するみたいなのです。けれども外形から見ると、馬を犠牲にして、死者を祀る。それはなぜかというと、シャーマンの魂が馬に乗って天へ行くためだという説明であって、事実としてあるのは、人が亡くなると馬を殺す、馬を犠牲にするということです。

どうも北方ユーラシアは、そういう形で馬の犠牲が大事にされてきている。馬を犠牲にするというのは、とても大事な宗教的な意味を持っていたということまでは間違いがないのではないかという気がします。いくつかのデータを見ていきますと、要は家畜を殺すのですね。ですから、牛のことも、羊のことも、場合によると犬のこともあるようです。けれども、アルタイ人の事例では、馬に一番価値があるからでしょうか、馬になっています。

楠瀬　そうでしょうね。

小島　犠牲として意味がある、ということのようなのです。一番いいのは白い馬だと伝える部族もあります。北方ユーラシアで神祭りに馬が大切だった最大の理由は、馬を殺すことにあるという。ところが、馬の犠牲を考えると、我々はアイヌの熊祭りでよく知っている、特別な野獣を飼育して、まつって、送るという形が、実はベースにあるのではないか。

楠瀬　野生動物を殺す場合と、家畜を殺す場合とあるということですね。

小島　それを裏返してみると、家で野生動物を飼い始めるのは、犠牲にするために飼い始めたということも、当然考えられるのではないかということです。熊などの場合には、まったくそうです。熊は家畜になり損ねて、そのままですけれども。

シベリアに渡っては、ロシア西部のカルムイクのモンゴル系カルムイク族は、羊を飼い、その肉を食用にしますが、やはり羊を犠牲にする儀式があります。それは、特別な羊として若いときから飼育します。アイヌの熊祭りも、赤ん坊のときから育てるとのことです。牧畜民ですから羊を飼っているのですが、特定の羊をそのように祀ってそれを成長させ、ある時期になると殺害して肉は熊祭りと同じように食べるそうです。それが一つの行事になっている、という例もあります。この習俗が馬や牛にあったらおもしろいわけですが、馬や牛になるとどうも特別な犠牲以外にはないみたいです。

そういうものを見て、我々の先輩の専門家にも「それが家畜というものの最初ではないか」ということを一言書いていらっしゃる方がいます。私もそういう道筋はあり得るかと思います。馬の歴史、あるいは家畜の歴史から見て、そういう想像が果たして成り立つのかどうか、ということです。

楠瀬　野生の獣をそうやって育てて殺すことがあり、それが家畜化に繋がったという見方はおもしろいとは思います。ただ、家畜化の最初は人間の経済的な利益になるというか、お祭りごととは別のような気もします。でも、どこかで繋がりはあったのかもしれないですね。

悔過《けか》と祓

――先ほど、犠牲にするには白い馬が一番とありましたが、それはどういう意味なのですか。

小島　特に説明は書いていないですね。これは、北方アジアの例です。

楠瀬　人間が動物を家畜化すると、例えば馬の場合は顕著なのですが、全体として毛色が急に多様になります。

野生の馬の場合、基本は鹿毛の小汚い茶色なのですけれど、遺伝子的には芦毛《あし》になったり、斑《ぶち》毛になったりする遺伝子を持ってはいるのです。ただ、野生では、そういう個体は目立ってしまうから、肉食動物に早々に捕食されてしまって、なかなか生き残れなかった。でも、人間が家畜化すると、珍しい色の動物が生まれたりすると大事にするのです。家畜化すると、あるときから毛色の多様性が出てくる。

　最近『Nature』に馬の遺骨のＤＮＡを調査した論文が載りました。考古学的には紀元前三千五百年くらいから人間が馬を家畜化したと言われてきました。そこでいろいろな時代の馬の骨のＤＮＡを解析したところ、紀元前三千五百年くらいから、急にいろいろな毛色の馬、それこそ斑の馬や芦毛の馬が存在しはじめたというのです。今の時代の人間もそうですけれど、たとえば珍しい車に乗りたがるとかというのと同じで、珍しい色が出るとそれを大事にして、自慢するわけです。それがある面、貴重品だったり、ほかの人にとっての憧れだったりする。すると、たとえば白馬は希少価値が高い。それが特別なときには、祀られているのではないかという想像はできますよね。

　天《あめ》の斑駒《ぶちこま》は、斑毛だったらしいです。実はこの間、伊勢神宮に行ったのですが、何年かかけて新しくお宮を造ったときに奉納する、木造の神馬が、斑毛なんですね。天の斑駒から来ているのかな、という感じがします。

小島　それは斑駒が飼われていたから『古事記』、『日本書紀』に出てくるのか、出ているから真似して使っているのかは難しいですけれどね。

楠瀬　どちらか分からないですね。

小島　とにかく『古事記』、『日本書紀』で天の斑駒ということで、もっぱらいっていますから、それはそれでひとつの大事な目印だったのではないでしょうか。あそこで馬が出てくるのも、本当はよく分からないですけれどね。結局、スサノオノミコトが乱暴をして、そしてアマテラスオオミカミが天岩戸《あまのいわと》に隠れてしまう。それはなぜかというとスサノオの悪業のせいだからというので、スサノオは高天原《たかまのはら》から追放されるわけです。ところが、ただ追放されるのではなく、穢《けがれ》を払うシンボルとして送り出されるという言い方をしています。結局、スサノオは祓のシンボルになってしまっているわけです。

そうして見ると、後世と言うべきか、平安時代初期の記録にしか出てきませんが、祓のときに馬を使うことからすると、天の斑駒があそこに突然出てくるのが分かりにくいのですが、それをスサノオが生剥《いけはぎ》、逆剥《さかはぎ》にしたのは、おそらく毛皮の剥ぎ方のルール違反を犯したということであって、もともとあそこで斑駒は犠牲にされたのではないかと、私は考えるのです。

なぜアマテラスが怒ったかというと、斑駒を手順に従って屠殺するのは儀式だけれども、生きたまま皮を剥いだり、逆に剥いだりするのは違法であり、それをスサノオがやったのは儀式の妨害だということです。天の斑駒はスサノオが身代わりになって祓のシンボルになっていますが、これは平安時代からみると、馬を犠牲にして祓をしたように見せる原形ではないかと考えられると思うのです。

たとえば、ひとつおもしろい事例があります。『日本書紀』の皇極天皇元(六四二)年七月の記事の中に、雨乞いをするために牛馬を殺したとあります。ところが、ちっとも効き目がない。そこで仏教を崇拝していた蘇我家の人が、お寺で悔過《けか》をしたらいいのではないかと言って、やったら、とにかく雨が降った。悔過というのは、仏教用語です。神様より仏様のほうが、力があるというのが、この場面での狙いではあるわけです。

後世、私などがこれを平等に見ると、牛や馬を殺して雨乞いをする、つまり大型の家畜を犠牲にして雨乞いをすることと、仏教のほうで悔過と言っている行事とは、この時代には同じ性質のものだったと。つまり、悔過も祓であり、牛馬を殺すことも祓だったのではないかと、この記事から考えられるのではないかと思うわけです。

楠瀬 悔過というのは、具体的には何をするのですか。

小島 「悔過」というのは漢語で、こういう面倒な字を書きます。

楠瀬　過ちを悔い改める。

小島　そうです。悔い改めるということです。現代でも、お坊さんが懺悔《ざんげ》してお祈りすることだと、辞書などでは簡単に説明しています。語源は、確かにそうですが、儀式としての悔過は、祓と一対になっています。天武天皇が亡くなる直前、国家として大祓という行事をやります。これはもちろん牛馬などは使いませんが。同時にお寺では何をするかというと、悔過をします。有名な東大寺のお水取りも、正確に言うと「十一面観音悔過会」、悔過なのです。言葉通りに説明すると、東大寺のお坊さんたちが儀式をして、懺悔をして、ということになるわけですが、悔過の本質は、大きな願いごとをすることです。天武天皇のために朝廷では大祓をし、お寺では悔過をするのは、天武天皇の長命を願ってのことに違いありません。この時代の文献で悔過というのは、大祓に相当する仏教行事であると私は理解しています。

楠瀬　仏教では、動物を犠牲にすることはないですよね。

小島　ありません。

楠瀬　大祓というと、今でも神社で毎年定期的にやっていますよね。あれは、その昔は動物を犠牲にしてやっていたのですか。

小島　記録が残っている奈良時代には、すでに家畜の殺生は禁断ですから、そう明記したものはないと思います。ただ、平安時代初期でも、朝廷の大祓の儀式のときは馬を引き出して、馬も儀式の一部になります。もちろん、殺したりはしていません。実際にどうしたのかはよく分かりませんが、祝詞《のりと》の言葉だと、願いごとが馬の耳にも届くように、という意味のことが書いてあります。つまりは祓の象徴の馬です。「馬の耳に念仏」というのは、そういうものの言い方があってできているのでしょう。祓の儀式のための馬、という観念は生きています。用意されているのです。だから、天の斑駒も祓のための馬ではないかと考えることができると思っています。

馬飼いの家系

楠瀬　先ほど家畜化の話をしたのですが、それは今から五千五百年前とかそれくらい前のことです。ただ日本列島に馬が渡来したのは、考古学の今の定説としては五世紀の終わりくらいで、朝鮮半島から入ってきたのだろうとされています。そのときに馬だけが来たわけではなく、技術を持っている人とともにやって来て、いろいろな馬具も一緒に持って来た。各地の古墳で馬具が急にたくさん出てくるのは、そういうことらしいのです。ただ、『古事記』や『日本書紀』が想定している時代は、もっと前ということですよね。

小島　私は、はっきりと朝鮮半島経由だと認識されていたと思います。『日本書紀』の仲哀天皇九年の条にみえる神功《じんぐう》皇后の三韓への侵攻、昔「三韓征伐」と言った物語の一連の記事の中に、神功皇后が朝鮮半島の新羅に侵入すると、大津波が起こるのです。そして、新羅の国が水浸しになります。そのときに新羅の王が神功皇后に降伏して、「我々はあなた方の馬飼いになる」と誓ったという話があるのです。朝廷に仕えていた馬飼いの家柄は二つあるのですが、その二つの家柄の起源譚になっています。奈良時代、それに続く時代に、馬飼いは新羅の王の子孫だということを全面的に認めていたかというと、それははっきりさせにくいのですが、洪水に責められて降伏したという話がある以上は、なにか由緒があったに違いない。のちの馬飼いの起源になっていたのです。

　ところが、面白いのはいわゆる海幸山幸の話です。山幸彦が海へ釣りに行って釣針をとられる。そして釣針を貸したお兄さんの海幸彦が「返せ」と言う。そういう話があります。無理に「魚にとられた釣針を持ってこい」と言った海幸彦は、洪水に責められて溺れるという物語が『古事記』にも『日本書紀』にもあります。海幸彦が溺れているのを助けたので、山幸彦の子孫は天皇家となり、海幸彦の子孫は天皇家に仕える隼人になったという話になっています。

　奈良時代の制度では、九州に住んでいる人たちも「隼人」と呼ばれますけれども、隼人というのは公式には、朝廷へ来て警備その他、服従する家柄なのです。馬飼いも隼人も、両方とも九州の北と南で洪水に責められて、天皇に服属するという話を持っているわけです。それだけならば、どうということはないのですけれども、天武天皇が亡くなったときに、それぞれいろいろな人が公式のお悔やみに行きます。その中で、馬飼いの家柄と隼人の家柄が一緒に弔問に行っているのです。これはどうして一緒なのか、説明はありません。ないけれども一緒なのです。

　しかし、同じ伝説を持つ家柄ということを考えると、どうも無関係とは思えない。隼人が馬を飼育していたかというと、あまり有力な考え方はなかったのですが、隼人には盾があったことが、平安時代初期の『延喜式』に書かれています。そこには盾のサイズから、使ってある色、図柄まで書いてあって、釣針の形が描いてあるとあります。誰も想像がつかなかったのです。そうしたら、二重渦巻なのです。黒と白と赤の三色で二重渦巻、つまりS字型に描くわけです。平城京の遺跡から、隼人の盾を井戸側、井戸の枠に使っていたものが出てきたのです。実物が現在も保存されています。したがって、色彩の使い方も記録の通り、釣針の図柄がS字型だということまで分かりました。盾の頭のところには穴が残っています。なんと、ここに馬の毛をつけていたのです。これが記録に書いてあるのです。盾の実物が出てきましたから、馬の毛を用いたことも間違いないでしょう。すると、隼人と馬の関わりは決して単純ではなかった。実物が出て、馬の毛が確かだということになるまでは、あまりはっきりしなかったのですが、『日本書紀』推古天皇二十年にみえる歌に「馬ならば日向《ひむか》の駒」という言葉が読み込まれている。日向というのは、のちには宮崎県だけですが、古くは宮崎県と鹿児島県つまり隼人の地のことなのです。隼人が馬と関わりがあったらしいということが分かってきます。

そこまで分かりますと、奈良時代の天平十（七三八）年以前の成立と思われる、『肥前国風土記《ひぜんのくにの》』に、今の五島列島の福江島あたりのことと推定されますが、いわゆる海人《あま》がいるわけです。その海人について「五島の海人は隼人に似ている」と書かれています。しかも、海人は馬に乗る習慣があることが書いてある。

残念ながら隼人が馬に乗ったという記録はないのですが、こういう客観情勢と五島の海人の言い伝えとを重ねると、隼人はどうも馬と関わりのある部族だったのではないか。そうすると、天武天皇の葬儀のときに、新羅の王の子孫とする伝えもある馬飼いと、一方には馬とゆかりのありそうな隼人が一緒に行っているというのは、どう考えても大きな歴史的背景があるに違いない、と思えます。

楠瀬　お話を聞いていて、思いつきなのですが、日本列島の中で名馬の馬産地と言ったら、ひとつは木曽ですよね。長野、山梨、あのあたりで馬の技術を持った人たちがそこに定住して、牧をたくさんつくって軍馬の生産をして、供給地となった。一方で、今の隼人の話です。両方で共通しているのは、馬肉を食べることです。馬肉を食べる習慣が定着するのはなかなか難しそうだし、それがずっと続くというのも何かありそうな感じがしますよね。

葬礼と日本的従死

小島　それで、五島列島の住民と九州南端の隼人との係わりについて、もうひとつ考古学的に知られていることがあります。それは何かというと、いわゆる古墳時代は、大小はあるけれども、山のような塚を築いて葬ることが習慣です。ところが薩摩半島では、地下に穴を掘って、上にふたをする形式なのです。一時期は「隼人式古墳」と呼ばれたくらい隼人地域独特のものでした。ところが考古学が進んで、五島列島にもあることが分かったのです。考古学の先生も、必ず『肥前国風土記』の五島の海人が馬に乗り、隼人に似ているということに注目なさるわけです。五島列島から九州の西部を南北に、海を経由してひとつの大きな文化の流れがあった可能性が考えられるわけです。それを私は西海大海島帯文化と呼んでいますが、そこにいち早く、朝鮮半島から来た馬の文化が結びついている。そのように考えることが可能なのです。

日本に馬が定着したのがいつか、というのは難しい問題だと思いますが、ある意味では隼人の世界から朝廷が生まれているわけですから、その点では、まさに江上波夫先生の騎馬民族説というのは、荒唐無稽ではないというポイントもあるわけです。

楠瀬 なるほど。日本の古墳からも、馬の頭部や骨格が出てきますよね。やはり、そういうものはみんな、それこそ北方ユーラシアの流れをくんでいるのでしょうか。

小島 馬は一度入ってきて終わり、ではないと思うのです。折々、新しい馬の文化が入ってくるのだろうと思うので。ですから、古い時期はこうで、古墳時代はこうで、と。むしろ、大陸でどのような変化が起こっていたかも問題でしょうし。

たとえば、こういうこともあります。家の主人が死んだら馬を買い替える、と。つまり、前に飼っていた馬は売るなり何なりして、新しい馬と取り替えるという習慣が点々と知られているのです。それと共通して、養蚕農家では、主人が死ぬと次の年の種にする蚕はよその家からもらう、というのです。つまり、次に継がないわけです。これは日本の家の相続と、飼育する生物との係わりという点で大変興味深いです。私自身がそれに気がついたときに、それ以上のことは考えられもしないし、そのままだったのですが。先ほどの北方ユーラシアの、家の人が死ぬと馬を犠牲にするという、それをひとつ挟んでみますと、買い替えるというのは、もったいないから日本では犠牲にはできなかったけれども、それと同じ趣旨だったのかな、と。馬を買い替えるということは、馬を犠牲にする習慣のやわらいだ形かということも、少し思いました。

楠瀬　中国に兵馬俑があるじゃないですか。兵馬俑を墓地に入れる前は、皇帝が死んだら人間の部下を殺して、馬も殺して、それを全部埋めた。それはあまりに不経済だし残酷なので、ああいうものになったということがありますよね。それは言ってみれば、お祓などではなくて、次の世界に行ってもう一度よみがえったときに使う、という感じですよね。日本は、そういう思想ではないような感じもするのです。

小島　日本でも埴輪は、もともとは生きている人を陵墓に葬ったが、野見宿弥の進言で代わりに人や馬などの形の焼き物を使うようになったと『日本書紀』の垂仁天皇三十二年の条にあります。

　それと北方ユーラシアでは、たとえば敦煌などにもあるそうですが、釈迦が亡くなった場面で、仏教信者たちがそれを悼んで耳を切り、鼻を削ぎということをした。古い時代の記録と新しい時代の伝統とをあわせた、北方ユーラシアの習慣らしいです。敦煌の釈迦の涅槃《ねはん》の絵は仏教美術なのですが、北方ユーラシアの習慣を反映していると言われているそうです。ですから、馬を犠牲にする習慣はまさにそのような血生臭い儀式を一歩譲ったようにも、たしかに見えるわけですね。ただ、日本の馬を買い替えるというユーラシアの一番端へきての文化を見ますと、やはり家畜は主人が死んだら犠牲にするものだったということで、それは、家畜や奴隷などを犠牲にしたということと結びつくのかなと、私も想像します。

楠瀬　動物を飼うということで牛を飼ったり、馬を飼ったりした。ほかに猿や、鳥など、いろいろなものを飼ってはいたと思います。ただ家畜とそれ以外の動物は分けられますよね。家畜以外の動物は、犠牲にはしなかったのですか。たとえば、猿などは。

小島　結局、日本の場合で見ますと、野生のものは平気で殺すわけです。ところが、家畜の類は殺してはいけないというのが、『日本書紀』やその他にちらほらみえてくる禁止令なのです。それがある意味では現代の動物を殺して食べること、ヨーロッパでは家畜は殺して食べるけれども、野生のものは大事にするという、日本は自然保護が成り立っていないという言われ方をするわけですが、日本は逆に家畜を大事にする習慣が生まれてくるわけです。そういう中で、かつては家畜を殺す習慣があった。犠牲にすることをした。それは家畜だから価値があるのだと思うのです。そういう点では、日本の家畜の文化は北方ユーラシア的というか、大陸からの影響を受けているのだと思います。

八丈島では大量に牛を使役していたのですけれど、飢饉のとき以外は食べない。なぜ、そんなに大事だったのか不思議ですけどね。

楠瀬　大量に牛を飼っていたのは、いつ頃のことですか。

小島　記録を見ないと正確には申し上げられませんが、江戸時代から少なくとも戦争前くらいまでは相当数を飼っていたはずです。江戸時代後期の統計では、一戸あたり一頭強になります。八丈には東山と西山があって、西山は活火山、東山は死火山で、活火山の裾野を使って放牧もしています。それでいておもしろいのは、牛の餌にする草を「馬草《まぐさ》」というのです。牛小屋のことも「馬屋」といっています。八丈の牛の文化はとても分かりにくいのです。

楠瀬　そうですよね。それは何のために飼っていたのだろう。ミルクかな。

小島　日常、田畑などに出るのに牛に乗っていますから、その点では駄牛だったと言えます。八丈島では堆肥小屋が大便所であり、牛小屋と接して建てます。牛の肥料を堆肥に積むのに便利だからと言いますから、牛の飼育目的のひとつは肥料をとるためだったかもしれません。

楠瀬　牛の糞は、あまりいい肥料にならないようです。モンゴルでは燃料に使っています。一方、馬の糞は栄養価が高い。上手に使えば土を肥やすことができます。

小島　だから、八丈島の牛って本当に分からないですよ。
楠瀬　ちょっと調べてみよう。
小島　もともと馬が狩猟の対象だった時代というと、スペイン、フランスの洞窟の絵を想像しますが、ああいう文化は時代がうんと離れているのですが、家畜をめぐる文化は広まるだけで、本質は変わらないのかなという気がします。
　日本でもいろいろな時代にいろいろな形で広まったと思うのですが、馬に限って考えると、五島列島から薩摩までの海の文化と結びついて広がった可能性が考えられます。たとえば埴輪だったら、馬はいるけど牛はいません。
楠瀬　牛はないですよね。でも、猿はいますね。おそらく、日本に馬が技術者とともに来て、権力者の戦に使うという実用的な意味もあるけれども、ある種、権威的なもので、地道に野生をつかまえてきて家畜化するとかそういったことはせずに、いきなり文化として持ってきて。
小島　そうですね、まとまった文化として。
楠瀬　そして、それが貴重であること。牧で生産しても、そんなにはたくさん手に入らないわけです。そういう面でもっとも貴重なもので、神馬が白馬であるように、貴重な中でもさらに珍しいものを大きな行事のときには使う、ということがあったかもしれないですね。
小島　考古学のほうとどう合致するのか分かりませんが、九州西部の南北に貫く文化のルートには、いろいろおもしろい点があると思います。新羅の王が馬飼いになったという伝え、その馬飼部と隼人が一緒に天武天皇のところへ弔問に行くという文化は、かなり大きな古代の日本の姿を反映しているのだと思います。海幸山幸の話は神話だということで完結していますけれども、新羅の王も馬飼いになったきっかけは、洪水で責められたおかげです。天皇家に仕えた隼人も、まさに同じ理由です。説話のほうから考えれば、それは同じ神話の変形だと言って差し支えないくらい特徴があって、かつ共通しています。

そして、古代の記録のレベルで考えると、もともと神功皇后のご主人の仲哀《ちゅうあい》天皇が西のほうへ進んでいくわけです。朝鮮半島に渡る前、福岡にいる間に亡くなってしまいます。南を攻めようとして、その天罰で亡くなったというような言い方をしているわけです。南を攻めようとしてご主人が亡くなったから、神功皇后は朝鮮に進んでいく。そこでも、南の隼人の世界と朝鮮半島の新羅の世界が一対になっているのです。どうもその辺で、神話的な語り方と英雄伝説的な語り方とが重なっているような気がするのです。

ティーラーガーミと八朔

楠瀬　先生は長らく沖縄にいらっしゃったわけですが、琉球には現在在来馬がいますよね。琉球のかつての文化では馬はどうだったんでしょうか。

小島　馬のほうはうまく分からないのですけれど、沖縄の島々の考古学的な発掘では、いわゆるお城に相当するグスクの発掘をすると、牛の骨は出てくるけれども馬の骨は出てこないそうです。それはちょうど、馬は生きたまま中国大陸に輸出し、牛のほうは皮を輸出していたという記録に合致します。沖縄の場合ですと、牛は殺して使うもの、馬は生きたまま飼育するという色彩が強かったのかなという感じがします。

ただ、ひとつおもしろいのは、中間の種子島では律令制に入る頃、しきりと南の島に大和朝廷がお使いを出した時期に、種子島に「馬飼部」が派遣されているのです。馬飼部というから馬を飼っている一族とは断定できませんが、その頃は田部と言えば水田耕作の技術者、それから類推すると馬飼部は馬と関わっていた人だと思われます。

琉球諸島から九州南部にかけては、水田を牛で耕す習慣がありました。先ほどのお話のように牛なのですね。ところが、種子島だけは馬を使う。それも大量に馬を飼育しておいて、水田を耕す習慣があった。これはどう考えても、七〜八世紀に大和朝廷から馬飼部が派遣された理由か結果か分かりませんけれども、何か関係がありそうです。

南の島の馬ということを考えるとすると、隼人の次は種子島なのです。隼人で馬が大事だったとすると、その出先である種子島にも何か需要があったのかなと。それが後世の水田耕作の馬、いわゆる足耕《そっこう》と呼ばれている田んぼを踏ませる、あれです。

——足耕は牛でもやらせますよね。

小島　おっしゃるように、牛が普通です。

——沖縄だと牛が普通ですよね。

小島　種子島だけは、お祭り的に馬でやる習慣が残っていたのですね。琉球諸島まで行くと、そういう意味での馬は非常にぼやけてきます。ビデオを「食と農」の博物館で流していただきましたが、八月十二日に久高島で行われる「ティーラーガーミ（太陽神）」という神事があります。女の人が神祭りをするのが沖縄の特徴なのですが、その日は一家の主人に相当する人たちが出て、村の中を行列して歩くのです。そのときに唱える歌があって、その歌の言葉の部分に馬が登場するのです。お祭りを主催する人を「ソールイガナシー」というのですが、標準語で言い換えれば「サヲドリ（棹取り）ガナシー」の訛った言葉です。

楠瀬　棹取り？

小島　釣棹をシンボルに持っている、漁労の最高権威者を表します。それが二年交代で、一年ずれて任命されて、一年間は重なるように組み合わせた人が二人います。この二人が久高島で最高の村の役職なのです。そのソールイガナシーが主催して、太陽の神であるティーラーガーミの神事を行うのです。

ティーラーガーミの歌で見ると「馬が久高島に来て、跳ねている」と。つまり、馬を祭る行事になっているのです。馬は神事を主宰するソールイガナシーの霊威です。ティーラーガーミとは、神事に参加する男たちを指すともいいます。ティーラーガーミと祓と馬とが、どう結びつくのか、必ずしも明確ではありません。日本の天岩戸神話で、天の斑駒が出てきて、スサノオが祓のシンボルとして追い払われ、その中心にいるのは太陽の神アマテラス大神である。この三つのものがこの神事に出てくるのです。

楠瀬　何となく、繋がってきますね。

小島　ですから私は、沖縄のティーラーガーミの行事は、日本の天岩戸神話の原形のような伝承を背負っているのではないかと考えます。それは、天岩戸神話の模倣だと言うには、あまりに原理的なのです。天岩戸神話の精神を表現したような神事です。

八月というのは、私が前からお話している天武天皇五（六七六）年の一番古い大祓の記録と一致し、八月十二日の祓の行事（ティーラーガーミ）で馬がシンボルになっているというのは、まさに天武天皇五年の精神が生きているということになります。

楠瀬　なかなか不思議ですね。

小島　西日本では旧暦の八月一日（朔日）、略して「八朔《はっさく》」と言いますけれども、この行事が西日本ではとても盛んなのです。盛んであって、展示にもいい写真が出ていたと思いますが、九州のある特定の地域では、その日が「馬節供」といって、その一年の間に生まれた子どものお祝いをするような、江戸あたりで三月三日に女の子を、五月五日に男の子を祝ったような、そういう意味を持たせているのです。親戚からお祝いが届くような行事になっています。沖縄のティーラーガーミも、どうもそういう意味かなと思っています。

なぜ馬なのか。もしかすると先ほどから申し上げてきたように、隼人が宗教的に馬を大切なものと見ていたとすると、西日本から南日本に繋がる大きな文化の流れの影響であるかもしれないし、もっと単刀直入に、朝廷がやっていた八月の祓の行事であろうと言ってしまっていいのではないかという気がします。

楠瀬　日本に馬が持ち込まれて、種子島を通り琉球へと渡っていったと思うのです。それがいつ頃なのかは分かってはいないですよね。でも、六世紀とかそんなあたりだと思うのです。一方で、アマテラス大神の話は八世紀初頭に『古事記』、『日本書紀』に出てくるわけですよね。

小島　アマテラス神話の形成も六世紀に遡るかもしれませんね。

楠瀬　そうなると、どちらから始まったのかというのは。

小島　私は、もっと大きな、暦を中心にした文明の影響だと思います。ある古い時期、私は律令制前期くらいになると思うのですが、暦が定着してくる段階で「八月正月」という発想があったと思うんです。琉球諸島の年中行事を分析しますと、八月が新年であったことが歴然としています。一年の切り替えが八月なのです。したがってティーラーガーミも、新年の行事の一環なのです。天武天皇五年も八月です。ほかの年では七月の場合もありますが、何か理由があったのではないかと思います。

では、日本の古代に八月を新年にしたような記録があるかということですが、気をつけてみますと、律令制には役人の勤務評定がありました。これはエピソードとしておもしろく、よく話題になります。しかも、実施されていたことが、平城京跡から出土した「木簡」で立証されました。紙は高級ですから、日常的なことは木を割って、筆と墨で書けば済みますから、木札に書きました。しかも、ちゃんとリサイクルされていまして、次は削ってまた書くわけです。削った破片まで出てきているそうです。実施されたことがそれで証明されたというのは、少し話題になりました。

律令は大変不親切で、重要な文言しか書いてありません。法というのは習慣で分かっているもので、基本的なことだけメモしているのだと思います。それで見ますと、どうも初日は八月一日のようです。終わりは七月の晦日《みそか》。普通の暦ですと七月は三十日で終わりますから、八月一日から七月三十日までなのです。その中間が二月になるわけで、勤務評定の賞与はその二月と八月の年二回です。

楠瀬　二回出ているんだ。

小島　賞与年二回というのは、律令以来の伝統なのですね。

楠瀬　外国はないですよね。外資系の会社はボーナスがないですよ。

小島　ないといわれていますね。ですから、すごい歴史があるわけです。前期は八月一日から一月末日まで、後期は二月一日から七月の晦日までというように二回に切っているのです。八月というのはどうも新年らしい。

沖縄では、つまりは琉球諸島では、江戸時代から伝統的な行事として、一年の切れ目は八月の中旬なのです。満月を目標に。久高島の十二日がティーラーガーミで、それまでいろいろな行事が続いてくるので、何日が切れ目なのかは難しいのですが、とにかく八月に切れ目がある、それは歴然としています。それを論じた人が「では、沖縄の八月新年の源流は、その先はどこへいくのか。日本の記録にはないし、自然暦にいくのか」と言いますが、八月というのは中国の暦の日です。八月が大事だったのは、私は秋分の月だからと思います。

ありがたいことには、日本が使っていた旧暦は、閏月の計算をするのに、春分の月と秋分の月は二月と八月になるように決めるというのが、中国での原理でした。ですから、どんなに閏月が入っても、それは動かないようになっていた。秋分のある月は八月、春分のある月は二月と決まっていた。そういう暦の作り方をしていますから、八月が新年だというのはまさに秋分正月の発想で、これは完全に日本の自然暦にもなります。春分・秋分は観測できます。それと中国暦が、うまくマッチしていたというふうに私は理解しています。

馬を大事にする八月は、一種の新年の行事であった。そこへ馬が登場する。それは、大陸からの暦の文化と馬とが結びついて広まってきたのではないか。遡ると、北方ユーラシアの馬の文化に行き着くのではないかと思うのです。

楠瀬　馬と暦がともに朝鮮半島を通って、沖縄まで行って。

小島　馬の文化と暦の文化と同時かどうかは別として、共通ベースを持ってきているのではないか。イラン系の民族で、ソグド人という人たちがいたそうです。馬の文化の大変重要な伝搬者のような地位にあって、いわゆるシルクロードの時代には、ソグドの人たちがそれぞれの小さな王国、さらには中国の役人になってシルクロードを支配していたようです。そういう人たちの馬の文化を我々は中国文化として理解しますけれども、西アジアから中国まで一続きになるような、大きな文化の流れがあったようです。

楠瀬　メソポタミア…。

小島　母体はね。

楠瀬　あそこはいろいろなところから馬が持ってこられるわけですよね。小さな馬から大きな馬までいたという話です。品種は人間がつくり上げたところがあるのですけれど、基本的には北方で進化した馬は大型になって、南方だと小型になるという法則があります。それぞれ野生の馬をつかまえてきて、家畜化して、そうすると小から大までそろうわけです。メソポタミアはわりと馬をたくさん扱い、いろいろなバリエーションを持っている人たちのようです。それが、もしかすると今先生がおっしゃったようなシルクロードの…。

小島　ソグド人というのは、イラン系の中では一番東寄りのようです。けれども、母体にはやはり古代オリエントがありますから。ある時期には、ソグド語がシルクロードの共通語になっていたという。私は勉強していて、仏教の経典が西アジアの言葉に訳されたということは大変ショックでしたけれどね。我々にとっては、中国まで行けばおしまいですから。しかし、もっと向こうのほうが広がっていたという。だから馬の文化は、まさに大きな文明の力を持っている。

楠瀬　なるほど。話がまとまりましたね。

小島瓔禮（こじま　よしゆき）　一九三五年神奈川県生まれ。丹沢山東端の先祖代々の地に住む。父祖の代には、かや葺きの家に木曽馬と共に暮らし、カマスの塩を分け合う仲であった。幼少期からの興味で、大地に根ざす柳田國男の学問を学び、人類史の解明を願う。『人・他界・馬』（東京美術）『蛇の宇宙誌』（同）『猫の王』（小学館）『太陽と稲の神殿』（白水社）などの著書は、その試みである。国学院大学では博士課程まで文献学的な国文学専攻。民俗学と文献学を統合した文化史学の確立を目ざす。琉球大学で国文学と民俗学を担当。琉球大学名誉教授。

楠瀬　良（くすのせ　りょう）　一九五一年千葉県生まれ。都立新宿高校を経て、東京大学農学部畜産獣医学科卒業。所属講座は戦前の日本競馬会寄付講座である「馬学研究室」の流れをくむ研究室だった。同大学院等を経て、日本中央競馬会競走馬総合研究所入所。以後一貫して馬の行動学、心理学の研究に従事。同研究所運動科学研究室長、次長等を歴任し、現在、（公社）日本装削蹄協会常務理事。獣医師。農学博士。著書に『サラブレッドはゴール板を知っているか』（平凡社）、『サラブレッドは空も飛ぶ』（毎日新聞社）など。

神の馬

「馬と生きる信仰」

千葉　幹夫（元 遠野馬の里苑長）
川田　啓介（奥州市牛の博物館上席主任学芸員）
前川さおり（遠野文化研究センター学芸員）

神の馬、白い馬

千葉　千葉でございます。今のところ私は馬のことにとりつかれて、それ以外は何もやったことがありません。子供の頃は体が弱く、運動できるものを探していました。北海道大学へ入ったときに女の子が馬に乗っていて、私にもできるかなと思い、次の日から厩の作業を始めて、今に至るまでずっと朝五時起きが続いている。役に立つことが何かあればいいなと思っています。

前川　遠野文化研究センター調査研究課で働いている前川さおりといいます。私は平成四年から遠野市立博物館で学芸員として働き、現在は遠野文化研究センターで働いておりますが、その間ずっと遠野の民間信仰について調べていて、オシラサマという神様や、死者の肖像画について研究を続けています。オシラサマの由来譚に馬と人の係わりが出てきますので、そのあたりから皆さんとお話できればいいなと思っています。

川田　奥州市牛の博物館の学芸員をしております川田啓介です。私は平成五年、この博物館の建設準備室のときから関わらせていただきました。大学で家畜育種学をやってきましたので、畜産学的なところから動物に関わってきましたが、この地方で厩猿という厩の安全の信仰と出会いまして、少し調べておりましたので、今日はそのあたりも含めていろいろお話できればいいなと思っております。

川田　今回、「神の馬」というテーマが与えられているので、少し考えてみました。まず、馬というと民間信仰でも神様のお使いや乗り物といった捉え方が、出てくると思います。しかし、せっかく「神の馬」なので、神様になった馬のきっかけのような話はないのかなと。私がこの博物館で調べている中でひとつ、金華山号という、明治天皇の御料馬になった馬がいました。宮城県の鳴子で生産されて奥州市の水沢で飼養されていたのが、ちょうど召し上げの形で連れていかれた馬です。鳴子では金華山神社といって金華山号自体を神様として祀って信仰している神社ができています。比較的新しい信仰だと思いますが、馬自体を祀るというのはありますかね。

前川　名馬が祀られて馬の神になるというのは、遠野にもあります。遠野の駒形神社の中には、源義経の愛馬の小黒号が、義経が死んだあと帰ってきて、そこで死んで葬られたというところがあります。上郷町の赤川駒形神社と小友町小黒沢の伊豆権現です。ほかにも遠野南部家の領主・直義《なおよし》の名馬も上組町駒形神社の祭神になっています。

川田　確かにそうですね。北上市の煤孫寺《すすまごじ》では、坂上田村麻呂の愛馬が葬られ、後に慈覚大師が馬頭観音を安置したという縁起があります。千葉さんはフランスなどにも行かれていますが、例として何かご紹介いただけませんか。

千葉　いろいろな話は聞きますけれども、あまり神がかり的なところはないのです。例えばナポレオンというのはすごくでしゃばりたがり屋だから、葦毛のアラブに乗っかってどこまでも先頭に立っていった。天皇陛下が葦毛の馬に乗るなんていうのは、日本人には考えられもしなかった光景ですよね。

ところが日露戦争で日本が勝ったことにしてステッセル将軍から馬を一頭もらってきた。寿号といって、それも葦毛です。その子どもを天皇陛下の馬にして、白雪という馬になって、天皇陛下が葦毛の馬に乗るということが起きたんですね。これは従来、日本の馬に対する考え方の中ではなかったことです。むしろ馬車馬ですら、白いところがあることが嫌われた。雑種の証拠だから白い部分があるのは嫌いで、純血種である鹿毛が好まれたわけです。

クリーブランド・ベイという種類の馬をご存じだと思いますが、イギリスで純血の馬として扱われていたものですから、それを日本で買ってきて今でも馬車馬として使っていますね。だからそういう信仰というのは果たして、どこがどのようにあったのか、私はきちんと調べているわけではありません。

川田　昔の天皇の儀式では、白馬節会《あおうまのせちえ》といって正月の七日に、白馬をご覧になるという、白い馬に関する信仰がありましたが。

千葉　馬事公苑にいるころ、よく神様の白い馬が欲しいと、いろいろなところから頼まれて、白い年取った馬をあげたことがあるのです。神様に捧げられた馬は位階第何位、従一位と従二位か、そんなクラスなのです。ですからそれより偉い人がいなければ乗ることはできなくて、ただ放して運動させるだけだと。

前川　そうか、無位無官の人は乗れないですね（笑）。蒼前信仰では、葦毛四白の馬が神の霊異あるもの、神の馬の特徴であると説明されています。

川田　なるほど、そういったものもあるんですね。

千葉　金華山号というのはどんな馬なのかと思って、私も行ってみたことがあるのです。雑種で、結構大きな馬ですよね。体高一四〇センチぐらいあるでしょうか。その当時から見たらすごく大きな馬で、白徴《はくちょう》（※顔や四肢の白い毛）がありますし、あまりたいしたことないと思った。馬としてあまり品はないです。ただし金華山号が有名になったのは何かというと、天皇陛下が閲兵しているときに、足元が崩れても自分の足を動かさなかったという。あれぐらい鈍かったらそれは動かさないだろうなと思うような、そういう感じの馬ですね（笑）。

前川　馬の信仰も、早池峰山の早池峰権現が白馬に仮の姿をとって現れたという言い伝えにもあるように、神の仮の姿として白馬の姿で現れる場合と、歴史的人物が飼っていた名馬を祀ったもの、例えば源義経の愛馬・小黒が黒馬であったように、色については特にこだわらない場合があるようです。

川田　そうですね、少し分けることができるのかもしれないですね。

前川　馬が神になるのか、神が馬の姿となって現れるのかですね。

川田　日本なんかだとそうですよね。神が馬の姿をとって現れる、もしくは神の乗り物といった位置づけ。そういったときには白馬なんですかね。

前川　そうですね、白馬には、神の仮の姿としての馬と、神様の乗り物としての馬という意味もあるのかなと。

オシラサマの信仰基盤

川田　お盆の迎え火を焚くときなどは、キュウリで馬を作ってできるだけ速くご先祖様が帰ってきてくれるようにと。逆に帰るときにはナスで、牛の姿で遅くゆっくり帰ってもらうなんていうのがある。私は実家が東京で、関東のあたりでは実際にそういうのをやっているのを見ますけれども、岩手県の遠野のあたりはどうですか。

千葉　岩手県でもやはりキュウリとナスで作りますね。ただ、近頃はあまりやらないと思いますけれどね。迎え火だって焚く家はほとんどないでしょう。

川田　そういう信仰の中に馬と牛という家畜の特徴が出ていておもしろいなと思って見ていたのですが。なるほど、結構、全国的な信仰なんですかね。

前川　岩手県の年中行事や民話の中に出てくる動物で一番多いのが、どうも馬のようですね。『岩手民話伝説事典』によれば、馬という言葉が出てくる民話は五百五十七ある。牛が出てくる民話は百三十です。馬は牛をはるかにしのいでいるわけです。

川田　これは岩手の民話ですね。

前川　そう、岩手だけの民話ですが、馬が非常に多い。馬と牛のほかには犬や狐、猿も比較的多いです。やはり民話の中に出てくる動物語彙は、人間の暮らしに近い動物ほど多い。中でも馬が抜きん出て多いということは、やはり岩手の人たちの暮らしの中で馬という動物が非常に大きな位置を占めているという、ひとつの証拠になるのかなと思っています。

川田　遠野のあたりは曲り家で、人間と馬が一緒にいて。伊達藩のこのあたりでも、直家《すごや》といって曲がっておらず真っすぐですが、いずれにしても厩と人家が一続きになっているような造りではある。本当に人と馬とが家族のようにというか一緒に暮らしているような形態があって、馬がいろいろな民話に出てくるのかな。

　というところで、前川さんにお持ちいただいたオシラサマの写真がここにありますけれども、オシラサマについて少し前川さんからお話いただいて議論のきっかけに。

前川　『遠野物語』という本があります。これは明治四三（一九一〇）年に日本民俗学の父・柳田國男が出版した遠野の伝説民話集です。その中の六十九番目にオシラ神の由来の話が出てきます。その内容は、こんなものです。ある百姓の娘と馬が恋をし、夫婦になる。父の百姓はこれを知り、馬を桑の木につり下げて殺してしまう。馬の首に縋りついて嘆き悲しむ娘。父は怒り、馬の首を切り落とす。娘は馬の首に乗って天に昇り去る。これがオシラサマという神の始まりであるというものです。遠野では、オシラサマは養蚕の神であるとも伝えられています。

私がこの話に特に興味を持ったきっかけは、平成二十二年に遠野市立博物館でオシラサマのアニメを作るときに、東京のアニメを作る会社の人たちが、この話を制作することに強い抵抗感を示したことにあります。人間と馬が婚姻することが受け入れられない、それを子ども向けのアニメにするのはいかがなものかという意見をいただいたのです。岩手で暮らしている私たちは「あ、この話って気持ち悪いという感覚を持つ人がいるんだ」と逆に驚かされた。

遠野には、馬以外にも動物と婚姻をする民話も多くあって、人間と動物が婚姻をするということに対してあまり抵抗感を持っていなかったのです。それに対し抵抗感を持つ現代都市に住んでいる人との意識のずれを切実に感じた。それで私たち遠野や岩手に住んでいる地方の人間が、馬と人間が婚姻して神になるという考え方を持つにいたった精神的な底辺がどこにあるのかということを辿っていこうと思って調べ始めたのです。

川田　私はこのオシラサマの話を聞いたときに、どちらかというと畜産学的なところから見るので、家畜と人間とのかかわり、動物と家畜といった視点から見てしまいます。家族同様に係わっているが人間と馬といったところにやはり越えられない一線がある。人間は家畜を支配下に置きたいという欲求がある。家族同等に扱っているとき、お父さんがなぜ怒って馬を吊るすところまでしてしまうのかと。

私はこの話を聞いたときに、話の本当のところは家の娘さんと釣り合いのとれない、使用人―どこかの馬の骨という言い方もしますが―とが係わってしまった、そして男のほうを殺めてしまったというお話なのかなと感じました。どうでしょうかね。

前川　実はオシラサマの物語、ストーリーの源流といわれている話が、中国の四世紀半ばに著された『捜神記』という書物の中に載っています。ただしその『捜神記』のストーリーでは、馬と娘は相思相愛ではないのです。馬が娘に片想いをして、娘は「畜生の分際で人間に恋をするなど何ということだ」と馬を振ってしまうのですが、娘は馬に連れ去られて養蚕の神になるという話です。
このような馬と娘の婚姻譚は、東日本全体、オシラサマ信仰の有無に関わらず分布しているようです。神奈川県川崎市で採集された話は中国の話と似ていて、馬は片想いです。ところがだんだん北のほうになって、遠野周辺では完全に馬と娘は釣り合いがとれるような感じで語られる。中国では偉い役人のお姫様という設定になっていますが、遠野では貧しき百姓の娘という設定に変容している。その変容の背景には、馬と人が接近して暮らすような環境があったと思うのです。

川田 それは岩手県の曲り家で一緒に暮らすといった生活形態を反映して、特に係わりが深かったというところでしょうか。

前川 ほかの動物婚姻譚では、ハッピーエンドと不幸な結末は半々くらいの割合ですが、オシラサマの物語は現世では不幸な結末ですが、来世では結ばれ神となる。現世の家畜、神性を持つ動物、その二面性を表しているのではないでしょうか。

川田 そうですね。やはり馬というのはどうしても牡のペニスのイメージがある。牛なんかですとおなかの真ん中辺りから出るような感じになっていますが、馬は人間と同様、鼠蹊部というか足の付け根にあったりして、非常に見た感じが印象的なところがあるので、何かそういったところとかかわりがあるのかなと思ったりします。

千葉 私の家にもやはり昔からオシラサマがあります。農家ですし、うちはほとんど百姓そのものはやっていなかったですが、私が子どもの頃は蚕も飼っていました。蚕の神様はオシラサマから来るんだと言って、今でもオシラサマが木の箱に入っていて、毎年一枚ずつ着物を着せるのです。

川田 年に一回、遊んであげるというか。

千葉 ええ、それは今でもやっています。だから私が東京へ行って一番最初に遠野で白い馬の映画を作るという話になったときに、私は別に抵抗はなかったのですが、やはり、馬と人が結婚するというのはだいたいおかしな話だから、そんなのは無理だというような話も出たことがありました。

前川　やはり。

千葉　ただその当時、馬主協会の中村勝五郎さんという人が、「いや、昔はそういうものが話としてはあったのだから」ということで、一応スタートしたという経緯がありました。

前川　やはりオシラサマの物語には、人の心を捉える要素があるのだと思います。

千葉　ちなみにオシラサマというのは、ただの棒に着物を着せるようなもので、あまりきちんとした彫刻ではありません。馬の頭にしろ、女の人の顔にしろ。どうしてこんなみすぼらしい格好なんだろうと聞いたら、行者の人が作ったものだから、それほど上手にはできていないけれども、これでいいんだというような話を聞いたことがあります。オシラサマというのは、遠野でもあまりきれいな顔のものはないですよね。

前川　そうですね。素朴な彫刻のものがほとんどです。

川田　実際、オシラサマをお祀りしていく中で、娘と馬が夫婦になるといった物語はどこかイメージとして続いているんですかね。

前川　オシラサマ信仰は岩手県だけでなく青森県でも盛んです。弘前市の久渡寺というお寺で毎年オシラ講というお祭りをやっていて、その日にはオシラサマを所有している女性がお寺に集まってきます。私がそこに行ったときに「遠野から来たんですよ」と参詣者の女性に言ったら、「ああ、遠野はオシラサマの本場だものね」と言われました（笑）。彼女らの話を聞いていると、オシラサマの馬と娘の婚姻譚をほとんどの人が知らなかったのです。中に知っている人がいて、「それは誰から教えられたんですか」と聞いたら、「いや、遠野へ観光に行って、そこで知った」と。だから自分たちの中では何となく遠野が本場というイメージがあるのだと。私は非常にびっくりしました。

馬と娘の婚姻譚が、オシラサマ信仰と一致して深く受容されている地域というのは、東北でもそれほど多くないようです。遠野は『遠野物語』の影響もあって、かなり深く認識している。そして今でも、昔に比べれば少なくなったとはいえ、今も馬の姿を見る機会が普段の暮らしの中でまだ多いためなのかなという気がします。

食馬と魂

千葉　遠野には工藤千蔵（第三代遠野市長）いう獣医で市長をやられた方がおられましたよね。結構、発言力のある。彼が言うには、「昔は馬というのは人間の夢の中に出てくるような動物だったのに、今では馬を食べるようになった。こんな世の中ではおかしいから、食べないで済むような馬の国をつくりたいものだ」と。それが工藤千蔵の狙いだったのです。私が馬事公苑にいる頃に、よく工藤さんが東京に来てそういう話をされて、「早く帰ってきてこちらで馬を作ってくれ」と言われたことがあります。
川田　大学のときに馬術をやっていた友人がいましたが、やはり彼は「馬肉は絶対食べたくない、食べない」と言っていましたね。馬は食肉の対象の家畜ではなくて、やはり人間と乗馬などで触れ合っているからでしょうね。
千葉　日本人も結構、馬を食べたことは食べたんですよね。基本は誰でもそうらしいです。ただ工藤市長は、「そういうことがあるから困る」という話をよくされていました。
前川　そうですか。
千葉　鈴木貫太郎内閣というのが終戦の年の四月から八月にかけてありましたよね。あの人の息子さんが鈴木一さんといって、小豆の市場の会長をやっていましてね、彼がフランスに来たときに、どうしても馬のステーキタルタルが食べたいと言って一カ月探しましたが、とうとう食べられなかった。やはりフランスでは大きい馬を維持するには肉用しかないだろうというので、テレビなどではずいぶん馬の肉の料理の仕方などを宣伝しています。しかし国内ではほとんど食べない。外国へ輸出することが多い。それも日本が一番多いですよね。

川田　そうか、もともと昔は乗馬、輓馬などに使ってきた大きい馬を、品種として維持して残していくためには肉用しか今の新しい道はないだろうという考え方で。さすがヨーロッパは考えが畜産的に進んでいますね。

前川　日本人の馬に対する考え方には、労働のパートナーの家畜としての馬と、神性を持つ動物としての馬という二面性を持っていると思うのです。このような動物に対する考え方は、馬だけでなく鹿にも見られます。鹿は、狩猟の対象で人間に殺される獣でありながら、自然界の精霊の王のような存在でもある。

川田　そうですね。革製品や武具などを作る際、牛や馬などの大型家畜を屠畜する必要性があるのですが、それを屠畜、屠殺するときには村からかなり離れたところでやる。それをある程度加工品にして、例えば骨にした段階ではここまで、加工品にしてやっと町中に入れる、といった境界のようなものがあったというのを、関西の事例として聞いたことがあります。

やはり死というものを穢と考える日本人の宗教観は、かなりそういったところで影響しているのかなと。山にいる野生動物というのは明らかに完全な神の世界に棲むものです。ところが馬というのは人間の生活空間の中で一緒に、特にこの地域では暮らしていますよね。そこですでに一線を画して、かなり人間に近い生き物なのかなという気がします。

前川　信仰の対象になると、生き物に「魂」があるかないか考えると思います。魂があると考えると、それに対して何かしらの祭祀、供養をするという考え方が発生すると思うのです。魂がないと考えれば信仰の対象にはならない。

川田　そうですね。今日、出だしで「神としての馬」から入ったからなのですが、家畜としての馬を大切にするといった意味で、牛馬安全の信仰というのがいろいろ出てきました。駒形神社もそうですし、一番多いのは馬頭観音。県内でも馬頭観音の碑などはかなり多く祀られていると思います。もともとは畜生道に落ちた人々を救う観音さんだったのですが、それがこの地域では本当に馬の供養に結びついていますよね。

前川　そうですね、供養するということは、日本人はその動物に魂を見ているのでしょうね。ちなみに牛は魂ある動物ですか。

川田　牛は魂…、うーん。そうですね。西日本のほうではどうでしょうね。基本的に馬頭観音がすべての家畜を代表して信仰の対象になっていますね。特に農協さんなどがだいたい家畜を出荷しているので、畜霊祭のようなものを毎年、年一回ぐらいやったりするんですよね。牛の供養まで、今はだいたい馬頭観音ですね。

前川　では、牛にも魂はあると判断しているということですね。

厩猿《うまやざる》——陰陽道

川田　奥州市で非常に多く見つかっているものとして、厩猿という猿の頭があります。生首を厩に祀って家畜の安全を祈るという信仰なのですが、猿と馬がどのように結びついたのか、実ははっきりとしたことが分かっていない信仰です。ただ、この地方の江刺区の山の中では厩猿は狼避けだとはっきりおっしゃる方がありました。

この前沢というか奥州市のこのあたりの町場は馬を使う地帯だったのですが、山手のほうが繁殖地帯で、馬が仔馬を産むと血のにおいがして狼が来る。仔馬の安全のために、もちろん母馬もですが、狼避けで猿の生首を置いているという話です。

前川　具体的にはどのように狼を追い払ってくれるのですか。

川田　猿自身が馬を守ってくれるということならば、猿が馬のほうを向いていてもいいと思うのです。ところがだいたいどこへ行っても、厩の木戸口の梁に祀られた猿が入口のほうを向いているのです。やはり外から来るものに対して、猿の生首が睨みつけているんですよね。

前川　案山子的な意味合いということですか。

川田　そう、案山子的な。あれは厩を守るという信仰であって、どうやら精霊信仰というか頭骨信仰というか、馬を背景にして立ちはだかって守っているような雰囲気が。

前川　それは、びっくりさせる程度の意味合いしかないということですか（笑）。もう少し深いものがあるのですか。

川田　もう少し深いものといえば十二支と陰陽道の関係の話も若干あります。北上川を挟んで奥羽山脈側になりますが、奥州市の胆沢区のほうでは、山に逃げてしまった馬を猿が捕まえて蛇を使って口輪代わりにして連れて帰ってきてくれたというので厩猿を祀っているというお宅もあったりする。それは明らかに火の気を持っている馬を、水生むところの猿が制御して、それを蛇という金属の気があるもので抑える。それは馬銜《はみ》の象徴だと思うのです。どう考えてもこれは陰陽五行説との係わりとしか理解できないのです。

しかし、生きている猿がというのならば陰陽道で整理できるのですが、死んだ猿の生首ですから、私は狼の話を聞いて、どちらかというと生首で威嚇するようなところから入ったところに、あとから陰陽道の理屈がくっついたのかなというように理解しているのですが。

前川　遠野には厩猿をほとんど見つけられないでいるのですが、分布的にはどうなのですか。

川田　分布的には奥州市で我々が一生懸命探したせいもあって多いのですが、宮古市川井村のほうにもあるので、おそらく遠野にもあるんでしょうね。

前川　あるのかな。

千葉　早池峰神社の絵馬は、猿が馬を曳いている。

前川　猿曳き駒という絵柄ですね。

川田　そうですね、猿曳き駒というのは本当にあちらこちらでテーマとしてある。これは生きている猿が馬を制御しているという、陰陽道のほうから説明できると私は理解しているのですが。

前川　よく猿曳き駒の話は河童駒引きの民話と関係があると言われています。遠野の河童も馬を淵に引っ張り込もうとする。しかし逆に馬に厩に引っ張られて人間に捕まってしまうという話があります。

川田　そうですね、赤い顔の河童のやつですね。

前川　そうです。遠野の河童は顔色が赤い。人間に捕まった後、許されて、何らかのお礼をするという結末です。そういった河童の民話がある分、物体としての厩猿はないのかなと思っているのですが。

川田　猿の生首を表に出して祀っているところもあれば、木の箱に入っていて、猿の首は外から見えないのですが、掲げてある中を見ると頭が入っている例もあります。陰陽五行説では、馬は火の一番盛んなところにあたり、水を生じる猿は猿回しなどでいい感じに馬を制御するだとか、陰陽道をやっていた吉野裕子さんなどによれば（『陰陽五行と日本の民俗』人文書院、一九八三）、太陽の日照りを水で調整して豊作になるように、厩で火と水を調整するような考え方があると言っています。

つい最近、岩手県の山形村の村誌が発刊されまして、古文書をこのように解読してくれているのです。そこに厩の火事で馬が何頭焼け死んだという記録がたびたび出てくるのですが、牛が死んだというのは出てこないのです。おそらく、馬の堆肥の発酵熱は牛のそれよりも高いので火事の原因となり、そういったところで馬には火の気があると言われるところもあるのかなと。馬と陰陽道の火の気とか、民話とか、そういったようなものは遠野では何か。

前川　そうですね。話はまた河童の駒引きの話に戻るのですが、馬が河童に引かれる場面というのは、馬を冷やしに淵へ行ったときです。だから馬という生き物は熱を発するものなのだ、ということがそこで分かるわけです。それももしかすると陰陽道的な、火の気を持つ生き物であるというのを暗示しているのかもしれない。

川田　やはり馬術をやっていても、走ったり使ったりしたあとは、馬は体温が急激に上がりますよね。

千葉　膝から下は冷やすのです。筋肉がないからで、ここから下は靭帯だけですよね。だから摩擦の熱が出るので冷やさないと具合が悪いのです。たいてい馬を扱うところには、遠野もそうですが、脚冷やし場というのが何カ所もありますよね。

川田　やはり馬は皮下脂肪が少ないので、馬術などでも体温がパーッと上がる。

千葉　よく熱射病になることがありますよね。

川田　はい。ですから人間と馬との触れ合いでも、そういった体温をじかに感じるというのが、今のアニマルセラピーとかホースセラピーです。

前川　そうですね。やはり馬を冷やしに行く場面がよく民話によく出てくるのは、それがあるから必ず行うものなのですね。一方で牛は冷やさなくていいのかなとずっと思っていたのですが（笑）。

千葉　牛の場合には、比較的冷やさなければならない理由はないんですよ。馬の場合には筋肉が何層にも重なっているんです。ですからいわゆる筋電図をとることは極めて難しいです。何枚も重なっていますから。

前川　冷やすと言えば、気仙沼市八瀬地区に「ろくろ淵」という所があって、そこにも河童駒引譚があります。

そこでは馬の「ろくろ」を冷やすために淵に行って河童に引かれたという話になっています。「ろくろ」というのはどこかというと…。

千葉　おそらく球節と趾節のあたりだと思います。

厩猿——サル

川田　昔、企画展をやったときに分かったのですが、奥州市の中でも厩猿は、奥州街道や盛街道から離れて少し山の中に存在していたりするんですよね。

前川　野生の猿の分布との関係性は何かあるのですか。

川田　京都大学の先生が厩猿のＤＮＡを分析してくれました。そうしたら江刺のほうで見つかる厩猿は北上高地に残っている今の五業山の猿とＤＮＡが一致して、胆沢のほうで出る厩猿は奥羽山脈の猿のＤＮＡと一致したそうです。どうやらこの地方では、地元で調達していたようですね。

前川　地元の人たちが作ってそれを掲げるということですか。

川田　そうですね。地域で数え歌があって、これですね「猿皮三十文、身は六十文、バッケァ（頭）十文、ザル（あばら骨）八文」といった歌。これは秋田のそろばんの計算の数え歌です。江刺でも「猿皮三十文、身は六十文、頭十五（個）で百文、うるがうるがうった」なんていう話があって、どうも猿を捕って売りさばいている人たちがいたようです。西日本では猿を殺すのを嫌がるという話もあったようですが。

前川　それは人間に形が似ているから。

厩猿（岩手県奥州市）奥州市牛の博物館蔵

オシラ堂　伝承園（岩手県遠野市）

東京オリンピック馬場馬術演技中の千葉選手と真歌号（長野県軽井沢町）

川田　そうでしょうね。しかし東日本のほうではそういう抵抗はなく、やはり狩猟の文化があるせいでしょうか。西日本のほうでは、わざわざ東日本のほうから猿を求めたのではないかという推察もされているようです。今、猿がまた里のあたりまで分布を広げてきたり、鹿も広げてきていますけれども、明治頃には狩猟圧がかかり、山の中に閉じ込めてしまったのかな、という気はしますね。

前川　遠野は猿の生息数は少ないですし、もともと狩猟対象獣として猿の話はあまり出てこないです。民話の数でも、馬に比べて猿は少ない。

川田　熊の胆の代わりに猿の胆が物産として売られたりというのもあったようです。

前川　地元からとるとなれば、野生猿の分布の多少で厩猿の信仰の濃淡が出てくるのかなと。

川田　それは出てくると思いますね。もともと本当に猿がこんなに緯度の高いところにいるというのは日本独特ですからね。

千葉　インドでは結構、猿を馬と一緒に飼っているんですよ。

川田　そうですね。インドに厩猿信仰の起源を求める人もやはりいらっしゃいますね。厩には猿をセットでといった話が、どうやら日本にも古くから入っていて、有名な日光東照宮の「見ざる、言わざる、聞かざる」も厩の飾りのところにあったりしますしね。何かしら馬と猿というのは、日本ではそういった深い関わりがあったのかなとは思っています。

千葉　実際、馬同士でお互いに頸のつけ根のあたりを噛んだりします。猿は馬の背中の辺りの毛を一生懸命、ノミ取りのようにやるらしくて、馬は確かにそういうのが好きですね。

前川　そうなってくると馬を守る神は、馬以外の動物でもいいのかなと…。

川田　うん。今、牛馬安全のお札というのはかなりあちらこちらの神社が出されていますが、岩手県の特徴的なところでは蒼前神、先ほど言った葦毛四白の馬を起源にするようなものもあれば、ほかには意外と食物神ですね、食物を生んだ保食神《うけもちのかみ》などは、最後に頭から牛と馬が生まれたといった形で。ただ、おそらくこの頃は牛と馬は食べ物というよりはお米を作るときの労働力としての牛馬なのではないかと思います。食物神がそのまま牛馬の安全の神様として信仰されていたりするのもありますね。かなり事例としては多いようです。

前川　そうですね。遠野では主に明治二十年代に馬の神の意味合いで保食神の石碑が造られていました。しかしまた馬頭観世音に戻ってしまっているようです。明治の神仏分離令との関係もあったのではないかと思っています。

ジョンティオンブル

千葉　日本でやっている馬術というのは、少し遅れているんですよね。明治のはじめにフランス人が、蹄鉄を打つことや去勢することなどを教えた。それからフランスとプロイセンが戦争してフランスが負けたものだから、負けた国に教わってはいけないというので、今度はプロイセン、ドイツから人を頼んでもう一回日本の馬術を作りなおした。二回かけて作ったものだから、木に竹を繋いだような指導書になり、そのままの形で日本は馬術をやってきたのです。それで私は東京オリンピックに出るときに、とにかく馬術に出ろというから、遊佐幸平さんや城戸俊三さんなど、その当時の騎兵学校で偉い人たちにいろいろ教えてもらったのです。それで東京のオリンピックに出てみたら、教わっているのと全然違うようなことばかりなものだから、これではいけないと思って、次の年にフランスから来たキャプテンに頼んで騎兵学校に入れてもらったのです。

フランスの乗り方とドイツの乗り方はまた考え方が全然違っています。昔からの馬術書を書いた人たちのリストがあるのですが、こういう人が何年にこういうことを主張したというのがずっと全部書いてあるもので、今私はこれを一生懸命勉強しています。
　イタリアの人たちは障害を跳ぶときに前に傾くという跳び方を考え出した。一九〇〇年にフランスのパリのエッフェル塔の下で万博をやったときに、鐙《あぶみ》の短い人五人と、鐙の長い昔のような乗り方をしている人と、どちらがいいのか勝負をしようということになって、結局、鐙の長い人が勝ちました。それからまたずっと乗り方は変わってきてはいます。昔の人たちは、特に鐙がない頃は、鞍は前と後ろが立っていて、乗り手が挟まれるようになっている。それが昔の乗り方です。

川田　やはり鐙がないと、乗った状態で弓は引けないですよね。

千葉　なかなか難しいです。乗る人と別の人を後ろに乗せて、その人が弓を引くという形をとった。

川田　そうか、戦車を馬が引いて、後ろで弓を引くといったような。

千葉　ただ鐙なしですから、これ以上速く走るわけにはいかない。大将がいい格好を見せたいときにだけこういう乗り方をするのであって、実際の戦争をする人たちは、後ろに人を乗せて走らせました。

川田　こういう戦《いくさ》で使われたような馬が亡くなって、神として祀られた例などは海外ではあるんですか。

千葉　いえ、そういう例は聞いたことがありません。私もよその国の競技会をやっているときに、ひっくり返って馬を殺してしまったこともありますけれど、それはそのまま肉屋さんに売ってしまっただけです。

川田　やはり同じように馬を大切にしているのでしょうが、日本人が一緒に生活をして、神として祀ったりするのとは少し違う。

千葉　馬に乗る人たちは偉い人たちなのです。本当に馬を扱っている人たちは、いわゆるジョンティオンブルといいまして、戦争に行くときは馬に格好いいことをやらせるけれども、終わったあとは馬に対してすごく優しい人。いわゆるジェントルマンという言葉の根源がジョンティオンブルです。だから馬に対してすごく優しい人がジェントルマン。

前川　なるほど、人に優しいのではなくて馬に優しい人がジェントルマンなんだ（笑）。

千葉　それがジェントルマンという言葉の由来ですね。

気候風土が信仰を育む

前川　寒冷な東北は、馬の育成には気候的に向いていると考えていいのですか。

千葉　世界中で一番いい馬はどこにいるかというと、アイルランドやイギリスなどはかなり緯度が高いところですよね。あまり寒くも暑くもないけれども、海のそばで海の風が入るところでないと駄目なのです。でないと草が生えないから。遠野よりはむしろ種山のほうが海の風が入って草は生えるのですが、あそこはアブがいて駄目なのです。だから私は遠野に生産地を作ったのです。シンボリ牧場の和田共弘さんは、「種山のほうが草がいいから、俺はあちらに作るんだ」と言って牧場を作った。

川田　馬はイネ科の牧草というか、人間が食べられないような草を食べるように特化していますよね。

千葉　ちょっと先だけ食べる。だから最初は馬を放牧して、少し先を食べたら、その次に牛を放牧するといい。

川田　牛は舌で巻き込んで引き抜くようにして食べるので。

千葉　その次に山羊や羊をやると、これは根まで掘って食べる。順序を逆にしたら馬は全然食べるところがないですからね。

川田　確かに。イネ科のそういった牧草地、いわゆる放牧地になるようなところが環境として作られるという意味では、東北地方がやはり馬の飼育に向いていたということなんでしょうね。

川田　鎌倉時代に描かれた「国牛十図」ですか、あれにも序文に東が馬の産地で西が牛の産地だということが書かれています。

千葉　明治時代に小岩井なんかができて、岩手山麓のかなり広いところが使われました。そのあとで青森に移って、八戸あたりが生産地の中心になりました。

川田　今、そういった産地で一番信仰されているのは、やはり馬頭観音ですかね。

前川　東北における馬に対する信仰、馬に対する深い親しみと、馬を育成するのに適した気候風土であること、古い時代から馬が育てられてきたという歴史は無関係ではないのですね。

草冠に高いと書いて藁

千葉　ところで今、「馬っこつなぎ」（※六月十五日に、一対の藁馬を作って田の神〈牛頭天王〉に捧げる行事）はどうしていますか。

前川　遠野市小友町の鮎貝地区にある八坂神社の祭礼と習合して、地域の行事として行っています。神社の境内や田の水口に藁馬ではなく、版木で馬の絵を刷った紙の旗を立てています。かつては市内どこでもやっていたそうですが、今ではほとんど行われなくなり、藁馬も作られません。それは、藁がわれわれの生活の中で身近な素材でなくなってきているということもあります。現在は藁をすぐコンバインで切ってしまうためです。

千葉　藁というのはすごくいいんですよ。外国の人たちが東京でオリンピックのときに、「日本には素晴らしいものがある」と。何だと思ったら藁のことでしたね。牧草として作ったものは高いですが、藁だったらほとんど米のくずですから安い。湿り気を除けば、厩に敷いて、乾燥したところで馬を生活させることができるというので、すごくいいものだと。世界中で一番いいのは藁だという。

川田　実際私もイタリアのピエモンテ州に行ったときに見たのですが、向こうのカルーという町でピエモンテーゼという牛を飼っているのです。すぐ近くで米を作ったりしているのですが、稲藁を家畜に与えるという認識は全然ないようです。牧草とトウモロコシを別々に作って与えている。日本のように、日本人の主食のお米を作って、その副産物がそういった家畜の餌になるというのはなかなかないのかなと。そういった意味で本当に藁は生活にも使えて、大事な家畜の飼料にもなって、すごく貴重なものだなと思います。

牛の博物館で、入ってすぐのところに「ほんにょ」、つまり稲を自然乾燥している写真をドーンと正面に出しているのです。やはりいかに良質の藁を生産するか、そして、それが良質な前沢牛の餌になるといったところが大事な点で、本当はコンバインで刈ればいいところを、「ほんにょ」で稲を自然乾燥する風習をまだ残しているんですよね。そういうのは牛の里の風景だなと。いや、本来もともとは馬の里だったかもしれないですが。そういった家畜の餌、生活の素材としての藁の自然乾燥がいまだに景色として残っているというのは、この地域に家畜、牛がいるからこそかなと、今は思っているのですが。

前川　そうですね。広く世界的、アジア的に見ると、日本は稲を根刈り、根っこから刈るからこそ藁を生活の中に使える。他の国だと穂刈りしてしまうところが多いので、葉や茎を使うという考え方があまりない。稲藁で生活工芸品を作ったり、家畜の飼育に使う、あるいは編んで馬の人形や信仰物を作るといった独特の藁文化をつくり上げているのが日本なのかなと思います。

千葉　そうですね。近ごろは韓国から藁を輸入していますからね（笑）。

川田　実は去年私は藁細工の企画展をやりました。そうすると藁の穂先の丈夫なところを使って作るものがあって、それをミゴというのですが、お米をとった先っぽのところで少し硬いんですよね。あそこだけ選りすぐってとっておいて作る製品があったりと、本当に日本人は藁を細かく使い分けて製品を作っていますよね。

前川　そういった藁に対する技術や知識は冬が育んだのかなと思っています。オシラサマなどの民話も、北日本の長い冬の間、火を囲み、藁仕事をしながら語り継がれてきた。同じ気候風土の中で育まれてきたものです。

川田　そうですね。弥生時代にはこのあたりにもう水田があって、石包丁が出ているので藁を使う文化も当然来ていたのでしょう。

前川　そうですね。やはり藁というのは草冠に高い木と書くように、貴重な素材であるという意味の漢字です。東北ではもともと樹皮のほうが豊富に採れて、稲藁は貴重な素材。だからこそ信仰物を藁で作ることが、大きな意味を持っていたのではないでしょうか。

川田　なるほど、そうですよね。製品としてのお米だけではなく、藁自体にもある程度神秘性というか力を加味している。

前川　やはり神の乗り物である「馬っこつなぎ」の馬は、藁である必要があったのではないかという気がしますね。

千葉　私がまだいた頃は、「馬っこつなぎ」によく付きあわされたのです。なぜそんな面倒くさいことをやるのかというと、子供たちを連れて、「うちの田んぼはここからここで、水はこのような経路で流れるんだよ」ということをきちんと家の中で教えておかなければならないから必要なのだという話をしていましたね。

前川　なるほど。そういった祭りを通して、子供たちに水路や田畑の管理を教えていくという。

川田　そういうひとつのシステムだったんですね。

馬術競技が絶対になくならないわけ

川田　この間、ＦＡＯの統計で世界中の牛の数を見ましたが、この博物館を始めたころはだいたい十三億頭だったのですが、今は十四億頭を超えていました。それで馬のほうは減って五千万頭ぐらいですか。一億もいないぐらいの頭数になっていて。

千葉　でも戦争中よりもむしろ今のほうが馬の数は増えているのです。

前川　なぜですか。

千葉　さあ、そこでなぜかですよね。なぜ馬を一生懸命やる必要があるのかというところが問題なのです。今オリンピックで、すごくお金がかかるから馬術はやめましょうなんて話は絶対できないです。レスリングをやめましょうという話になって、大騒ぎしましたよね。馬術は何倍も金がかかるんですよ。しかし馬術をやめましょうという話には全然ならない。信仰が根底にあるといった問題かもしれないのですが、そこに馬術をやらなければならないという時代の趨勢があるのだと思っています。モータリゼーションでスイッチを押せばどうにでもなるような中で、それでは通じないものがある、ということをふまえておかないといけない、というのが答えでしょう。

馬に人が乗らないで、上に機械を乗せて遠くでリモコンを押して何かやらせるということを考えた人もいるのです。

前川　そうなんですか。うわあ、今どきだな。

千葉　だけど結局駄目だった。やはり人間でないと駄目です。特にヨーロッパでは馬術というものを人間の社会の中に置いておかなければならないという気持ちが非常に強いですから。絶対に続けなければいけないと思っている限り、オリンピック種目から無くなることはないです。日本でもそういうことを考えてみる必要があるだろうと思うのです。

馬を飼おう

千葉　岩手県というのは非常に自然に恵まれていますが、ただ一つの欠点は自然がありすぎることです（笑）。自然があってよかったなと言われるものを何かやらなければ駄目なのです。遠野に今から種馬を買いにいって、五千〜六千万あれば買えるのですから、たいしたことないですよね（笑）。

前川　意外とね。私は山形県出身なのですが、遠野、岩手に来て、馬というのは自分でも購入することができるものなんだというのを初めて知った。

千葉　東京でもし一頭の馬を自分で飼うんだったら、まず一カ月十五〜十六万はかかると考えなければいけないです。飼っておく場所がなければいけないし、餌を買わなければいけない。このあたりだったら四〜五万あったらだいたいできる。草を食わせてさ。

前川　餌はわりと簡単だし（笑）、場所もあるし。

川田　敷地を囲って除草してもらえばいい。この地域で、ミニチュアポニーのような小さい馬もいますが、もう少し人々が犬猫を飼うような感じで、馬を気軽に飼えるようなことはできませんか。今のお話でも、このあたりの人なら十分できると思うのですが。

前川　わりと飼っている方ではないでしょうか。「チャグチャグ馬コ」や馬力大会に出てくる馬の数を見ると、馬飼っている人多いんだなと実感できますよね。

千葉　好きだから飼っているのは結構いるんですよ。岩手県だけで馬力大会のようなものはだいたい六十回ありますよね。遠野だけでも二〜三回はあるんですよ。

川田　そうですね、今、奥州市の衣川でもスポーツ流鏑馬をやり始めました。ただ実は奥州市で江刺区の梁川でやっている流鏑馬を指定文化財にしているのですが、彼ら自身はもう地域で馬を飼っていなくて、そのときだけ借りてきてやるんです。だから借りてくるのにもお金がかかって、なかなか大変だっていうんですよね。

千葉　相馬野馬追も似たようなもんですよ。だいぶ借りてきている。

川田　借りるのにお金がかかって続けられなくて四年に一回ぐらいしかやらないという話になっていまして。

前川　遠野郷八幡宮例大祭で南部流鏑馬は毎年やっておりますから、遠野では飼っていると思います。

千葉　九戸の流鏑馬はなかなか正当なものですよ。道産子でやる流鏑馬ね。物干し竿のような長い棒でやるやつ。あれは武田流のもともとのところだから。

前川　今の遠野の流鏑馬は、馬の足が速いから大変なんですよね（笑）。

川田　在来馬、このあたりだと南部駒、南部馬でやっていたころに比べて、やはり馬が大型化しているでしょうから。

前川　南部駒でやった時代の流鏑馬はもっとゆっくりのんびりだったかもしれない（笑）。しかし今も流鏑馬が残っているおかげで岩手では暮らしの中で馬を見る機会がまだありますね。

川田　そうですね。幸いにも盛岡や県南地区、水沢競馬場もあって、生きている馬をあれだけ身近で見られるというのは、なかなかほかの地域ではないかもしれないですよね。ですから本当に馬に対するこういう気持ちを継承していくためにも、やはり馬はいてくれないと、遠野にとっても困ることになるんでしょうね。

前川　そうですね、いろいろな場面の中で、暮らしの中にいる生き物として。

千葉　去年、遠野で一番高く売れた馬は三百五十万円で売れたでしょう。あれを五百万にして売ることはすごく簡単なのです。ちょっと訓練をひとつ増やしてやればいい。職員がだいたい十年経験を積んだから、これから上手のことを教えてやらなければならない。

馬相と調教

前川　名馬を神として祀る駒形神社があるところでは、自分たちの飼育している馬が、こういった名馬に連なる血統を持っているというような意味付けや、名馬の産地であるブランドとしての信仰もあるのではないかと思うのですが、名馬の条件とはどのようなものでしょうか。

千葉　確かに馬のそういう能力があるかどうかを見るには馬相を見る。近ごろ、馬相という言葉そのものがなくなってしまいました。見方をほとんど知らなくなっている。遠野でよく繁殖で牝馬を買ってこいというときに、馬主協会なんかに言うと、二千〜三千万円持っていくんだけれども、だまされて変なやつばかり買ってくる（笑）。

前川　オシラサマの民話の原型と言われている「オシラ祭文」の中にも、栴檀栗毛《せんだんくりげ》という名馬が出てきますが、どんなに優れた馬相を持っているか長々と説明する場面があります。

千葉　だから今、大学で獣医をやった人たちなんかでも、馬相を説明できる人がまずいないですよ。セリでいきなり、買う人に馬相を見ろと言ったって無理なのだから、私は遠野でセリの前に、きちんとそういうことが見えるように教えてやって、それで買わせれば、五百万だろうが六百万だろうが、十分欲しい人はいるのです。というのは外国へ行って一千万〜二千万の馬を買ってきて、ただ捨てているような人たちが何人もいるから（笑）。あとは調教することが非常に大事。調教する人が今いないです。それをつくらないと駄目なのです。

川田　そうですね。牛も当然農作業に使っていた頃は調教の技術があった。一般に一番の基本調教は「止まれ」「進め」「右」「左」「バック」といったところですが、さらに高等調教といって、本当にこれは曲芸だろうといったような、碁盤乗りなどはよく畜産の教科書に載っていたりします。あと細い橋の上を歩かせたり。

まあ細いものの上を歩くのは、細い畔道の上を歩かせるので分かるのですが、碁盤乗りは、馬から牛に飼育を切り替えるときに、「牛だってこんなことができるんだよ」というのを説明するために、農家の庭先でそれをやらせた。馬が調教されていて言うことを聞くのは、当然このあたりの地域の皆さんはよくご存じだったのですが、牛がそこまで言うことを聞くというのは知らないものだから、それを見て「牛でもこれができるのか」と言って切り替えを進めていったなんていう話がありますね。

前川　牛も調教で頭のいい動物だと証明されたわけですね。

川田　やはり大型家畜ですから、調教が家畜の価値を上げるというか、また人間とのコミュニケーション力を深めるという意味ではとても大事です。

千葉　それがまた時代によって要望が違いますから。だから世間が一体何を必要とするのかということをきちんと見定めておいてやらないとやはり難しいでしょうね。

千葉幹夫（ちば　みきお）　一九三五年岩手県生まれ。北海道大学獣医学部卒業。獣医師。日本中央競馬会在職中に、フランス国立馬術学校に留学し指導者資格を取得。東京オリンピック（一九六四年）とメキシコオリンピック（一九六八年）の総合馬術競技に出場。馬事公苑長、日本馬術連盟、水沢競馬場畜産振興公社理事長、遠野市畜産振興公社（遠野馬の里苑長）、岩手県馬術連盟副会長を経て、現在に至る。

川田啓介（かわだ　けいすけ）　一九七〇年東京生まれ。東京農業大学農学部畜産学科卒業。牛の博物館建設準備室学芸員を経て、現在同館の主査兼上席主任学芸員。奥州市教育委員会において文化財保護業務も兼任している。これまで開催した企画展として記憶に残るものは、「クローン―性と生命を考える―」、「浮世絵にみるウシ」、「ミルクの夜明け」、「厩の記憶―なぜ猿はそこに居たのか」の他、十二支の動物を取り上げた「家族で楽しむ企画展」シリーズなど。バター作りの体験事業の伝道師でもある。

前川さおり（まえかわ　さおり）　一九七〇年山形県山形市生まれ。山形大学文学部日本史専攻卒。専門は民俗学、博物館学。民俗学では遠野を中心としたオシラサマや死者の肖像画などの民間信仰を研究している。「オシラ神の発見」、「ザシキワラシ」などの特別展を企画・展示。博物館資料を活用し、学校教育との連携や福祉と連携した認知症予防事業「回想法」を行う。遠野市立博物館学芸員を経て、遠野文化研究センター学芸員。大船渡市文化財調査委員、盛岡大学非常勤講師、国立歴史民俗博物館共同研究員。

神の馬

「馬装と神の座」

片山　寛明（MIHO MUSEUM学芸部長）
長塚　孝（馬の博物館主任学芸員）
皆見　元久（丹生川上神社下社宮司）

神の馬・人の馬

——ではまず皆さんお持ちの写真を提示しながら、それぞれ少しお話をしていただけますか。

長塚　私のほうでお出しするのは千葉市にある千葉神社、江戸時代以前に妙見宮といわれた神社に伝わった記録『千学集抜萃』の写真です。妙見宮は戦国時代の初めに焼失してしまい、しばらく再建されませんでした。天文十六（一五四七）年か翌年十七年かわからないですが上棟の儀が行われ、三年後に遷宮が行われました。上棟では大名である千葉《ちば》親胤《ちかたね》や宿老の原胤清、住職の覚胤をはじめとして諸人が百頭あまりの馬と、数えきれない弓や太刀を奉納したそうです。写真に撮ったのは遷宮のほうです。神馬と太刀を奉納した人の名前、それを持参した人の名前を書き、次に受取役を書いています。千葉親胤とその一家、近習衆、国中の侍衆から奉納された分の馬だけでも百八十三頭にのぼったと書いてあります。

江戸時代に下総国には幕府の牧が置かれて、多くの牛や馬を管理していましたが、戦国時代以前の様子はよく分からないんです。国内の大きな神社に多くの馬を奉納していますから、地域の武士が牧を支配していたんではないかと思います。そうでなければ、千葉氏が牧を持っていて武士に預けているような感じでしょう。でもそれだけではなくて、妙見宮の十月のお祭りでは三百頭の馬による早馬があって見ものだったようですから、千葉の街周辺で多くの馬が飼われていたようです。武士だけではなくて、農民とか商人なんかの馬も含まれていたのかもしれません。

――では宮司、お願いできますか。

皆見　これは今年の六月一日当社の御例祭で、神様に馬を献じる場面の写真です。馬と神社の祭りは水神に雨乞いで馬を奉ったところから始まると言われています。そこから日本の神さまと馬の関係が出来て、神様の馬「神馬」と言う概念もここから始まったのでしょう。日本を象徴した「豊葦原の瑞穂の国」という言葉がありますが、これは葦が豊かに生い茂るところは稲作に適しているという。この言葉の表現は水の豊かな風景を連想させます。農業国であった日本にとって水への信仰は特別であったと思います。当時は珍しく大切な馬を献じてでも雨を祈る儀式が発達し、馬を献じる対象となる神、水神である丹生川上神社と貴船神社に特徴的な祭りの部分になっています。時代が進み律令制によって水の神様に雨を祈り黒駒を、雨止めに白駒を献上することが決められたようです。　その中で特に「丹貴《にき》（二社）」には旱魃《かんばつ》の時、長雨の時に臨時に祭りを行い、他の社とは違いお供え物と別に黒馬・白馬を奉る決まりができました。

しかし時代の流れで、室町時代に都で起こった戦で丹生川上神社は朝廷の所管から離れ、江戸時代に当社が、明治に丹生川上神社上社が、そして大正に丹生川上神社中社が独自の説をたて丹生川上神社になります。元々一つの神社が三社になってしまう不思議な神社です。それが原因かどうかは分かりませんが、官幣制の時代には馬の献上がなかったようです。ですから馬の献上は室町時代を境に途絶えてしまいました。平成二十三年にわが国を襲った水害である東日本大震災、紀伊半島大水害からの復興を祈り、当社で五百六十二年ぶりに白馬献上祭を復興させました。今は黒馬・白馬二頭を境内で飼育し、上社、中社の例祭で馬の献上祭を行っています。今回このご縁でその文献を調べていると、馬を献じて水の祭りが行われた日本で最初の地が吉野です。そこに古の人々が大切な馬を神に献じてまで水を敬った心を、蛇口を捻れば簡単に水が手に入る豊かな時代に暮らす人に、馬の祭りを通して少しでも伝えることができればと考えています。

片山　私はいろいろな写真を用意したのですが、一応一枚ということになればこれかなと。この手向山八幡宮の国宝唐鞍《からくら》です。この馬具はいかにも神様が乗られる特別なものというイメージがあると思うんです。私は馬と神仏ということでいうと、馬頭観音というのも勉強してきたのですが、これを生み出すイメージの一番根本になったのは、やはり馬に人が乗るということと、人が乗ることによって馬が担うことになった軍事的な威力というようなことがあると感じています。

古い美術品を見ていると馬というのは案外ライオンや何かに食べられてしまうとか、霊獣に食べられる動物として造形化されていますが、ひとたび人間がそれに乗ると霊獣に立ち向かう、獅子を狩る側に変化するのです。人間が馬に乗ることができたということは非常に大きなできごとで、人にとっても大きかったのですが、馬にとっても大変なことだったのだと思います。人の乗り物となったことで、馬は人にとって欠くことのできない重要な存在となっていった。そして、重要であるからこそ神様への幣物《へいもつ》ともなった。馬具を伴う飾り馬はさらに特別なものでしょう。それで、これを持ってきました。

皆見　祝詞で馬の表情が登場するのが、中臣の大祓です。最後の部分に、「高天原に耳振り立て聞くものと馬引き立て」という文章があります。私たちが日常奏上する大祓の詞は短いのですが、年に六月晦日（末日）と十二月の大晦日に奏上する大祓の詞にはその言葉が出てくるんです。ちょうど今年の六月末日にその文言を奏上しながら放牧場に放たれた馬の表情を見ると、耳を前にしたり後ろにしたりしている姿が、昔の人には高天原に住まわれる天神の声を聞き、一番神様を感じる動物というように思われ、神を敬う気持ちを高めたのではないかと思いました。農耕には使いますが、神事に馬を使うということがなぜ雨乞いの神なのか、なぜ祓のときに馬を出してきて使ったのかというところは、やはり雨も高天原からいただくものであるのと、神様は高天原に住まわれているという考えと何か通ずるところがあるのかなと思います。非常に表情が豊かですよね。

ただ大祓で、残酷なのですが殺馬をしていたと言う話もあります。また、どこかの古墳で土馬《どば》のお腹を割って朱が塗ってあるものが出土された例もあるようです。神を感じる馬を生贄のように使っていたのではないかということで、それで当社の社前を流れる丹生川でも馬を殺していたのではないかという話になるのです。しかし、馬の骨が出たことはないので、それは想像の域になると思います。ただ、神社のすぐ横に昔、馬場垣内《ばばがいと》という地名が存在していたので、そこで馬を飼育していたのではないでしょうか。飼育するからには屠殺はしていなかったと思います。

片山　生贄の話がでましたが、『リグ・ヴェーダ』などにも少しそういう雰囲気の文章がありまして、馬を解体して馬の頭をその場に掲げたようにイメージされる文章なのです。馬が人にもたらす非常に強い威力みたいなものをシンボライズするのが馬の頭という印象で、そういう神聖視された馬の頭の印象と、それに秘められた威力が馬頭観音の憤怒の形相の元になったのかなという気もします。しかし、解体するということと祓の意味と、乗せると非常に敏感に反応するので神様が乗られたと感じるのとは、一続きには続かないような気もします。

皆見　律令で、むやみに牛・馬を殺してはいけないという決まりも出来ますから、やはり昔の人はそういう儀式をしていたのかもしれませんね。中臣の大祓でもやはり皮を剥いでということが書かれているので、古いかたちでは生贄を捧げたのでしょうか。

住吉大社に白馬《あおうま》神事がありますが、神様は蹄の音がお好みと伝わるため、境内で馬を走らせるのです。時代が変わって神の馬になっていった一例ではないかと思います。捧げものとはまた違ったようになっていったのも日本らしいと思います。

片山　これはまったくの私の勝手な想像なのですが、古い時代、非常に古い時代に、人は食べることに対して非常に神秘的な意味を感じていたのではないかと思うんです。食べない限り命は繋げないわけですから。だから、命を食べて命を繋ぐことへの神秘から、食べる相手を敬うというのか、原初的にはそういうところもあったのではないかと。現代に生きる私たちには生贄というと神様が別にいて、生贄される側は神様を喜ばせるために殺されてしまう、かわいそうな被害者というイメージなのですが、解体されるものの命で食べるものの命が育まれる。解体されるもの自体が神的なもので、食べることはその神的なものを受け継ぐ、そのようなことから食べ物自体を敬い、これを食べる儀式そのものが神聖であった時代というのがあったのかもしれません。先の『リグ・ヴェーダ』の記述も、今の新嘗祭《にいなめさい》なども、原初的には食べ物自体と、食べるという行為そのものを敬う気持ちがあって、しばらくすると、別に神というか、もっと宇宙的な神様と人が分離し、解体されるものはそれらを仲立ちする役割みたいに変わっていくのかもしれないですよね。

皆見　現在、馬を生贄に使う神事はありません。むしろ神社は血を「あせ」と言い、忌み言葉を使うので、それを嫌う性質のものになっています。しかし大祓詞の中に出てくる文言はそれと相反する内容があります。日本の古い祭りを紐解けば、古ければ古い程文書化されていないので難しいです。唯一それを辿る手がかりが祝詞のように思いますから、大祓詞の内容は大切な感じがします。よく現代の感覚からものを考えますが、それが果たして正しいのかとも思いますね。たとえば絵馬は馬が高価なものだから描いた馬の板に願い事を書いたことが始まりと言われますが、絵馬を故意に割ったような出土品がありますから、生贄から始まったのでしょうか。

文献が本当に整備されてくるのは平安遷都以降で、鎌倉期頃から江戸期にかけてどんどん完成されていったのだと思います。それ以前の神社にはそういうものが少ない。唯一代表的なものとして、権現信仰を受けた神社には仏教的な考え方の影響で、文書が残っているようです。仏教が入る前、日本は論理的な考え方より、感じたり察したりする民族だったと思います。だから、馬の表情を見て、不思議な表情で、なんとなく馬で癒される。心理療法でホースセラピーがありますが、言葉でなく馬に触れあい、言葉でない表情の会話で心が癒される。

今、私の神社に馬がいますが、これを見に大阪のほうから片道二時間ぐらいかかるのにタクシーで来て、長い日は一日中タクシーを待たせて馬に触って元気になっている人がいます。冬の時期は積雪や凍結する日があって馬に会えないと不安を漏らしていましたが、春になると、タクシーではなく彼氏と一緒に馬を触りに来始めたのです。自分で「私を待ってたんや」というふうに話しかけて触り始めるのです。そうすると、馬も人の顔や声の判別をしますから、その言葉に応えてか甘えた表情をしたりして寄って行くので、言葉にない会話をして癒される。まるで乾いた心に水を与えるようで、馬は神の使いといわれますが、ご神馬というのはそんな所から発祥したと思いたいです。この事例は、論理的な言葉というものがいかに人間社会で邪魔なものかということを、馬から私たちも教えられるような感じがします。

――馬は群れ社会で生きる動物ですから、コミュニケーション能力が高く、繊細です。

皆見　人の心を読むというのも本能的だと思います。私がいた杉谷乗馬クラブの杉谷先生から、馬の奉納を受けました。乗馬クラブというと少し敷居が高く感じられます。近畿では、例えば昔は上賀茂神社や住吉大社に行けばいつでも子供達が馬に接することができたとか、最近まで身近な神社ではそんなことがあったと思います。今はリスクがあるので、ほとんどの神馬が別の場所に預けられ、神社に行っても馬の飾り物ぐらいしかありません。だから、杉谷先生から「神社で馬を飼育しなさい」とご奉納を受けました。私の神社は馬との係わりでは最も古い神社です。原初の日本人の信仰を知る上で神馬は様々な役割を果たしているようです。馬だけ見て、お参りもせずに帰られる方もおられますが、神馬という概念からは、それでも良いと思います。現代人が忘れた大切なものを馬が今も守ってくれているような感じもします。

信仰の馬・戦う馬

片山　馬頭観音自体が馬の守り神になっていくというのも、おそらく起源は六観音のひとつの馬頭観音が、畜生道の守護神になるというのがきっかけだと思います。では、具体的に馬の神様として信仰された馬頭観音はどれだと言われるとよく分からないのですが、一番古そうなのは室町時代に造られた千葉県印旛郡の願定院のお像と考えております。このお像は首から下はお地蔵さんの格好をしていて、頭上には馬頭を乗せているのです。憤怒の形相でもなく、首から下はお地蔵さんで頭上に馬を乗せている。それを一木で造っていますから、どちらかが後で造られたのではないのです（図1参照）。

お地蔵さんにも六地蔵信仰があって、片方で六観音信仰がありますから、ともに六道の守り神です。それが合体してこのような像が造られたのではないか。そこでこの像はきっと六道の内の畜生道の守り神としての馬頭観音なのかなと想像したわけです。しかし、馬の神様としての馬頭観音がどこまで遡るのかというのは確かではありません。石

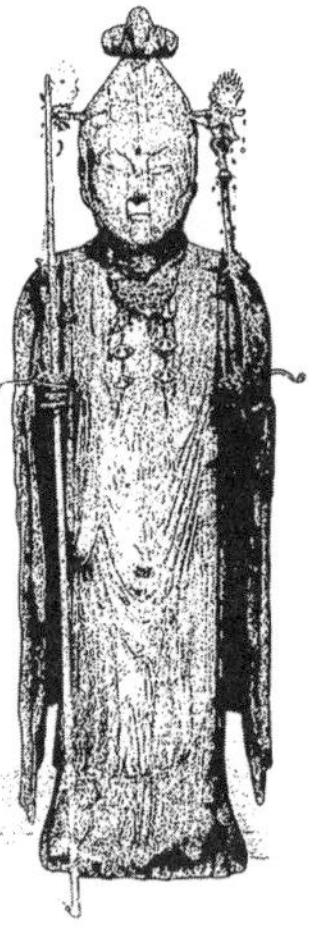

図1 木像「馬頭観音立像」
千葉県印旛郡・願定院蔵

仏だとずっと時代が下がりますからね。江戸中期ぐらいまで下がってしまう。

長塚　そう考えると、十八世紀ぐらいに大きな曲がり角がくるのかもしれません。養蚕神ですか。馬鳴菩薩とか蚕を守る神仏は、だいたい十八世紀ぐらいに養蚕地帯に広がってきましたし、信仰以外ですと曲り家のような民家自体の造りもこのころに変わってきます。石造馬頭観音もたぶん十八世紀になってから、突然かどうかはわかりませんが、量的には急に増えてくる。それまでの信仰とは違う感じが出てくるといわれています。

皆見　東北のほうに馬頭観音は多いのではないですか。

片山　でしょうね。

皆見　その地方には、本来の馬頭観音の信仰とは違うかもしれませんが、馬への愛しみや感謝をもって祀ったのでしょう。しかし怖い表情の馬頭観音さまに交通安全のご利益を唱える神社があったような気がします。馬の産地と馬頭観音の分布の関係は深いのではないでしょうか。

片山　恐らくそうだと思いますが、実はだれも実数を確かめていないのです。ただし目にしている実感でいくと街道沿い、特に東のほうが多い気がしますよね。

——北陸などの木造の馬頭観音は？

片山　平安時代から江戸時代までの馬頭観音像が点在する福井県の小浜市周辺には、漂流した漁民を助けたとい

参考図『諸尊図像集』のうち馬頭観音像
神奈川県・称名寺蔵

う伝承をもつ馬頭観音もあります。古くから行われた馬頭観音信仰の中には、『ジャータカ』や経典で伝えられた、羅刹女の島に漂流した商人を助ける馬の話などに関連した海難救助の信仰に基づくものがあり、そのために海沿いに多いのかもしれません。一方、長野県の塩の道周辺には塩を運んだ馬たちを供養する近世以降の石造の馬頭観音が多数残されています。これは馬の守護神としての信仰だと思われます。

ただし馬頭観音というのは基本的には怖い顔をしているのですが(前頁参考図)、馬とともに働いた近世の人々には、馬を守ってくれる観音様が怖い顔をしている理由が理解できなかった。憤怒の形相の由来は、最初に私が申し上げたような軍事的な威力というか、世界を一転させてしまうような威力ということがあるんだと思います。戦いによって国が根こそぎ変わってしまうようなことが昔はありますよね。そういうところで果たす馬の役割が憤怒相を導き出すひとつのイメージなんだろうと思います。ところが生活を支えてくれる馬を守ってくれる神様なら優しい顔のほうがいいはずで、近世以降の石仏では、多くが優しい顔になってしまう。その辺は馬とかかわる人たちの気持ちが少し違うというのか、そういう気がします。

——でも、戦国時代などは軍馬が盛んになっていたわけで、そういうところでの信仰とは結び付かなかったのですか。

片山　あれはどうなんでしょう。いわゆる戦術的に日本の戦い方は騎兵が中心にあまりならなかったのではないですか。

長塚　そうですね。平安・鎌倉時代では、たぶん輸送装置としての意味合いのほうがはるかに大きいと思います。あれだけの大きな、防具の要素も入った大鎧を着て、予定戦場地へ移動するというのは徒立《かちだ》ちではとても無理な話ですから、馬に乗らないと戦場までも駆けつけることができない。そういう時代ですと、耐久力のある動物に乗るしかないので、騎乗による移動という方法をとっていたのだと思います。

南北朝から室町時代になると、そういう大型の鎧ではなく、もっと体にフィットした形のものが出てきます。そうすると必ずしも馬がいなくても結構移動ができるようになります。その辺の選択肢として、改良によって馬を新たな時代の軍事目的に使うという発想は日本にはないですよね。

なぜか重さ自体は古代から江戸時代にかけて負担重量の規定は重くなります。『延喜式』のころは六十キログラムぐらいで、米穀類だけは九十キログラム。鎌倉から室町時代は九十キログラムです。江戸時代になると百十二キログラムと増えていって、最後は百五十キログラムまで増えるんです。なぜ、そういうふうに負担重量が大きくなっていくのかはよくわかりません。最初は改良しているのかなと思ったのですが、そういう形跡もないですし、それは謎ですね。

片山　その負担重量は何で規定しているわけですか。

長塚　何貫以上積んではいけないという輸送のときの法令です。そういう法令を見てみると、その上限が少しずつ少しずつ上昇しています。

片山　私は初めに国宝の唐鞍の写真をお見せしましたが、わが国の馬具というのを見ていると、どう見ても江戸時代まで残っている馬具は、実用というよりステータスシンボルであり続けたように思います。一般の人は荷鞍には多少乗っていたのでしょうが、武士が使うような馬具で馬に乗れなかったということもあるのでしょう。それに日本の道路事情もあるのかもしれません。大陸のように広い道や、大会戦の場がないということもあるのかもしれませんし、日本には去勢の技術がなかったということや、集団で調教するということがなかなかできなかったということもいわれますよね。秀吉の軍勢に牝馬を放つと軍勢が大混乱になったというのですから。

長塚　最近、歴史学者の平山優さんより、地域的に西日本と東日本の馬術を分けて考えたらどうかという説が出てきました。といいますのは、ルイス・フロイスの報告書などもそうですが、日本の合戦というのは戦闘状態に入るときに馬から降りて戦うといわれていました。でもそういう記述のある史料は中部地方から西日本にかけてのものだというのです。はたして戦い方として、日本列島すべて同じ戦闘方法を採っていたのかという疑問が出始めています。東日本は原則として騎馬で戦う技術、西日本はどちらかというと徒立ちになってから戦うというふうに、文化圏として完全に分けられるのではありませんが、慣習が違う可能性があったとしたらどうだろうかという提言が出てきました。

たしかに長篠合戦で、武田軍の中の甲斐や信濃の武士が騎馬で敵の本陣に突撃しているのではないかもしれない。私の上司の村井文彦は、もしかすると西上野衆《にしこうずけしゅう》の小幡氏が率いるグループだけが騎乗しているのではないか、と言うのです。「関東衆は馬上の巧者にて」と織田側の記録に出てくるのは、武田の軍勢の中でも中部地域の武士と関東地域の武士の戦い方が違うのを書き留められたのかなあというわけですね。今年になって出てきた研究ですので、今後注目しなければと思います。輸送とかは少し違うのかもしれませんが。

片山　確かに徳川三百年の泰平というのはあるのだけれども、馬具にしろ、馬の改良にしろ、本格的に始まるのは明治以降ですよね。だから、日本で馬の軍事力が大きかったとはいいながら、海外ほど大きくないという感じがします。インドの最高神のヴィシュヌが最後、新しい世を創るときに馬の姿になって出てくるという伝えでも、馬に新しい世を創ってしまう威力を感じていますよね。そのくらいのイメージがあるから、憤怒の姿の馬頭観音が出てくるのであって、そのあたりは基本的に違うのかもしれません。

先ほど宮司様の「白馬で晴れを、黒馬で雨を」というお話があったのですが、MIHO MUSEUMの紀元前七〜六世紀の〈ライオンと雄牛形容器〉では獅子が牡牛に襲い掛かり、噛みついています。この動物闘争を表わす容器が、獅子は夏、牛は冬を表していて、メソポタミアの夜空の中心が牡牛座から獅子座に順調に推移すること、すなわち乾季から雨季への推移が順調に行き、生命が復活し、農耕が行われる季節の到来を祈った器かもしれないと言われているのです。それを彼らは闘争文様で表すわけです。噛みついて牛を獅子が食べようとしているというか、襲いかかっている構図で表すという発想と、白い馬と黒い馬をもって晴れと雨を祈るというのと、やはり雨季と乾季が明らかに分かれている地域と、日本人の感覚と全然違うのがおもしろいですよね。

長塚　日本人は植物の改良というのは、花にしても食物にしてもものすごくやるのですが、動物の改良にはなぜ至らなかったのかというのは不思議です。

片山　あまり身近に大型動物がいなかったのかもしれない。大型の家畜を飼わない、というのが日本の農家の特色とも言われますね。中国でも必ず豚を飼ったり、山羊や羊を飼ったりしてそれを食べますよね。豚を飼って食べるというのは沖縄までは見られるけれども、日本の農家では見られなかった。

長塚　鳥はね。

片山　鳥ぐらいですね。そうか、鳥は改良してるんですか。

皆見　鳥はそうですね。

長塚　身近にいればきっと改良するのかもしれませんが、大型動物は身近ではなかったのですかね。

皆見　食べないから解体もしない。だから、生態が分からない。だから、改良まで至らなかったのかも分かりませんね。

片山　おそらくそうかもしれませんね。

皆見　片山先生の、紀元前六千年メソポタミアの文明に動物を表現材料にするお話は興味があります。確かにその話から言えば日本は平和ですね。雨が降るか、降らないかで、丹生川上神社では臨時に祭を行っていたようです。平安期以降は旱魃が続くと黒馬を都から連れて来ていたようなのですが、そのとき必ず天理市にある大和神社《おおやまと》の神主が天皇さんの遣いに同行したと記録にあります。

もともと丹生川上神社は大和神社の別宮であったと言われる所以になります。一説には都から来た一行は必ず大和神社の前を通るので、大和の神主が遣いとして丹生川上まで道案内をしてきたみたいなんです。大和神社は天理市にあるのですが、吉野に近い桜井市の境界あたりに鎮座しています。今でも車で一時間半ぐらいかかりますが、当時その道を歩いて、千人ほどの人が天皇さんの遣いと一緒に馬を連れて丹生川上まで来ていたようです。

国家の水の祭りを行っていた丹生川上神社に平安遷都によって貴船神社が加わります。同様の話が貴船神社にもあります。上賀茂神社の前を通って貴船に行きますので、同じように上賀茂神社の神主さんが付いて貴船まで献上していたというのが記録に残っているのです。いずれも大和神社の別社という扱いで、管轄内の神社として丹生川上神社があって、貴船は上賀茂神社の管轄社としてあると。だから、単独で動いているのではなくて、管理をされていた。農耕の中では雨は大切なものなので、祭りが途絶えないように多くの人が係わり、組織化して神事が行われ継承できるようにしていたのだろうと思います。水神と馬の献上に特徴があるので、参拝の方に当時献上された馬はどうなったのですか、生贄になったか、食べたのですかと聞かれるのですが、その記録はないのですね。

長塚　あまり、食べた感じはね。

唐鞍・移鞍・和鞍

皆見　伊勢神宮の遷宮が昨年話題になりました。ご正宮や建物だけでなく神宝類も全て新調します。その中に鶴斑毛御彫馬《つるぶちげのおんえりうま》という馬の置物がありますが、ああいった馬装品があったのかなというぐらいきらびやかなものでした。馬装品や装飾などの献上品から当時の神様を敬う心を感じます。

片山　おそらく国宝唐鞍のような一式は、いろいろな時代のものが積み重なって成立しているのでしょうね。鞍の後ろから伸びている八子《はね》なんていうのは確かに唐時代の馬俑にも見られますが、頸の下に付けている大きな総は、こういう金属ではありませんが、付けている姿がもう少し古い時代の俑などに出てきますよね。だから、いろいろな時代のものが組み合わさって、こうなったのでしょう。それが日本でできたのか、もう中国でできていたのかは確かではありませんが、おそらく日本で固まったのではないかという気がします。

中国で成立した一式があって、それがずっと伝わっているというのではないという気がします。どんどん豪華になっていって、やはり神様に捧げるのだから、海外から伝わって来る相応しいものをひとつひとつ積み重ねて、今の一式になったのではないかと思います。

長塚　全般的にまだ調べているわけではないのですが、下総国、千葉県の北部から茨城県南部にわたる地域の例をあげておきます。下総の一宮である香取社は、二十年に一度遷宮をしますが、そこで利用する唐鞍は、製作か修理か分からないですが、負担する郡や郷が鎌倉中期には決まっているみたいです。製造やメンテナンスは、普通は国府というか国衙に工房があって、そこでやるのかと思っていたのですが、どうも考え直す必要があるのかなあと思います。かなり特定の地域に工房があるのか、それともそこだけが唐鞍の製作や修理の代金を負担して、実際の修理を国衙がやるのかどちらかなのか。もし前者のほうであるなら、平安から鎌倉時代にかけて、馬具を製作・修理していく場所はかなり特定された場所ではないのか。一カ国で四カ所か五カ所ぐらいしかないのです。ほかの郡とか郷には負担をかけていない。

下総の場合、その中のひとつが下葛西郡という郡で、今の東京の南東部です。考古学者の谷口榮さんに聞いてみたところ、そこは昔から人がいたというのではなくて、特定の時期にたぶん渡来人が入ってきて集落を形成したのかもしれないということでした。出土した人型埴輪は帽子をかぶっているのですが、それは渡来系の帽子だろうと言われているんだそうです。ちょっと実証ができないのですが、もしかすると、そういった地域に入植した人々が持っていた技術が、連綿と鎌倉時代まで続いていった可能性もあるのかなと思ったりします。そういう前提があって、いろいろな社会的な情勢が組み合わさって、唐鞍が複雑化したのかもしれません。今後そういうところも見つめていきたいなと今のお話を伺っていて思いました。

片山　唐鞍自体が最初からこういうスタイルではなくて、それでも基本的には神様用だから最も豪華にしたいという気持ちがすごく表れて、特別な馬具というしつらえが成立したのだと思います。

長塚　鎌倉時代になると銀細工を装着したものを身に着けて、鎌倉市中とかに入ってはいけないということになっていますから、こういうものは特別なものだということになりますよね。

皆見　障泥《あおり》の部分は革なんですね。革の細工がされているのですか。

片山　芯は革なのですが、表面に金属の細工を貼っていますよね。

皆見　貼っているのですか。

片山　鍍金銀の銅板を地板として双鳥文や双孔雀文を伴う華やかな装飾を付けています。ですから、実に実用的ではないものですよね。本来軟らかい方が使いやすいものも板状になってしまって、馬にも乗る人にもかなり負担がきついというか、きっと不具合なものになりますよね。だから、本来は、もともとは軟らかいものなのだろうと思います。

皆見　和鞍は現在の洋鞍に比べ馬の体にフィットしないというイメージがあります。私も最初、神事で馬に鞍を着けるのを見たんですが、非常にぼろぼろで、こんなものを馬に付けるとばたばたして馬体に当たりますので馬も嫌がるし、当時は機能的でないものを付けていたのだなと感じました。住吉大社はちょうど当時木曽駒だった

古都奈良で水神への馬の献上が息を吹き返し古の人の心を伝えている
（平成 24 年 6 月 1 日丹生川上神社下社の例祭）

国宝　唐鞍　鎌倉時代・14 世紀　手向山八幡宮蔵　奈良国立博物館写真提供

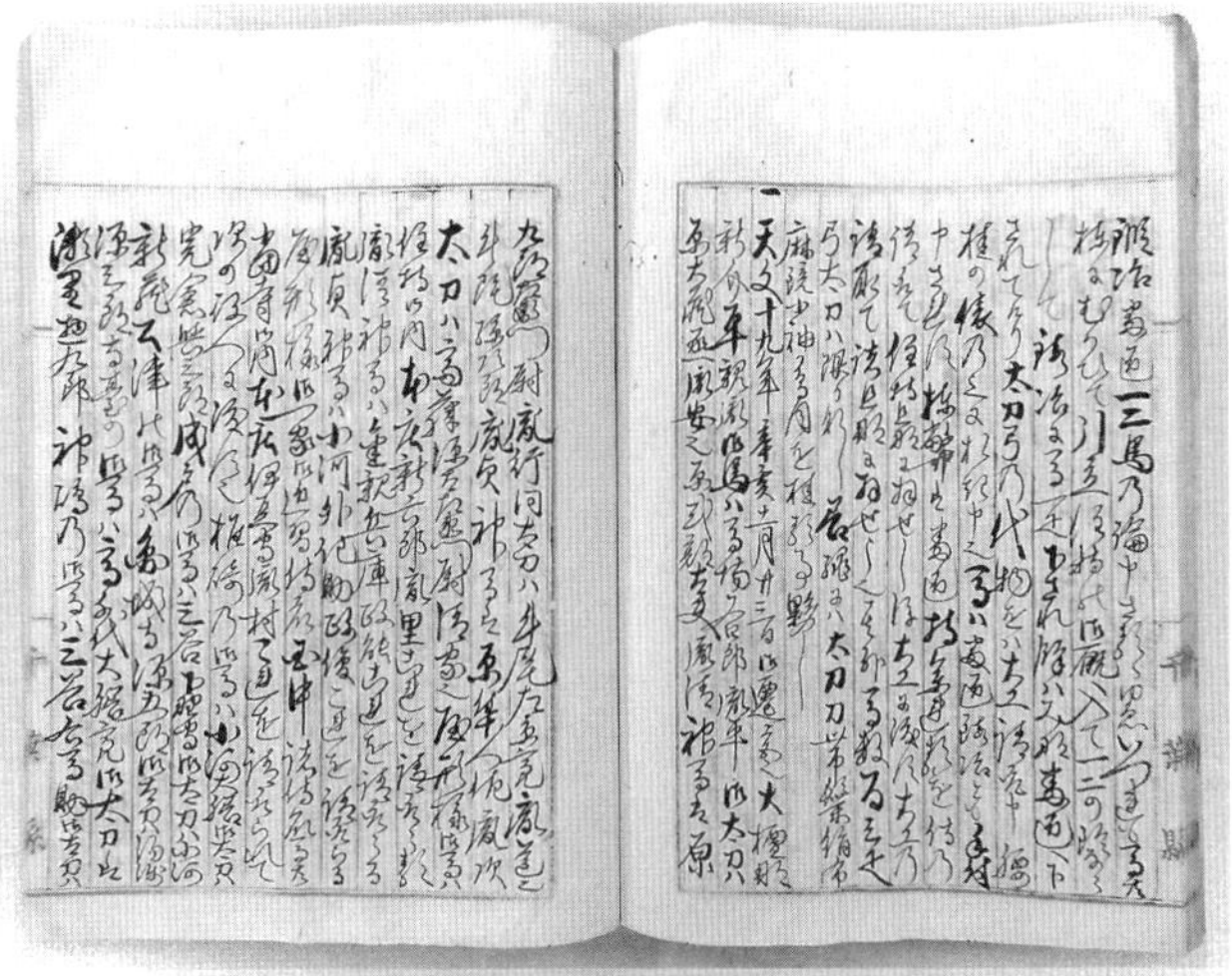

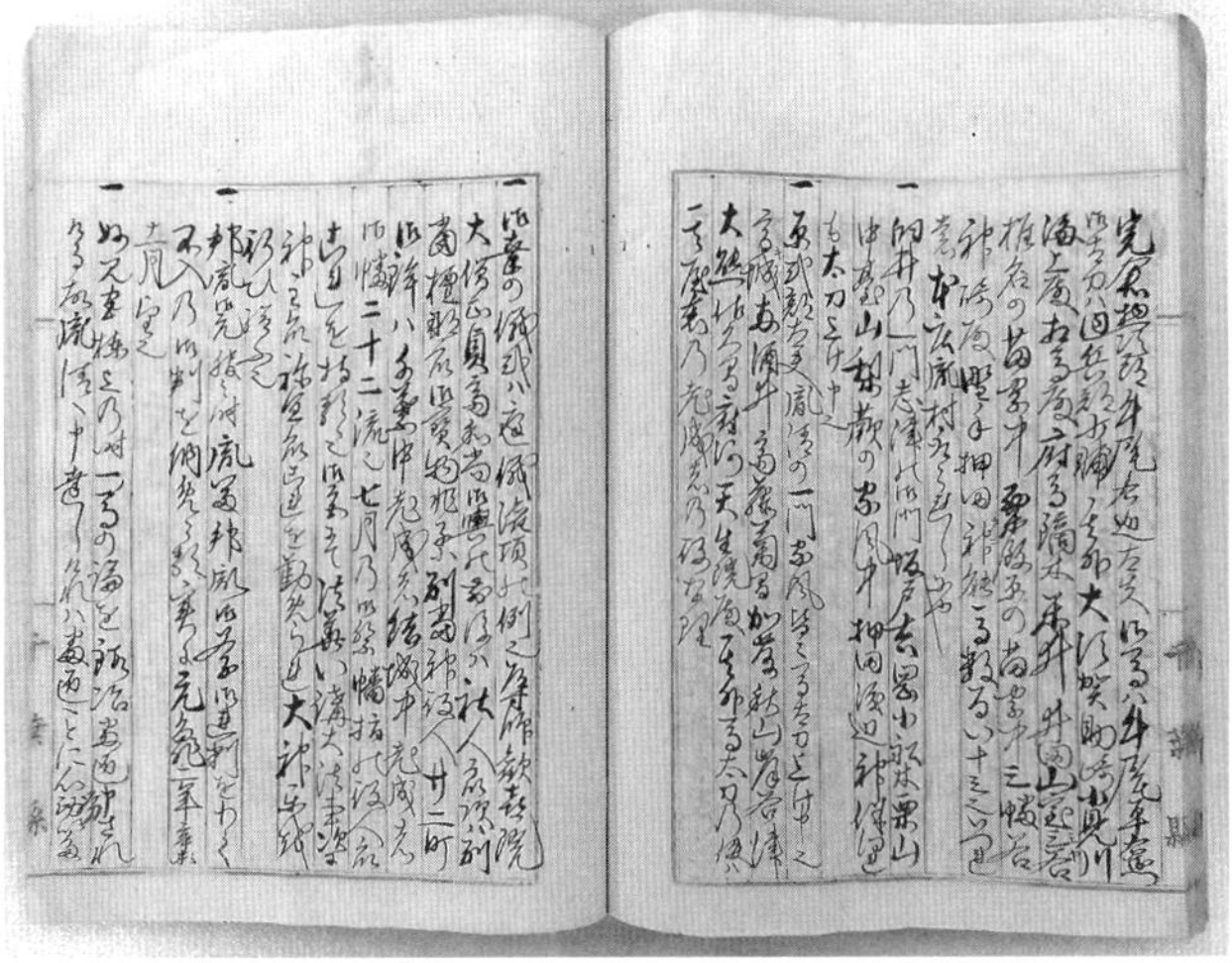

『千学集抜萃』1冊　国立公文書館蔵
下総守護千葉氏の歴史を、詳細に記した編纂物である。編纂の開始時期は分からないが、永禄3（1560）年や天正10（1582）年から逆算する記事があることから、逐次記入した情報を数年ごとにまとめたのだと思われ、記事自体は戦国末期まで続いている。内容は、千葉一族の血統にはじまり、治承寿永内乱での活躍、千葉氏の妙見信仰、歴代当主の事績、千葉氏の儀礼関係など多種に及んでいる。もともと、原本は千葉氏の守護神である妙見宮・金剛授寺に保管されていたが現存していない。天明6（1786）年か弘化3（1846）年に紀琴夫が一部を抜書し、その写本を国学者清宮秀堅が書写したものが『千学集抜萃』と称されるようになったと思われる。国立公文書館本は、清宮本を筆写したものである。写真掲載した部分は、天文19（1550年。ただし干支は翌20年を表している）の遷宮に関する記事で、守護千葉氏をはじめ御一家･近習侍衆･国中侍衆、そして国衆の一門や家臣など、多くの武士が馬と太刀を奉納している様子がうかがえる。

ので和種ですから馬体も小さく、鞍と切付《きりつけ》が合っていないような感じでした。

長塚 ということは、唐鞍というのは場合によっては装着しなくても意味があるというものなのでしょうか。

片山 装着はするのですが、馬がよほど嫌だったら頸総などは別に持って歩かせたようです。また馬の面も頂に菖蒲形と呼ばれる突起がありますので、偉い方が乗って、これに顔をぶつけて落馬したような事故があり、この馬具一式を付けて馬に乗るのは口取りが付いて馬を曳いても困難だったようですよね。

皆見 その話を聞くと理解できます。私が住吉大社に奉務した昭和六十年頃に、神馬が退落しました（※神馬が亡くなることの忌み言葉）。それがニュースになり、子供の頃お世話になっていた杉谷先生が、住吉大社に神馬を奉納しようと、私を訪ねて神社に来てくれました。住吉大社の神馬には条件があって、和種で白毛の魚目《さめ》馬（※青または灰色の目を持つ馬）。住吉の神馬が退落すればその条件を満たす馬が日本のどこかで生まれているという伝えまであり、奉納する団体も決まっていて、炭を扱う組合が、普段黒いものを扱うので白い馬を住吉大社に献上する「神馬講」を組織していました。

今は大阪の燃料卸商業関係者で組織されています。そんな事情を先生に説明しましたところ、馬に関わるもので「他に何か欲しいものはないか」と言われるので、和鞍のご奉納をお願いしました。現在その和鞍を神事に使用しています。最近、先生より神馬もご奉納頂いたようです。しかし実際、乗馬経験のある者が見たら和鞍は乗りにくそうですよね。こんなのに乗っていたんですね。

片山 はい。今の相馬野馬追でもこれに乗っていますからね。流鏑馬でも使いますし。

皆見 戦国時代とかもやはりこうした和鞍に乗って戦をしていたのでしょうから騎乗能力は高かったんでしょうね。

片山 馬具に大転換が訪れるのは明治以降、西洋式軍隊が導入されてからですよね。

長塚　江戸前期の『雑兵物語《ぞうひょうものがたり》』を見ると、雨や水にあたったりした鞍の覆いや障泥が軟らかくなってくるけど捨てるなと出てきます。革製だから軟らかいんでしょう。

皆見　──それが、「鐙口」や「鞍野郎」などの、器物の妖怪（付喪神《つくもがみ》）になるのですね。

長塚　それは戒めの部分ですか。捨てるなということで妖怪になるという。

片山　『雑兵物語』だと、取っといて旦那の敷物にまだ使えるからと言っていますね。妖怪になるかどうかは知りません。

皆見　私は最近、『延喜式』に出てくる馬寮の馬具について考えたんですが、馬寮の馬具では障泥は革ですね。熊の毛皮であったり、牛とか馬のものだと漆を塗ったりしています。国宝の唐鞍の障泥のように金属を貼ってしまうようなことはなかったようですね。『延喜式』にある素材の記載から想像される馬具は実に実用的に感じました。

片山　和鞍には漆を塗っていたという跡はあったような記憶はあります。

皆見　きっとそれも表面に塗るだけで裏は塗っていないですよね。

片山　そうでした。装飾的な観点で裏は塗らなかったんでしょうか。

長塚　表面だけですよね。馬具ですから基本的には実用だったのでしょう。偉い人が乗るにしても実用に即して作って、場合によって使い分けていたけれども、だんだん儀式ばってくると、実用からはずれてしまうという傾向がありますよね。

片山　私は最初、無批判にどういう装飾にどういう意味があるのかも知らずに、大陸から渡ってきたものを使っていたのだと思っていたのですが、そうではなくて、むしろ逆かもしれない。逆なのですね。

長塚　おそらく。

実用品だったものにだんだんいろいろな装飾が付いて。

片山　なぜかというと、唐時代の人は唐の馬具に乗っていたはずですからね。最初、『延喜式』の規定だと唐鞍は外国から来た賓客を乗せるとしていますが、それは国宝の唐鞍のような一式ではなく、きっと唐からの直輸入の実用的なものだったのだと思います。ところが、日本人は唐の鞍に付属している輪鐙《わあぶみ》に乗りにくかったのかもしれないんですね。だから外国からの使節に付き添う日本人に貸出される馬寮の馬具には壺鐙が付属していました。ただ、鞍橋だけは格好だけ唐鞍に似せたものを考案して、これを移鞍《うつしぐら》（写し鞍）といったのではないかというのが今回発表した移鞍説（「古代の移鞍について」『MIHO MUSEUM 研究紀要』第十四号、二〇一四）なのです。

中国や朝鮮半島から来た使節には中国直輸入の唐鞍を使い、日本の人たちは日本製の唐鞍風の鞍橋を持つ、よく似た形式の一式に乗っていたのではないでしょうか。唐鞍というのは特別なもので中国から来たような人たちが使うものでしたから、もともとあまり頻繁には使われなかった。それでも一番高貴なものというイメージがあったのでしょうね。だから、最高級のものとして意識されていたのでしょう。

ただ一体いつから唐鞍が神事に使われたのかというのが分からない。唐鞍は外国の賓客が使うものだと『延喜式』に規定されていますから、それでずっときていたものが、いつの頃からか神社の祭礼や天皇の行幸に付き添う人たちの一部に使われ出したのです。

唐鞍は手向山八幡宮の国宝をはじめ、各地の大きな神社に残っていて重文に指定されているものもあります。しかし「天かけり国かけりましましてこれの宮居に鎮まりましませ」という言葉からすれば、わが国の神様は本来、かなたから飛んできますよね。そうすると乗り物はいるのかと。いつから馬が乗り物になったのかなと。いつからでしょうね。

皆見　遺物から弥生時代には日本に馬はいなかったのではないかと考えられています。古墳時代後期に和歌山県の岩橋千塚古墳群の出土品に馬の甲冑のようなものが出ているので、戦に使い間違いなく乗っていたと思います。

片山　そのぐらいになるのでしょうかね。

皆見　いや、遺物だけの話なのではっきりとしたことは本当に分かりませんが、日本は外来の文化と習合しながら独自の発展をします。馬の扱いも時代時代で微妙に変化して、乗ってはいけない馬のような考えもできたのでしょう。奈良時代創建の丹生川上神社では乗ってはいけないという伝えはなく、雨乞い、雨止めに水神に馬を差し出す。神社によっては動物の背中に御幣を立てた絵図もありますから、神様が乗られる馬とか、神様の馬と言う考えはその頃からできたのでしょうか。

片山　神様の乗り物としては御神輿もありますから、御神輿に続く馬は儲けの馬で、つまり予備なのでしょうか。行幸でも天皇の輿の後に儲けの馬が付き、これに唐鞍を付けたようですが、きらびやかな飾り馬は目立ちますから、輿の中の天皇の威光を知らしめたのでしょうね。

皆見　一般の方から質問が多いのは、御神輿が神社から出ていくと御本殿から神様が不在かというものがあります。しかしそれは違います。神道は偶像崇拝ではないので、いろいろなところに神様はおられると考えてきた八百万の神信仰です。それは一神一神の数で八百万ではなく一神も沢山なのです。八幡神社が日本で一番多いお社というのも同じです。なぜ八百万の神を必要としたのか、それは日本人は生きるという本質的な部分で感謝の対象を探して生きてきたからなのです。そして神様を感じて高い感謝の心を生むことが生きやすいことであり、自分たちの能力を上げることだと知っていたと思います。いろいろなところに神様がいたらいいと考え、馬も単に馬でなく、神様の馬と考えた方が感謝の心の高揚があり、感謝して自力を上げて生きてきたのでしょう。新年に住吉大社の馬の神事に集まる人らは、白馬を見て今年は良い年になると喜んでいます。感謝の対象として仏教を認め、キリスト教も受け入れてきました。だから時代の変化と共に微妙に変わり、その土地にあったように神様を理解して独自の文化を生みます。日本に仏教が伝来し律令制ができます。そこで律令制をずっと守ってきたのかというとそうでもないようです。地域ごとに不文律みたいなものが存在します。馬との係わりと神との関係はやはり雨乞いからと考えます。それが微妙に変わっていって、江戸ぐらいになると、神様が喜ぶ、人が喜ぶ行事になって、馬が係わる神事が多くなったように思います。

――本当に乗っているのか、それとも祓えの象徴なのか。

皆見　御幣を乗せたというのは神様が乗っているということの象徴的なものと思います。御神徳を宣揚させるために儀式的なものがシンボル化され、どんどん装飾品が華美になっていって、神様がここにおられるというようなものになったと思います。

片山　そういう目印になりますからね。

皆見　そうですね。

片山　神様が乗ってくるというのは唐鞍のことを考えると、もしかするとあれは完全に『延喜式』の掟破りなのでしょうけど、いわゆる外国人賓客が乗ってくるというのを転嫁させて、少し意味を変えて、神様が乗ってくるという。しかも手向山八幡宮の場合は九州から上ってくるわけです。きっと唐や新羅から来たような人たちも九州へ着いて、そこから唐鞍で上って来たはずなので、それを見慣れてきた人たちに対して、この神様もこの唐鞍で来るといって、一番の賓客として来ているというイメージを、もしかすると演出したかもしれないという気も少しします。

そのあたりから唐鞍が神様に使われるというイメージが日本中に広がっていって、捧げものとは別に神の乗るものとして広がっていった可能性も、なくはないような気もします。

長塚　先ほどの下総の香取社だと、唐鞍は文永八（一二七一）年の遷宮から見えていて、その前には出てこないのです。

片山　ああ、そうですか。文永。

長塚　十三世紀中後期です。ただ、史料として残らなかっただけかもしれません。関東地方では、ほかに遷宮の史料がかなり残っている神社というのはないので、はっきり分かりませんが、それは調べてみる必要があるような気がしました。関東ではその頃に普及したのか、それとも香取・鹿島社は藤原氏の関係する神社ですから、中央の意向がかなり強く出ているかどうか、それはまだ判断できません。鎌倉期に行列自体がかなり、もしかすると変更になっている可能性もあるのかもしれないですね。

片山　これもだいぶ嘉元四（一三〇六）年に大修理しているでしょう。

長塚　ああ、そうですか。

片山　蒙古襲来の後の神国思想の高まる時期ですよね。

長塚　直接は関係ないかもしれないのですが、寺社が昔は大きな力を持っていて、武士の時代になって力が弱くなったという時代の流れが説明されることがあります。実は、あれをアピールするのはいつかというと、鎌倉後期に言い出していることなのだそうです。それ以前に、そんなに力を持っている寺社だったのかどうかは実証できない例が多いのです。

　鎌倉時代の研究者によりますと、モンゴル軍が退却したあとに、合戦で奉仕しましたと鎌倉幕府に訴える寺社があって、その関係で保護されて力を付けてくるお寺や神社が急に増えてくるという話がありました。そうすると、今まで思っていた古代はお寺とか神社がとても華やかで強い力を持っていたというのも、どこまで本当なのかを疑ってかかる必要があるということになります。ですから、鎌倉時代だから神社がずっと衰退していったなどと考えてはいけないのかもしれません。ずっと現状のまま存続していった場合とか、力をどんどん付けていくお寺とか神社があるのでしょうから、祭礼の仕方がもっと前よりも大がかりになるような現象もあるのかもしれません。

片山　これなんかは端的に言えば普通の荷鞍と「チャグチャグ馬コ」の荷鞍との違いぐらい違うのでしょうね。

長塚　この唐鞍を改めて調べたくなりましたね。その祭礼でどういうふうに使われているのかというのはあまり今まで考えられていない。

片山　調べてみてください。

皆見　でも、確かに鞍というものがきちんと残っているのは少ない。神社もやはり時代の変遷の中で経済的に大変な時期がありました。流出しているという事例はないとは言えないと思います。それに残っていても神事で実際に使用しますから、いつの時代のものか神社でもはっきり分からない物が多いと思います。神社が関わる展覧会などで、どう考えてもこれは個人所蔵ではなくて、もともとは神社や寺院のものだというものが出展されていることがあります。

長塚　しかし、賀茂競馬でも古い馬具はないですよね。古くても寛永期ぐらいまでですから、一六三〇年代ぐらいまでしかさかのぼれないです。競馬を担当する先代の方によると壊れると捨てたと聞いていたそうですけど。

皆見　ですから、逆に保存状態がいいというのは、使われずに何かの形で置かれていたということなのでしょうね。

片山　使うとしても残されているものはきっと祭礼用としてよほど大切に使ってきたんでしょうね。

皆見　そうですね。

長塚　上賀茂では徳川綱吉の母の桂昌院の奉納したものだけはセットが全部そろっていますが、それでも乗って使っているので少し変形しているとおっしゃっていました。幕府にこれだけ保護を受けているというのを見せるためのものは残すけれど、それ以外は本当に実用品なので、居木が割れると捨てたということでした。お話をされた方も、古い鞍に乗ったことはないと言っていました。

片山　しょうがないけどね。和鞍は基本的に木で作った消耗品ですからね。

そして馬を葬る

長塚　あとは馬を借りること。時代が下ると京都の町中では馬の数が減るので、江戸時代に賀茂競馬などの祭礼の時は、馬を集めることで四苦八苦されていましたね。京都の町奉行から借りてきますから、祭りの後は挨拶回りで奉行の所へ行っている。春日大社もそうですよね。郡山藩の馬を借りています。江戸時代の地誌を見ると、松平家が協力しています。大和郡山の松平ですから柳沢家ですか。やはり借りているのだなとわかります。

片山　以前、馬頭観音の調査で白馬村に行ったときに、『白馬小谷研究』主宰の田中欣一さんのところに泊まったのですが、玄関の脇の元馬屋のところを、「ここが馬屋だったんだよね」、「新しい馬が来ると村中集めて披露宴をやったんだよね」なんて言うのです。お嫁さんと同じ格だよねと。披露宴をやったそうですよ。その馬が死ぬと死体をみんなでかついで、山の尾根まで埋めに行って大変だったと言っていました。

皆見　馬をかついで行くのですか。

片山　馬をかついで、山の上の尾根に埋めるんですって。そんなの大変だったでしょうと言ったら、「いや、大変だった」と言っていました。そんなことがつい昭和初期までは残っていたようですからね。今では信じられないですよね。

皆見　信じられませんね。昔、神様は山の尾根、峰に天降るといわれているから、神格化した馬なのでしょうか。それは農耕馬ですか。

片山　農耕馬ですよね。

長塚　では、大きいですね。

片山　どのくらいの馬だったかはわかりませんが。なんかそれを埋める特別な場所があったみたいなことを言っていましたね。

皆見　住吉大社では今も馬塚というのが残っています。もともと厩舎があったところが今は馬塚といって、そこが埋葬場になったようです。ただ近年から規制されて、土葬がだめなので、たてがみだけを埋めるように変わったみたいです。

――そんな山の上まで持って行ったというのはすごいですね。

片山　それが捨て場という感覚だったのかどうか。これは尊んでという感じでしょうか。

皆見　ただ本当に石を置いているだけで馬頭観音みたいなものがあるわけでもないです。時代の変遷と地域によって大きくいろいろなものが違うのでしょうね。

片山　そうですね。私もいろいろなことを申し上げましたが、まだまだきっと分からないことだらけなので。

皆見　でも私も、馬装品、無口とか頭絡類などを昔風にしたいと思っています。今は市販のものを使っているので、今日はいい勉強になりました。昔は、神様の祭りに馬を使って、こんな神事をしていたんだよという雰囲気を伝えたくて、黒いミニチュアポニーを神事に使って、子供に曳かせています。

――では最後に、皆さんそれぞれ、馬についての今後の課題などあれば一言ずつお願いできればと思います。

長塚　今日、少しお話を伺って思ったのは、どうしても祭礼というと昔からの形がずっと残っていて、道具もあまり変えないようなイメージが強かったのですが、どうもそうではなくて、各時代でかなりいろいろに変容をとげていくことが分かりました。過去のものを積み上げていきながらも、その時代の特徴が現れるという意味では、こういった祭礼関係の史料は今までと違う目で改めて見直してみる必要があるのだと思いました。

先ほどの唐鞍が出てくる史料があるのは、昔からの唐鞍をただメンテナンスしているというだけではなくて、いろいろな所に繋がるのだろうなと思いました。たとえば都市部とか農村部の工房ですね。技術の動きによる地域の社会の特質とかにも繋がってくるということが予想されます。祭礼の研究のための史料分析以外にも、いろいろとアプローチしていく必要があるというのが分かりました。たいへん勉強になりました。ありがとうございます。

皆見　幅広く難しい課題でしたけど、確かに時代と地域によって日本らしい特色があることを今日は勉強させていただきました。馬と神との係わりというのが雨乞いから始まると言われているので、現在二頭の馬を飼い始めています。祈りと祭りの原初の形としての奈良時代の古い祭りを、今にどのように伝えていくかという課題に対して、今日勉強させていただいたことを含めて奉仕をしていきたいと思います。来年中にはブルトン種、アラブ種の馬を二頭増やし、馬を通じて日本の神への祈りを伝えたいと思います。

片山　私はどちらかというと、今後は馬具を中心にして神様との関係みたいなものも考えてみたいなと思っています。去年はいわゆる移鞍という唐鞍と和鞍を結ぶ中間の部分を考えてみたのですが、中間の部分を考えると、その前とその後を考えなければいけなくなって、ちょうど今回いい機会で「神の馬」というテーマをいただきましたので、唐鞍のことについて思っていることを少しお話申し上げました。まずこれについての考えをまとめ、そして和鞍に及びたいというのが私の今後のテーマです。

片山寛明（かたやま　ひろあき）　一九五二年生まれ。慶応義塾大学大学院修士課程修了。文学修士。馬の博物館学芸員として馬頭観音や日本の馬具の研究を行う。現在、MIHO MUSEUM学芸部長。

長塚孝（ながつか　たかし）　一九五九年東京都生まれ。駒澤大学大学院人文科学研究科博士課程満期退学。江東区教育委員会文化財係、同総務部区史編纂室を経て、馬事文化財団（馬の博物館）勤務。主任学芸員。専攻は歴史学（日本中世史）。関東・東海地域における大名・国衆の政治構造をはじめとして、中世後期の馬産と馬具製作や古式競馬の推移、地域経済と諸産業との関連などについて研究する。

皆見元久（みなみ　もとひさ）　一九六一年生大阪府岸和田市生まれ。近畿大学卒業、皇學館大学神道学専攻科修了。住吉大社、八坂神社など数社に奉務。平成二十一年九月丹生川上神社下社宮司代務者、平成二十二年六月同社宮司。小学生より乗馬を始め、杉谷留吉先生に師事。馬術大会に出場、入賞経験あり。古く雨乞いに馬を用いた丹生川上神社下社奉職を機に、杉谷昌保先生より神馬の奉納を受け、同社境内で白、黒二頭を飼育管理し神事に用いている。著書は、『心の荷物をおろす場所』（ぶんぶん書房）。

第二章　昔の馬

昔の馬

「馬文化の発展経路」

入間田宣夫（東北大学名誉教授）
横濱　道成（東京農業大学教授）
諫早　直人（奈良文化財研究所研究員）

三つの視座から

入間田　私は一九四二年の午年生まれで、馬とはもともと関係があるのですけれど、馬に関わる勉強を始めたのは、直接、馬そのものが目的ではありませんでした。東北地方の北のほうの、日本で一番有名な馬産地だった地域の歴史の勉強をしている中で、一戸や二戸、三戸、四戸、五戸、六戸、七戸、八戸、九戸という、日本中でほかにない地名がなぜあるのかと。さらに東西南北に「門《かど》」がつく、北門《きたのかど》、南門《みなみのかど》、東門《ひがしのかど》、西門《にしのかど》という特別な行政区画がある。日本中どこを探してもそういう行政区画はないのですね。普通は、国の下に郡があって、郡の下に郷や村があるのですが。国の下にいきなりそういう「戸《へ》」とか「門《かど》」という、馬の管理に関わる、政府の直轄領のような形があった。つまり、もともとは政治経済のほうなのですが、やはり少し馬の勉強もしないといけないというので、馬にまつわる民俗的なことも勉強してきました。

　鎌倉期以前は糠部《ぬかのぶ》の駿馬といって、さっきの一戸から九戸、東西南北の門の全体の名前が糠部というのですが、そこの馬が中世前期は日本最高のブランドでした。中世後期になると今の久慈市、宮古市のあたりになる、閉伊郡の田鎖（たぐさり）が最高のブランドになりまして、そういった馬が京都にまで運ばれる。左の尻のところに焼印が押されて、その印を見ると、どこの牧場《まきば》の馬か一目で分かる。それが京都の当時の風景を描いた絵図などに出てきたりするのですが、さらにそれが中国との日明貿易などのルートをたどってそのまま北京まで行くといったことまで追跡をしました。今回はいろいろ教えていただきたいと思っています。よろしくお願いします。

横　濵　横濵です。先生と違って丑年生まれで…。

入間田　そうですか（笑）。

横　濵　東京農業大学農学部畜産学科を卒業後、大学院農学研究科の修士を出ています。学生時代は牛を対象に研究をしていましたが、たまたま馬事公苑にある、日本中央競馬会の外郭団体の競走馬理化学研究所に就職することになりました。そこでは、競走馬の血統登録のための遺伝子解析手法を開発するというのが私の業務でした。

その当時はまだ血統といっても非常に怪しいものがたくさんあって、それを国際的なレベルにまでするのが私の使命でした。その当時はタンパク質とか血液型因子といったものが今の標識マーカーに当たるものでしたが、最近はＤＮＡマーカーになっているわけです。当時、判定効率が大体六〇％くらいだったものを九七〜九八％くらいまで上げて、一〇〇％には届きませんでしたが、不正な血統登録の抑止力にはなりました。

それから十五年たって、東京農業大学が網走のほうに生物産業学部を開設するということで、平成元年に移りました。その当時、競馬界ではサラブレッド以外を研究してはいけないということで非常に閉塞感を持っていた。大学に入ればいろいろな動物が研究できたものですから、大学では馬だけに限らず多くの動物を研究対象にしました。農耕馬や北海道和種も含めて、それまでやってきたマーカー開発を踏まえて生物学的な血統分類をやりました。また、馬には血液型不適合による新生子黄疸というのがあります。それのレベルアップが前職の先生から言われている課題でしたので、大学に入ってからは細胞融合法を使うなどしてレベルアップする技術開発をしました。ほかには、特にいわゆる動物資源的な視点から、農耕馬などの調査をしました。

私自身、最も興味のあることは、日本の在来馬がいわゆる大陸から来たということは野澤謙先生らの研究（在来家畜研究会編『アジアの在来家畜　家畜の起源と系統史』名古屋大学出版会、二〇〇九）で明らかになっていますが、その先ですね。どのあたりと関係があるのかというのに本当は興味があります。実際、研究を実施してはきましたが、今の在来馬も戦中にいろいろ外国種と交雑してしまっているものですから、ピュアな馬がいなくて難しいのですが、今、若い先生は、日本在来馬とアジア系在来馬との関連性をＤＮＡマーカーで解析しているところです。大体そんなところです。

諫　早　奈良文化財研究所の諫早と申します。私は一九八〇年生まれの中年です。お二人の孫の代まではいかないと思いますが、お子さんよりは年下ではないかという世代です。今日はいろいろ教えていただければ、という気持ちで参加いたしました。

今回は馬がテーマということですが、私の専門は考古学の中でも馬の骨とかではなくて、馬に装着した馬具です。最初は、馬自体に主たる関心があったというよりは、馬具というモノを通じて、古墳時代に伝わる外来の先進技術が、どのような経緯で日本列島に導入されたのか、という当時の対外交渉史を知る材料として始めました。

その後、日本列島の馬具を考える上で欠くことのできない、朝鮮半島の馬具を勉強するため、韓国に二年ほど留学いたしまして、帰国後、古代東北アジアの馬具について博士論文を書きました。博士論文を書く過程で、日本と大陸で馬具の形に似ているものと似ていないものがあったり、形は似ていても製作技術が違うとか、いろいろなことが見えてきまして、そういったことが馬具を装着した馬の動きを推測する際にも、重要な手がかりになるのではないかと思うようになりました。それ以来、馬の導入というか受容の問題に徐々に関心がシフトしてきまして、日本列島に、いつ、誰が、なぜ馬を持ってきたのかについて、あれこれ考えるようになりました。馬は、今からおよそ一五〇〇年前の古墳時代に本格的に導入され、瞬く間に東北地方にまで広がっていきますが、今はそれがどのようにして根付いていったのかについて、勉強を始めたところです。

入間田　そうなると、三人ばらばらですね。諫早先生は馬具だし、私は馬のブランドや焼印の話が主ですし、横濵先生は生物学的なご研究ですから、教わるところが非常にありますが、逆に言えばお役に立つかどうか、よほど頑張らないと難しいですね。

板飼いの馬

横　濵　私は出身が青森県の野辺地町という、先ほどお話に出た七戸の上ですが、古い厩がいくつもありました。あのあたりでは、厩の前に猿が守り神みたいにしてまつられていました。いろいろ読んだのですが、なぜ猿なのかというのがよく分からない。その辺を教えていただけないでしょうか。

入間田　分からないですよね。鎌倉時代以降、京都や鎌倉などの有力な武士や貴族、あるいは神社などに飼われている馬の絵図がたくさんあるのですが、そういう飼われている状態の馬の絵図を見ますと、たいていは床が板で、板飼いと言いますけれども、そこにいまして、そばに必ず猿が紐で繫がれています。「一遍上人絵伝」といったものから始まって、必ず猿が描かれている。その元は何かというと、たぶんいろいろな説があるのではないかと思います。おそらく中国の文化に遡ったような説明付けがあるのではないでしょうか。

もともとは、そのように都の有力な武将や貴族、あるいは神社などに飼われていて、そこで板飼いというものをしていた。板飼いって大変なんですよね。馬は玄関の一番メインのところに据えられていて、馬の鼻革、両側に紐が通っていて、さらに天井から胴縄が腹に掛けられていて、絶対に前を向いて立っているようにしてある。玄関先の一番立派なメインのところにそういう馬が板飼いでいるということは、今でいうと、お金持ちのお宅の前にキャデラックやBMWが並んでいるようなもので、ステータスシンボルなわけです。生き物ですから糞とかもするわけですが、お付きの人がすぐそばにいて、気配を察するとさっと柄杓を出して糞尿を受け止める（?）。また、そこは玄関先の目立つ場所ですから、来客などの控え室みたいになっていて、お客さんが来ると、まず最初にその立派な馬を見せつけられて、度肝を抜かれるというような仕掛けになっていたわけです。

それがだんだん民間のほうにも浸透していって、例えば青森などの江戸時代以降の農家などでも、そういうふうに猿を繋いでおくとか、あるいは生きている猿でなくとも、猿の置物を置いておくという風習が広まったのではないかと思います。すなわち、もともとは中央の有力な武将や公家、あるいは神社における板飼いに始まって、その風習がだんだん地方にまで広がったのではないでしょうか。

横　濵　板飼いというのは日本だけのものですか。例えば朝鮮などの大陸にはないのでしょうか。

入間田　私は向こうで見たことがなくて、たぶん、日本だけかなというふうに思っているのですが、どうでしょう。

諫　早　ぱっとは思い浮かばないです。そもそもいつから日本人は馬と一緒に住み始めたんですかね。古代でいうと、例えば私どもの研究所で継続的に調査している平城宮では、馬寮《めりょう》という国が馬を飼う役所の跡が発掘されていますが、厩舎はあくまで厩舎、人が一緒に住むような構造ではありません。その後、おそらく律令制が崩壊していく過程で、徐々に馬の個人への帰属が強まっていって、馬と人が一つ屋根の下に住むという画期があるのでは、と思うのですが、それがいつ頃だったのか…。

入間田　古代では、平城宮や平安宮に馬寮というものがありますよね。馬寮の厩の遺構は発掘されているのですか。

諫　早　それではないかと考えられているものが、藤原宮や平城宮では発掘されています。何頭も飼えるような縦長の厩舎です。

入間田　それはやはり土間なのですね。

諫　早　たしか報告書では土間とみていたかと思います。ただ、地下に痕跡を残さない転《ころ》ばし根太《ねだ》などによる床張りの場合、発掘ではなかなか見つけられないかもしれません。

入間田　そうすると板飼いがいつから始まるのかというのは、きっと大変難しい、面白い議論ですね。今まで自分でも、板飼いの起源なんていうのをちゃんと考古学的に確かめるなんていうことは考えてもいなかったけれど、やはり、ある時期からですよね。

諫　早　板の間自体は住居かどうかを抜きにすれば非常に古くからあって、高床建物の出現、昔は弥生時代と考えられていましたが、最近は富山県の桜町遺跡から縄文時代後期の部材が発掘されています。問題は板飼いがいつから始まるのか…。場所も気になります。東日本のどこかなのか、中央でまず始まったのか。

入間田　建築史から何から全部総点検して、馬寮の時代はたぶん土間だったとすると、一体、そういう邸宅のステータスシンボルとしてはいつ頃からなのか。

――馬柄杓《まびしゃく》は水を飲ませるためのものですよね。

入間田　そう。やはり似たようなもので糞とか…。

――糞や尿をとるものも出ているのですか。

入間田　たぶん、あるはずですよ。だって、そうしなければ板飼いなんてできっこないから。そこらに、じゃあじゃあやったのではね。

諫　早　その係りの人は、寝ずに見ているのですか。

入間田　いや、そういうのはやはり名人芸で、いつ頃もよおすかが分かるんですよ。それが分かるようでないと、きっと、そういう役は勤まらない。もぞもぞしたら怪しいと思ってこうやるとかね。

諫　早　すごいですね。

入間田　それは母親が、赤ん坊がいつ頃おしっこするか分かるのと似たような感覚ですよ。

――大体、尻尾を上げてから糞をしますし、少し後肢を開いて尿をしますからね。

入間田　なるほどね。それでたぶん分かる。

諫　早　古代であれば、まだ多くの人々は竪穴住居に住んでいたと思いますが、構造・大きさからいって馬と一緒に住むのは厳しいです。ですから、もう少し後の時期、それこそ板の間の住居が普及するようになってからのことなんでしょうね。

入間田　ええ、床張りの掘立柱の住居というのは、そもそも日本で民間にはなかったわけですから。床張りの住居は寝殿造あたりから始まりますが、それを馬にまで適用したのは、実際にその馬に乗って役立てるというよりも、お客さんが来たときに最初に見せるための、要するに、完全にステータスシンボル、威信財のようなものだった。だから極端に言えば生きている馬でなくてもよくて、神社だと後で神馬というつくりものの馬があったりする、ああいう感覚ですからね。板飼いは鎌倉時代くらいには確実にあるのですが、鎌倉時代に近いある時期から、日本の一番有力な階層の大邸宅の、家主の権威を象徴するものとして、馬が板飼いという格好で飼われるようになったのかなと思います。

諫　早　貴族的というよりは武士的という感じなのでしょうか。

入間田　貴族と武士を、どこでどうやって区別するかというのはすごく難しい問題ですね。よく絵図にあるのは、春日神社など神社の板飼いの例ですし、「一遍上人絵伝」のように、地方の有力な武士の家の例もあります。でも、本当に貴族の場合にどうなのかは、調べてみないと分からないですね。例えば摂関家の寝殿造で有名な東三条殿にも厩はありますが、それが板の間だったのかはちょっと不勉強で…。

諫　早　馬と猿の話について補足させてください。最近、岡山大学の構内で、奈良時代後半の井戸から絵馬が出土したのですが、馬を綱で曳く猿が描かれています。猿が馬を曳く「猿駒曳《さるこまひき》」は、古代にまで遡ることがわかってきました。

牧の需要

横　濱　私は青森の出身で、七戸や五戸、三戸といったあたりのすぐ近くです。その当時の構築物などを、興味を持って調べたわけではないのでよく分からないのですが、私の仕事的に見ると、ただ柵があって馬の放牧地かなというイメージしかなかったのですが、先生方のご本を読むと、そこでは馬を介した産業などが結構いろいろあったようですね。私はそちらのほうは素人なのですが、具体的にイメージするとしたら、どういうものがあったのでしょうか。

入間田　そもそも先生が糠部の中の七戸のご出身というのは不思議な巡り合わせだと思うのですが（笑）。あの地域、特に岩手県の北部や青森県の北部は、稲作にあまり恵まれない地域で、しかし広大な原野がありますから、古代国家では、初めは信濃や上野《こうずけ》などが馬の産地のメインだったわけですが、平安時代を通じてだんだん北のほうに移っていき、大体十〜十一世紀くらいからは、国や郡や村というような日本の国の通常のシステムの外側の、広大な原野に、政府の直営の農場みたいなものとして牧場を作っていった。郡などの通常の行政システムではなく、一戸から九戸までの直轄牧場を作ったわけです。それから九つに分けた残りの部分を、西の端、東の端、北の端、南の端という意味で「門《かど》」といいました。そこには広大な原野があって、そこに牧《まき》があるのですが、今で言えば数十カ村も含むような江戸時代の村が、一つの牧としてあった。だから、牧の中からやがて村が発生してくるみたいな感じでさえあるのですが。

そこではおもしろいことに、放牧してほうっておくわけです。さらにおもしろいのは、毎年秋に、野馬追《のまおい》といって、柵で囲んだような袋状の一カ所に馬を追い込むのですが、そのときに捕まえるのは二歳の牡だけなのです。牝は一切使わない。これが日本の馬の扱い方の特徴でもあって、牡を取って、ただし父馬《ちちうま》といって、種付け用に立派な馬を一頭だけ残すのです。だから普段、牧場にはどういう馬がいるかというと、一頭の立派な成長した牡馬と、あとは牝馬と、二歳以下の子どもがいる。秋になると二歳の牡を捕まえて、それぞれの牧場の監督というか、取りしきりをしている南部氏などの武士が、自分たちの館の近辺に二歳の牡を連れてきて、自分の牧場のブランドの焼印を押すのです。捕ったばかりの馬は非常に身だしなみがよくなくて、髪はマンモスのような格好で、毛もいっぱい生えている。それを床屋のような格好できれいに刈ってやったり焼印をしたりして、見られるようにしてから、それを鎌倉なり京都なりに送り込むということをしていました。京都や鎌倉のほうには、それを引き受けて調教したりするところがあって、あるいはそれぞれの家で引き受けて訓練をするのです。ですから、二歳の牡だけ。今、競馬でも牡だけですか。牝馬も?

横　濵　いや、両方ありますけど、はい。

入間田　つまり、中世の日本でなぜ牝を一緒に使わなかったかというと、日本では明治くらいまでは去勢ということをしていなかったからです。去勢をしていない牡というのは大変なもので、牝のにおいがしただけで、もう、落ち着かなくなるでしょう。

横　濵　そうですね。

入間田　日本では、去勢を絶対にしないできたものですから、つまりそうすると、軍用にしろ、運搬用にしろ、乗馬用にしろ、使えるのは牡だけということになりますので、牝は牧場にずっと放牧したままなんですね。二歳の牡だけを捕まえるというシステムだったわけです。

横　濵　それを中央のほうに持っていくということですが、毎年のことですから馬の頭数もかなり多くなりますよね。しょっちゅう戦争をしていたわけでもないでしょうし。その辺、馬の需要と供給、消耗というのはどうだったのですか。中央のほうに持ってきた場合には、かなり消耗品という扱いだったのでしょうか。

入間田　消耗品…。そうですね、そんなにしょっちゅう戦争があったわけではありませんからね。でも、やはりそれなりに…。ただ、基本的には、京都などですと、ステータスシンボルでいえば、一番高い位の貴族たちの乗り物は牛車ですからね。馬はむしろ武士なのですが、実際に乗馬として、農耕馬などとして役立つというよりも、都方面だと、上流階級の場合にはさっきも言ったように、むしろステータスシンボルなんですよね。

船に乗る馬

横　濵　馬は分子生物学的な視点から、長い年月をかけ日本に徐々に入って来たのかなと思っていたのですが、諫早先生の文献を読むと、朝鮮半島では北方から侵略があって、日本を馬（高性能な秘密武器）の供給基地にするために、短い時間の中で一挙に入ってきたようなイメージを受けたのですが、そういう理解でよろしいでしょうか。

諫　早　馬が徐々に来るというのは、もちろん地続きであれば自分の足で行けるでしょうけれども、さすがに対馬海峡を自力で渡るという状況はなかなか想定しにくいか思います。そうすると人間が運んだのだろうと。そのためにはまず、運ぶための船が必要です。

馬に関する概説書や博物館の展示をみると、「縄文馬《じょうもんば》」といって、縄文時代に馬が船に乗せてもたらされたという昔の定説が、今でも採用されていて驚かされます。縄文馬の問題については、遺跡から出土した馬の骨に残っているフッ素を年代測定したところ、縄文時代にまで遡るものは基本的になく、昔、縄文貝塚から出土したものも、後世の混入ではないかという意見が有力になっています。そもそも考えてみれば縄文時代に使われた刳船《くりぶね》、いわゆる丸木舟は、文字どおり「丸木」を刳りぬいた舟で、幅が全然ありません。これまでに出土した丸木舟も長さが五〜七メートル、幅が〇・五〜〇・七メートルくらいで、人間が一人か二人乗って身の回りの荷物を積んだら終わりというくらいの大きさばかりです。そこに果たして馬を乗せることができたのか。船の構造から見ても、やはり縄文時代は厳しいのかなと。

それが弥生時代中期になると、丸木舟の左右に舷側板《げんそくばん》などを付けた準構造船と呼ばれる船が出てきます。複数の部材からなる準構造船であれば、大きいものだと長さ十二メートル、幅一・五メートルくらいはありますので、一〜二頭の馬を乗せることは十分できたのではないかと思います。ですから私は、準構造船の出現こそが、馬が日本列島に伝わる物理的な上限だと考えています。

ただ、船があることと、それに馬を載せるかどうかは別問題です。結局、馬が日本列島にやってくるのは準構造船の出現よりも数百年遅れる古墳時代の中ごろ、五世紀を前後する時期のことです。古墳時代に突然馬が運ばれてくる現象について、大陸からやってきた騎馬民族による征服の産物とみる江上波夫先生の有名な仮説（江上波夫『騎馬民族国家』中公新書、一九六七）があって、その是非をめぐって長い間論争があったのですが、遺物を細かく見ていくと、征服した痕跡は認められません。もちろん交流があっていろいろなものを受け取っていたことは確かなのですが、むしろそれを日本列島の中でアレンジしている部分のほうが目につく。そういうことからみて、日本列島に住んでいた倭人たちが海を渡って主体的にもらいに行く、もちろん馬は無償であげるものではなくて、何かしらの交換というか利害の一致があったからこそ入ってきたと思うのです。

なぜこの時期だったのかを考える手がかりは、当時の国際情勢にあると思います。当時は、高句麗が朝鮮半島の南の方にどんどん攻め寄せてきていまして、朝鮮半島南部の国々は、倭と敵対すると挟み撃ちになってしまうという状況にありました。そういった中で、倭と特に同盟関係にあったのは百済なのですが、今でいえば戦闘機やミサイル、あるいはそれらをつくる技術を渡すのと似たような感覚で、馬やそれを飼育・調教する技術が組織的に伝わっていったのではないかと思っています。西日本一帯では、五世紀を前後する頃になると馬がいた痕跡がさまざまなかたちでみえてくるのですが、五世紀の後半には山形県と岩手県を結ぶラインにまで広がります。そこは畿内を中心とする前方後円墳の北限でもあります。ですから、日本列島というより倭人社会の中で馬というものが必要とされて、それが爆発的に広がるというのが私のイメージです。

馬格と用途と

入間田　問題は、いかにして、馬に乗ってみんなの前で立ち回ることが格好いいということになっていったのか。どういう場面で、どういう行事のときに乗るのか。やはりパフォーマンスだと思うのです。だから、そのときに一番格好よく見えるような馬具が用いられた。そういう点では、古墳から出てきた最初の馬具には、農耕に関わるようなものはなかったのではないでしょうか。

諫　早　古墳に副葬されるものは、農耕とはまったく無縁の飾り馬具ですが、集落などの遺跡から出土したものの中には、木製の馬具も結構あります。馬鍬《まぐわ》という、馬に曳かせる農具なんかも出土しています。ただ、馬鍬という名前ですが、牛が曳いていたかもしれません。

入間田　なるほど。そのあたり、区別はつかないのですか。

諫　早　うーん、構造的には難しいです。結局、日本ではいつの頃からか、東は馬、西は牛、といった風に、地域によって使い分けたりしますし。ただ、馬の本格的な出現と馬鍬の出現時期はだいたい同じですが、牛はそれよりも百年ほど遅れるので、初期の馬鍬に関しては馬が曳いたとみてもいいかもしれません。

入間田　それがどっちかというのは大きいですよね。

横　濱　明治維新のときは、すごいスピードで産業とか文化が、ヨーロッパやアメリカから入ってきた。その当時もいろいろな事情で馬がどっと入ってきて、東北のほうまで馬産地を広げていく、そのスピードというのはすごいなと。まったくそういうイメージがなかったのですが、最近その本を読みまして…。国がかなり意識的に馬産というものを考えたと思うのですが、そのあたりはどうですか。

入間田　スピードの問題もそうですが、最初の馬は、大陸系の馬だとすると、それなりにしっかりした体格のものだと思いますが、日本に入って中世くらいになると、日本の馬というのは、小さくなるのでは?

横　濱　島嶼部とかいろいろなところで、馬格は確かに小さくなることがありますね。

入間田　ええ、小さくなりますよね。それで、鎌倉時代の合戦でも、畠山重忠などは鵯越《ひよどりごえ》の逆落としのときには馬に乗らずに、むしろ馬が怪我をしてはかわいそうだと馬を背負って下りたというくらいなので、実際には何というか…。

横　濱　小さかったのでしょうね。

入間田　戦場で本当に馬が役立つことはほとんどなくて、大将の乗り物として、威儀を正すみたいなところはありますが、とにかく日本の馬は、道産子もそうですし、小さいですよね。

横　濵　島で飼育さえすれば小さくなります。例えばトカラの馬を鹿児島大農場などに持ってきて飼育すると、通常よりも馬格が大きくなります。そのあたりは林田重幸先生の説では、外貌学的な視点からも、遺伝ではなく後天的な要素が大きいと。

諫　早　遺跡から出る馬の骨の体格でいうと、だいたい一三〇センチないくらいです。

入間田　そもそもそんなに大きくはない。

諫　早　そうですね。

横　濵　大体、今の道産子（北海道和種）もその程度ですよね。一三五センチぐらい。

入間田　では、そんなには変わっていない。

諫　早　おそらく名馬というのはいつの時代でもいたはずで、飛びぬけた体格の馬がいてもいいと思うのですが、平均値ではそんなもんです。

入間田　サラブレッドなどと比べるから、小さいとなるわけですね。

横　濵　ポニーのジャンルに入りますからね。

入間田　では、モンゴル高原などを走っているあの蒙古馬というのは…。

諫　早　あれもそんなに大きくない。

横　濵　今の北海道和種くらいですよ。

入間田　そうですか。

横　濵　モンゴルでも、ゴビ砂漠に行くと小さくなります。地域によって、餌資源の草が多いところはやはり馬

オホーツクの海辺を、クォーターホースでトレッキング。

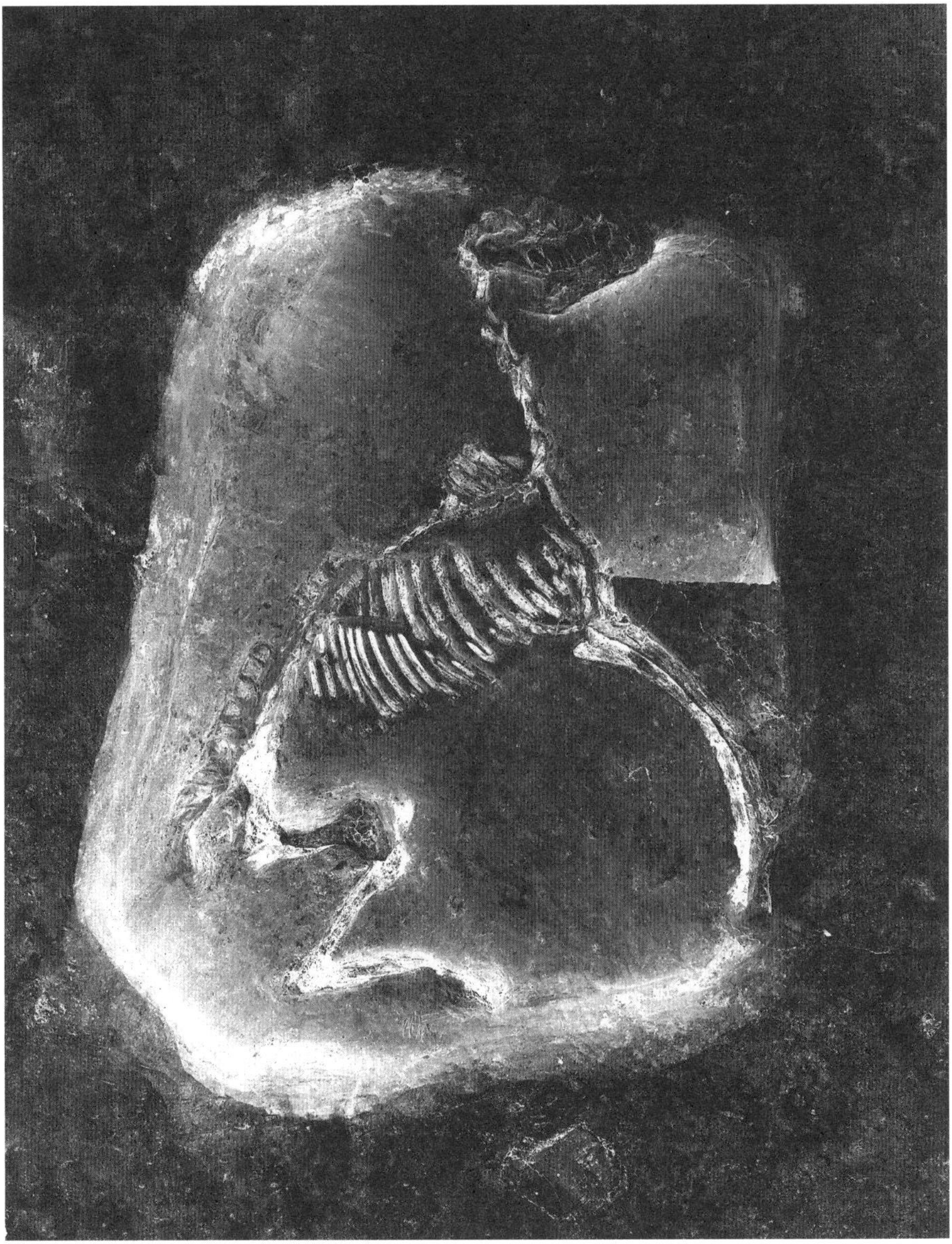

蔀屋北遺跡 馬埋葬土坑　大阪府指定有形文化財（考古資料）古墳時代中期・5世紀
大阪府教育委員会提供

厩図屏風　部分（重要文化財）6 曲 1 双　室町時代・16 世紀
東京国立博物館蔵

格もそれなりになりますが。

諫　早　大きさでいうと、例えば高句麗壁画に描かれた馬は、馬甲《ばこう》や馬冑《ばちゅう》を着せられていて、その上に矛を持って甲冑を着た人間が乗って、といったかなり大きいイメージの馬です。ただ最近、高句麗から蹄鉄がいくつか出ているのですが、その蹄鉄の幅を調べてみると一〇センチくらいで、おもしろいことに木曽馬の蹄の幅と大体同じでした。

入間田　ああ、そんなものですか。

――高句麗から蹄鉄が出ているのですか。

諫　早　最近増えてきましたが、位置づけが難しい。蹄鉄の起源は調べても分からないことだらけです。装蹄関係の教科書を見ると、ヨーロッパに起源があって、紀元前一千年紀後半にケルト人が使いはじめたという説がよく紹介されていますが、中世に入って、それこそ紀元後九世紀ころに初めて出現するという意見も近年有力です。さっきの縄文馬の話と一緒で、発掘調査が不確かな時代につくられた教科書なので、真相はよく分かりません。

高句麗の蹄鉄はヨーロッパの初期の蹄鉄とよく似ています。時間も場所も離れているので、他人の空似の可能性も十分ありますが、馬具についていえば、結構いろいろなモノが、東アジアで発明されて西へ広がっていったことが分かっています。例えば鐙《あぶみ》なんかもそうなんです。三・四世紀ころに中国周辺で出現して、日本には五世紀には確実に入ってきますけれど、ヨーロッパで普及するのは七～八世紀になってからです。蹄鉄もそういう動きとリンクすればおもしろいのですが。ただ問題は、鐙は東から西へ伝わっていった痕跡を考古学的に追えるのですが、蹄鉄は間がぽっかり抜けています。モンゴル（元）でも蹄鉄は使っていません。

横　濱　非常に爪が硬く丈夫だから。

諫　早　蹄鉄は必ずしもなくてはならないものではなかった。日本も明治時代になるまでずっと使いませんでしたし、鐙ほどみんなが便利だと思うものではなかったのかなと。

入間田　鐙はやはり、馬に乗って弓を射ようと思ったら、あれがないと力が入らないものね。

横　濵　そうですね。

入間田　しかし、モンゴルで農耕用の馬なんていうのは、そもそもあり得ないでしょう。

横　濵　ないですね。

入間田　それから、高句麗などの場合にも、農耕用の馬の馬具みたいなものは分かっているのですか。

諫　早　金属製の犂《すき》が出土していて、農耕に畜力が利用されていたことは確かです。ただ基本的に牛が曳いたと考えられていて、馬はあまり想定されていません。

入間田　それは水田ですか、畑ですか？

諫　早　よく分かりません。百済との国境沿いの山城というか堡塁遺跡からも出土していて、屯田兵的なものを想定する人もいます。

入間田　なるほど。日本に入ってきたときも、すぐに日本の水田にフィットするようなものが、外国に出来合いのものがあったとは思えなくて。やはり日本に入ってくるときに、そういう上流階級向けの乗馬、ステータスシンボルみたいなものとして入ってくるのか、それとも、あわせて農耕みたいなものもあったのかというのは検証してみないといけませんね。

横　濵　モンゴルで大きなゲルを曳くのは牛ですからね。馬を使わせません。

入間田　ああ、そうですか。

横　濵　いわゆる王様や貴族が移動するときの大きなゲルがあるのですが、それを曳くのは牛です。あれほど馬がいるのになぜだろうと思うのですが、馬は完全に、人が直接乗るものという感覚です。

諫　早　日本でも、馬車はまったくといっていいほど発達しませんでしたよね。

入間田　牛車ですね。

諫　早　ゆっくり移動するときは牛のほうがいいんですかね。馬の実用性の話でいうと、横濱先生の本の中に朝青龍関がモンゴルの小さい馬に乗って草原を走っていたという話がありますよね。

横　濱　そう、あれは本当に滑稽なような、彼のほうが大きいわけですよね。でも、モンゴルの馬は二百キロくらいは平気です。北海道の馬も、段付けでは百八十キロとか二百キロは一頭に積んで移動させるわけですから、意外に小型でも耐えられます。

諫　早　全速力で走ることもできるのでしょうか。

横　濱　いやいや、向こうは全速力ではなく、トロッティングというのか、いわゆる人間の競歩のような感じで、省エネで走行します。モンゴルには別に普通の人でも、ものすごく大きな人がいますから…。

諫　早　あれだけの巨体を乗せられるのであれば、鎧を着た人が乗っても問題なさそうですね。

横　濱　距離にもよるのでしょうが、日本の鎧はヨーロッパのように鉄で作ったようなものでない時代であれば、今でも二百キロ近くは段付けで積載するという記録があるわけですから、全然もう、小柄な人間を乗せて鎧を着せても問題なかったのではないでしょうか。背中に乗せる場合は、馬は意外にすごいですよ。

入間田　そういう点では、古代の皇族や古代国家、特に平城京くらいの時期に、馬寮なりに飼われている馬を使って、どういうような形でパレードなり儀式が行われていたのか。朝廷で天皇が自ら馬をご覧になるような白馬節会《あおうまのせちえ》とか、いろいろな形がありますが、そういう行事みたいなものが中国や朝鮮から入ってきたときに、行事と一緒に、それをやるためには馬が必要なわけだから、極めて政治的な形で入ってきたとすると、馬具なども、どういう行事で使われたのかを、文献などからも敷衍《ふえん》していったらいい。もしかしたら中国・朝鮮由来で、そうしたもの含めてそっくり全部来たというふうに考えたほうがおもしろいかもしれませんね。

諫　早　馬を用いた儀式ですが、古いものでは推古天皇の時代に隋の裴世清《はいせいせい》が来たときには、宮のそばの海石榴市衢《つばいちのちまた》というところで、額田部比羅夫《ぬかたべのひらふ》が飾り馬七十五騎で迎えるというような記録がありますね。

入間田　そういうのが一番早いくらい…。

諫　早　記録として確かなものだとそうではないかと思います。時代は下りますが、奈良時代に唐や新羅の使節が平城京に入京する際にも、羅城門の前に数百騎の騎兵が整列して出迎えています。

入間田　そういうときのために、やはりどうしても必要だという感じですかね。

諫　早　そういうときにはやはりみっともない馬だと国威にも関わりますし、全国から良馬をかきあつめたのではないでしょうか。

横　濱　そうですね。あと、そういう牧とかなんかでいうと、馬を管理するのはどういう人だったのですか。農民というか、専門職的な…。

入間田　専門職で、牧場の牧に武士の士を書いて牧士《もくし》という、それが中世の、それこそ一戸から九戸とかにいました。その牧士にただでやらせるわけにいかないので、その人たちの食料等々を出すためのファンドとして牧士田《もくしでん》という税金がかからない田んぼがあり、そこからの収穫は全部牧士に生活費として渡すという制度が中世までありました。牧士と、牧士田という水田があって、彼らの生活を支えていた。そして牧士のリーダーが、南部とか工藤といった、あの辺の北奥羽の武士だったりするのです。

横　濱　いざとなったら、その方たちも戦争には…。

入間田　現場で馬を供給する役目がありますから、直接戦闘にまでは動員していないと思うのですが。

横　濱　なるほど。

入間田　やはり、そういう専門職がいたんですね。それから、もちろん技術者だけではなくて、二歳馬を捕まえたときにお祓をしたり、それから馬のよしあしを見る、相馬という馬の人相を見る占い師のような、あるいは伯楽という馬の医者を兼ねたような、そういった人たちがセットでいまして、そのほかに細工といって、蹄鉄はないと思いますが、馬具を作るような鍛冶屋みたいな人たちがいた。技術者とか祈祷師とか、そういうものも含めてセットでいるんですよね。

牧のブランド

諫　早　考古学をやっていると、どうしても、始まりに興味がいきがちです。糠部という都から遠く離れた地が中世に日本最大の馬産地になる、あれの始まりについてはどのようにお考えでしょうか。入間田先生の本の中で北方ルートの可能性が紹介されていましたが。

入間田　北方ルートは、たぶん僕はないと思っています。秋田大学の新野直吉先生などはそう言ってるのですが、やはりそれはあり得なくて、さっき言ったように、馬がそもそも日本に持ち込まれてくる動機というのは、極めて威信財としての政治的な契機でもって入ってくるわけですから、やはり日本にとって最大の、当時の、国際政治的目線というのは中国なり朝鮮にあったわけですから、そこでのそういういろいろな政治的なパフォーマンスの一環として馬も入ってくるのであって、自然に何となく入ってくるものではない。一般の生活レベルで入ってくるものではないですよね。ですから、北のほうから何となく自然にということはないと思います。

それから順番からいっても、つまり農業の一番のところ、水田開発が進んでいくと、その先のところに通常、馬の名産地がありますから、最初はだから、長野県あたりの信濃の牧、次に群馬県の上州の牧と、だんだん北のほうに。つまり農業開発が進んでくると、牧場の中にだんだん田んぼができて、馬が邪魔になってくるから、だんだん北のほうに行くんです。それで中世のあたりになってくると、当時、日本の一番北側の国境線が東北地方の盛岡や秋田くらいのところですから、その先のところで、水田のことを考慮しないで原野をそのまま使えるようになっていて、だから中世から近世くらいにかけては日本の本州の一番北側なのですが、明治以降になるともう北海道でしょう。というふうに、だんだん北のほうに移っていくというのは、国内における農業開発、地域開発と相関関係になっていくわけですから、したがって順番からいっても、やはり信州から上州、上州から奥州というふうに来たのだろうと思います。

諫　早　開発が及んでいない場所に、という点では古墳時代からですかね。弥生時代から農耕が本格的に始まり、水田を作り始めますが、馬産はそういうものの適地ではない場所を中心に展開します。例えば信濃の伊那谷あたりでは五世紀前半の馬の出現とほぼ同時に、前方後円墳が造られるようになります。新たな産業としての馬産が始まることによって、地域が盛りあがり、古墳ができるという図式です。

入間田　やはりきれいに地域が分かれるのですか。

諫　早　それ以前は前方後円墳も造られませんし、大規模な集落も見つかっていません。

入間田　なるほど。あの有名な望月の牧とか…。

諫　早　その原型になるようなものが、馬の出現とほぼ同時に成立していたのではないかと思います。水田に適さないような土地でも、馬であれば、面積はべらぼうに必要だったかもしれませんが、それなりに飼えたのではないでしょうか。どれだけの人口を養えたかは別として。受け入れる地域にとってメリットがあったからこそどんどん東、河内から、信濃や上野《こうずけ》のほうに広がっていったんだと思います。

入間田　そうですね。初めはだから、河内、淀川の川べりなどの草原が牧場になって、天皇家の牧場は「勅旨の牧」というのですが、その勅旨の牧がだんだん信州から上野などに来て、糠部まで来ると、勅旨の牧というネーミングではなくなるのですけれども、代わりに一戸から九戸とか、そういうエリア名でもって。当時のブランドというのは、「一戸立ちの馬」とか「三戸立ちの馬」とか、そこの産地のブランドが京都でも通用するようになるという形ではあるのですよね。

――糠部のあたりでも、勅旨の牧というジャンルには入らない…。

入間田　勅旨の牧と言っているのは上野あたりまでで、糠部まで来るともう、勅旨の牧という言い方ではなくなる。

――なぜ、そうなるのでしょうか。

入間田　奥州の貢馬《くめ》というのですが、それはむしろ奥州の名馬という格好で、勅旨の牧という言い方はしなくなります。朝廷から派遣された国司が直轄するような、そういう牧場が糠部方面に出来上がってきますが、その段階では、馬は、ほとんど農耕用には使っていないと思うのです。でも、室町時代あたりになると、一戸から九戸とか、久慈とか閉伊のブランドがずらっと書いてあるようなリストの中の一部に、百姓の「私の馬」なんていうものがあって、そういうのはどうも地元の農民が、京都方面には公に出さない馬があって、自家用に、もしかすると農耕にも使った…。ただ、そもそも、農耕地が少ないですよね。意外に、農耕に使うのは時代が下がるのではないかという感じはしています。でも、何か民俗のほうからいうと、昔から馬はずっと日本人の暮らしと密接だったように見えるところもあるのですけれどもね。

――農耕ではなくても、馬小作のような…。

入間田　それも、中世の時代には牧士という専門家がいて、基本的には放牧していて、一番の技術の見せどころは、逆にいうと、そこに狼とかが来るのをしょっちゅう追い払うとか、一年に一遍、秋に柵を作って、馬を追い込むような施設を作って、そこに追い込んだり、捕まえて祈祷したり、馬の毛をきれいに刈りそろえたり、様々なその手の技術でしょう。そうすると、一般の農家が馬に関わるのは、江戸時代に南部という殿様の時代になりますと、馬小作といって、面白いのですが、やはり冬越しをするには餌がなくなったりして大変なのですが、盛岡藩、南部の殿様はどうするかというと、一部は寒立馬といって、冬の間もずっとほうっておくのですが、多くは地元の農家に預けて、冬の間、面倒を見させるのです。そのお礼として、そのぶんの年貢をまけてやる。馬小作というのですが、極端にいうとそのあたりから、一般の農家と馬との接点が、だんだんできてくるような感じもします。

横　濱　木曽もそうですよね。木曽には何百頭も預けられるような馬小作が結構いた。

入間田　だから案外、庶民一般の暮らしと馬が切っても切り離せないようになるのは、江戸時代くらいなのかなと思ったりもするのです。ただ、馬にまつわる民話などをいろいろ聞いていると、ずっと昔からのように見えるところもありますけれどもね。

外交カードとしての馬

横　濱　北海道では馬肉をあまり利用しないのですが、その当時、馬は死んだらもう埋葬だけだったのですか。

諫　早　骨がばらばらで出てくるというのは、古墳時代の出土のしかたとしてはそれほど一般的ではありません。

横　濱　ないですか。

諫　早　ないわりではないですが、飛鳥時代くらいになると増えてきます。

横　濱　解体したような形跡が…。

諫　早　はい。古墳時代には、殉葬《じゅんそう》といって、古墳のそばで馬を殺す儀礼が多く確認されています。馬の頭だけ埋納するような事例もかなりあって、頭以外はどうしたのか、といわれれば、食べてしまった可能性も否定はできないと思います。

学生時代にモンゴルで紀元前千年ころの積石塚《ヘレクスル》の発掘調査に参加したことがあるのですが、そのお墓の出現はさっきの伊那谷の状況と似ていて、騎馬遊牧という生業の出現とリンクすると考えられています。人があまり住んでいなかったような地域に、騎馬遊牧という馬に乗って大量の家畜を飼うという新たな産業が生まれたことで、権力者のお墓ができる。積石塚の周りには小さな積石がいくつもあるのですが、興味深いことにその中には、それぞれ一頭分の馬の蹄と頭の骨が納められていました。積石は大きいお墓だとたくさん、小さいお墓でも一つはあります。王のお墓に大勢の人が、それこそかなり遠くからも馬に乗って参列するような儀式があって、その中でたくさんの馬が犠牲にされたようです。蹄と頭だけでその間の骨がないのは、やはり食べてしまったからかもしれません。ただどちらの場合も、食べたことを考古学的に証明するのは、なかなか難しい。

入間田　それこそ、庶民一般の農家などに飼われるようになってくると、もう、馬は家族の一員だから、食べるなんていうことは絶対にないですよね。去勢のようなかわいそうなことはしないし、蹄鉄だって痛い目にあわせるなんていうことはしなくて、極めて人間的な扱いをする。そこへいくとヨーロッパはそうではなくて、馬は機械と同じだから、性能よく使いこなすためにいろいろな馬具や蹄鉄を使って、去勢までするのですが、日本はむしろ、そこは人間並みの扱いをするようになる。

諫　早　ヨーロッパ的な、という点でいうと、横濱先生のご専門の血統というか、そういうものを人為的に管理するというようなことは、どこまで遡るんでしょうかね。たとえば種馬は、中世ではどう管理されていたか分かっているのでしょうか。

横　濵　牧馬ですから、完全に牝と一緒に牧に放牧するんでしょう。

入間田　つまり、秋に二歳の牡をみんな捕るのですけれど、そのうちの一頭を、たぶん、これは当てずっぽうですが、一番元気のいい馬を一頭だけ残すんですよね。

横　濵　そうですよね。体格とか、たぶん、いろいろな…。

諫　早　田鎖とか閉伊とか、違う牧の間で意図的に血を混ぜるようなことはしていないのですか。

入間田　聞いたことがないですね。そういう人為的なことはしないと思う。でも、一番立派なものを残すということ自体が、ある意味で選別的なことではありますね。稲だって「亀の尾」っていう有名な品種はたまたま突然変異で、それだけまわりと比べて立派な穂を選んで…。稲はそうやって品種改良してきましたからね。

横　濵　そうです。選抜で、変わりものを残してきた。

諫　早　入間田先生のご研究を学ばせていただく中で一番興味深かったのが、糠部で生まれた馬が都に送られて、さらに中国まで行くという話です。ああいうものは、いつまで遡るのですか。

入間田　中国にというのは、室町くらいだと思います。目上の者に対して、家来にしてくださいというときに馬をプレゼントするというのは、「私が馬と同じようにあなたにお仕えします」というパフォーマンスですからね。つまり馬を贈答したり、あるいは逆に殿様が最大のご褒美として馬を下さったりする、そういう人間関係を媒介するときの最も優れた贈答品として馬があって、それは同時に最も優れたステータスシンボルでもあるという。

だから実用というよりも、高度な人間関係を再生産していくときの、一つのアイテムとして馬があるということかなと思います。それがたぶん東アジアの伝統でもあって、そういう中で外交方面でも使われた。ただ、日本の室町将軍から中国の皇帝に奉った馬が、向こうの馬と比べてそんなにいいとは思えませんが（笑）。それこそ背だって低いだろうし、どのくらいかは別としても、でも、日本の室町将軍が向こうの皇帝に馬を奉ること自体に意味がある。

横　濱　最も大事なものを持っていったということに意味があったのでしょうね。

諫　早　日本以外の国も馬を贈っていたということでしたが、それは明が求めていたのでしょうか。

入間田　世界中から馬が集まってきた。それを今度は明の皇帝が、臣下のものに配ったりするというような、贈与、交換のためのものでした。

諫　早　遣唐使の頃はどうですか。

入間田　遣唐使の時代に馬を連れて行ったということは聞いていません。

諫　早　そうですか。中国と日本の馬を通じた関係というのが、奈良時代まで遡ればおもしろいなと思ったのですが。

入間田　行かないですね。中国の皇帝と日本の将軍との間に、ある種の主従関係が形作られたのは、室町期だけの特徴だったのですね。

諫　早　視点を変えて日本の国内で見てみると、東日本から都に馬が送られてくるという関係自体は、駒牽《こまひき》とか、古くからありますよね。

入間田　平安時代からありますね。それ以前、室町以前だと、日本はやはりもう、中国から見ればとにかく金が、日本から奉るプレゼントの最たるものでした。大体、中国の周辺の後進国のプレゼントで一番大好きなものは金が多くて、満州方面に立ち上げられた金という国名自体が、中国に対するプレゼントで、金が一番だったから金という国名になったというくらいですし、満州国の愛新覚羅王家の「愛新《あいしん》」というのはそもそも金という意味ですからね。

諫　早　政治的な贈答品という意味でいいますと、応神天皇の頃に百済の王が馬二頭を馬を飼育する人までつけて贈ったという記録がありますが、その時期はまさしく、日本列島に馬具が出現する時期とみられています。

入間田　古代である程度のステータスの豪族は、馬に乗っていないと様にならないという時代が…。

諫　早　馬を国家間でプレゼントするというのは、時代を超えて普遍的な行為かもしれませんね。

入間田　やはり馬に実際に乗ってどういうふうに役立つかというのは抜きにして、馬に乗ってみせることが、きっと、その人の政治的な地位を表すということなのでしょうね。だから、馬はいわば、東アジア世界共通の記号のようなものですよね。

諫　早　六世紀になると、ステータスシンボルとしての馬の贈答とは別のやりとりがみられるようになります。百済に倭が馬を送ったという記録が散見されるようになるのです。それも数十頭単位で、何度も何度も送っています。送られた馬が百済でどのように利用されたかまでは書かれていませんが、単なる贈答というレベルを超えていることは確かです。これまであまり真剣に議論されてきませんでしたが、日本列島に馬が定着した六世紀代には、倭から朝鮮半島南部へ、馬が軍馬として輸出された可能性を積極的に考えてみてもよいのかなと思っています。

　倭はこの時期に仏教など、いろいろなものを百済から受け取るのですが、その対価が何なのかというのはいまひとつ分かっていません。遺物として残りにくいものだと思うのですが、その一つが馬ではないかと。馬自体、そもそも百済をはじめとする朝鮮半島南部の諸国から来たものですが、東日本という、馬を飼うのに適した土地が広大に広がる日本列島の方が、一度定着してしまえば朝鮮半島南部よりは馬産に適しているのかなと思うわけです。

入間田　当時の世界最大の武器輸出国みたいな（笑）。

諫　早　もちろん調教する人や飼う技術も百済などから来たものですし、武器となりうるだけ調教されていたかどうかもわかりませんが。

馬にかける独特な愛着と情熱の形

――最後になりますが、古墳時代から明治までが、いわゆる日本の馬文化が成長、成熟した時期だと思うのですが、その間に醸成された日本の馬文化の特殊性には、どんなものがあるでしょうか。

入間田　もう一度繰り返すと、やはり世界的に見ても、去勢はしない、あるいは蹄鉄を打たない、あるいはそれ以外にも、伯楽の本などを見ていると、馬の病気その他に対する手当ての場合にも、いわゆる外科施術のたぐいはほとんどやりません。人間に対してもそうですが、馬を徹底して調教して使いこなすというよりも、むしろ馬との、乗馬の技術もそうですが、いろいろな気配りをして、馬をうまく調教する。装備よりも、馬と仲よくなる。

人馬一体。それで、馬に気に入られて乗せてもらうのがうまい乗り手というのが日本の馬の特徴です。ところが、西洋ではそうではないですよね。きちんと整えて、誰が乗っても乗れる。だから日本の馬は、ご主人以外は乗せない。ご主人以外の誰が乗っても蹴飛ばして乗せない。馬とのメンタルな繋がりを極端に重視しているから、去勢や蹄鉄を含めて、いろいろな意味で、馬に一切、人為的な操作を及ぼさないということがあったというのがひとつ。当然、馬肉も食べない。そういうことがあります。

もうひとつは、ステータスシンボルの極端にまで行ったのが板飼いという形で、逆にいうと、それは本当に馬にとっては気の毒なことでもあるのですが(笑)、人間から見ると丁重に、板の間のところに夜も立たせておいて、おしっこの世話から何から全部するような、そういう形の利用の仕方とがあります。

今まで話題になったことでいうと、板飼いということと、去勢、蹄鉄のたぐいを一切加えないということの、二つくらいでしょうか。

横濱　先生方がお書きになった文献を読んでそのとおりだと思うのですが、東北でも、木曽でもそうだけれども、寒冷な馬産地では堆肥をとるために馬を飼っていましたよね。深く床を掘った馬小屋に飼いますけど、春にはもう頭がみえるくらい堆肥で床があがってくる。そういう日本らしい、農家の風景があるわけですね。また、明治以降輓曳馬《ばんえいば》がでてきますが、それは江戸時代までの農耕の馬曳きの歴史の下地があってこそ、できあがったのではないかと思います。

諫早　特殊性ということでいうと、馬にかける愛情というか、百年も経たないうちに九州から東北にまで馬産地が拡大していくという、古墳時代の人々が馬にかけた情熱ですね。少なくとも弥生時代の頃に関しては魏志倭人伝に「牛馬なし」という記録があって、遺跡からも馬がいた痕跡はなかなかみえてこない。それが、馬が必要だと思った瞬間、それは高句麗との衝突というか、軍事的な緊張関係だったんだろうと思いますが、とにかく一度決めたときの集中力がすごい。

横濱　それは、明治以降の産業発展と何か似たような…。

諫早　そうですね。古代と、明治時代の近代化の状況を比べると面白いなと思うのは、どちらもかなりドラスティックに転換している。

横濱　ガーッとやっちゃう。

諫早　はい。じゃあアイヌはどうか、北海道でも飼えたでしょうけど、基本的には飼わなかったですよね。それが倭人社会では、馬の需要が高まれば高まるほど、よりたくさんの馬を飼うのに適した環境を求めて、どんどん東へと馬産地が移動していく。

横濱　すごく吸収が早かったですよね。

諫早　そういった国民性のせいか明治の近代化の一環で、在来馬がかなり品種改良されてしまったのが、私としてはとても残念です。

横　濱　それも似ていますよね。戦時中、馬政計画中に、徹底的にやってしまっていますよね。

入間田　考えてみれば、自動車産業だって、日本に入ってきて百年もたたないうちに一家に一台となるわけだから。海外からのそういう新しいものが、ステータスシンボルなのでしょうね。でも、それが日本の水田にも役立つような…。もっとも、乾田馬耕が出てくるのは明治以降ですからね。だから時間はかかるけれど、いろいろな形での、単なるステータスシンボルではない利用の仕方までが庶民の間に広がって、しかも、そういう家族同様の関係を築くまでになる。

横　濱　それはすごいですよね。戦争中、軍馬徴用時の馬と飼い主との関係とか、いろいろな記事を読むと、日本独特の感情があるような感じがすごくしますよね。

入間田宣夫（いるまだ　のぶお）　一九四二年宮城県生まれ。東北大学大学院博士課程中退。山形大学教養部、同大学院国際文化研究科、同東北アジア研究センター、東北芸術工科大学歴史遺産学科を経て、現在は、一関市博物館館長。研究テーマは東北史・北方史、なかでも平泉の歴史。著書は、『藤原清衡　平泉に浄土を創った男の世界戦略』（ホーム社）、『北日本中世社会史論』（吉川弘文館）ほか。編著書は、『牧の考古学』（高志書院）など。

横濱道成（よこはま　みちなり）　一九四九年青森県生まれ。東京農業大学畜産学科卒業、同大学院農学研究科修士課程修了。財団法人競走馬理化学研究所勤務を経て、東京農業大学生物産業学部教授、農学博士。専門は動物遺伝学、動物資源学。著書に、『ウマと関わる―もうひとつの馬物語』（東京農業大学出版会）。共著書に、『生物資源とその利用』（三共出版）、『計量生物学―生物統計の基礎と演習』（同）、『エミュー飼いたい新書』（東京農業大学出版会）など。

諫早直人（いさはや　なおと）　一九八〇年東京都生まれ。早稲田大学教育学部卒業。京都大学大学院文学研究科博士後期課程修了。博士（文学）。独立行政法人国立文化財機構　奈良文化財研究所研究員。専門は古代東北アジアの馬具。著書は、『海を渡った騎馬文化』（風響社）、『東北アジアにおける騎馬文化の考古学的研究』（雄山閣）、「高句麗の蹄鉄」『ユーラシアの考古学』（六一書房）など。

昔の馬

「和種馬に乗る誇り」

近藤　誠司（北海道大学教授）
寺岡　輝朝（古式馬術家）

和鞍に乗る

近藤　最初にまず言わなくてはいけないと思うのは、私、馬術は習ったことがないんです。本当に、いわゆる乗り覚えの類。よく馬術の連中が言うのですが、悪い癖が付きっぱなしで、そのままただ合わせて乗っているというところです。大学院のときと若い頃、ずっとうちの研究牧場にいたものですから、そこは当時だとまだ馬を使った仕事をするのです。だから、牛の研究をやっていたのですが、「おまえ、あの馬使え」と言われてそのまま乗せられて、ただ馬がちゃんとやってくれるのでしがみついているだけという、そのような調子なものですから、あまり馬術用語で話されても僕は分からないことが多いので、そのへんはまずお断りしておきます。

寺岡　自分も馬術というか一般の西洋馬術は、実は全然やったことがないです。

近藤　そうですか。よかったよかった、お互いに。

寺岡　金子有鄰氏の武田流にいまして、武田流で馬術を習ったので、まるっきり、しょっぱなから日本馬術です。中途で個人的に研究のため、夏や冬にモンゴルに渡って、そこの馬牧民や羊牧民などのところへ行きました。乗り方を教えてくれと言っても向こうの人たちは…。

近藤　「乗ってろ」と言うだけでしょ。

寺岡　はっきり言って、そんな技なんかない。止めたければ両手で引けばいいし、曲げたければ片方だし、走らせるときは鞭で叩いてチョッチョッと言えばいいと、その程度。落ちたらともかく引き綱を外さないように、「放馬するなよ」と。それだけでした。

近藤　私らもそうでした。リードは必ず持っていろと、落ちて手綱とリードを離すな、こうやって引きずられながら止めなくてはいけない。

寺岡　そのくせ、馬牧民なんかだとおもしろがって「オルガ（馬取り棹）使ってみるか」だとか、ロデオのように「捕まえたから交代だ、日本人乗れ。落ちんなよ」って言われて、必死に乗っているとか、そんな感じでした。最初は武田流にいたのですが、結局中途から小笠原に移って、小笠原流になってからもう二十年ぐらい経ちました。自分も実年齢より若く見えると思いますが、五十二です。

近藤　お若く見えますね、本当に。

寺岡　特に小笠原流は、流鏑馬では三十路より上の人はいらないという発想があり、あまりストレートに「自分、最近だいぶ年いってます」と言うと、「じゃあ、そろそろ降りられたら」と言われるようなところですので、なるべく年寄に見えないようにとやっています。太っていると年取って見えると思って、自転車に一生懸命乗って（笑）。一日百キロとか二百キロとかスポーツ自転車で走っています。

近藤　すごいね。

寺岡　鎌倉から熱海とか、三嶋大社ですが。箱根を越えて。

近藤　いやいや、根性あるな。先日、遠野南部流鏑馬保存会の菊地茂勝さんに会って話をしていて、承胴肉《しょうどうのしし》（※

乗り手の鐙を受ける馬体の部分）がどこにあたるのだろうというのが少し話題になったのです。それで寺岡さんの書かれたこの紀要（「日本在来馬を用いた大坪流馬術実践の覚書き」『馬の博物館研究紀要』第十四号、馬事文化財団、二〇〇一）を出してきて、「そうだそうだ、寺岡さんがそう言っていた」と。

寺岡　紅葉台木曽馬牧場の菊池幸雄さんに、その紀要で、前輪の手形《てがた》のかけ方が通常の小笠原流的ではないから、これはいったいどこから引用したのかと少し聞かれました。それは大坪流の古文書のままです。

近藤　雉股《きじもも》のところは出ていないですよね。雉股の左側を押さえて乗るというのがよく分からなくて。

寺岡　これは文書のままです。実際、これは馬がダンと走った場合でも、そのままクッと自分の体が浮き上がるのでぱっと飛び乗れたりします。

近藤　こっち側持つのか。左だから。

寺岡　日本馬術は右側から乗るんです。だから、こちら側からかけていくのですが。雉股のここのところを。

近藤　雉股、それはどこですか。

寺岡　ここですね（図2参照）。後輪《しずわ》側のほうです。だから、現代の小笠原も武田流も馬術的にはそういうのが失われているのだろうなというのは感じます。だから一番思うのは、なにかというと「和鞍は立透かしだから」（「立透かし」＝鐙に突立ち、座骨を鞍に付けない乗馬法。即ち、坐骨推進は存在しえない。）と流鏑馬関連の人たちはみんなそういうことを言うけれど、鞍の曲面を上手く使って、あとは鐙の屈曲しているアールを使って体を浮かせるような状態です。分散していくと自然とフワッと浮くような状態ができます。よく小笠原でも木馬体操、騎射体操といって筋肉運動をやりますが、そうすると太腿

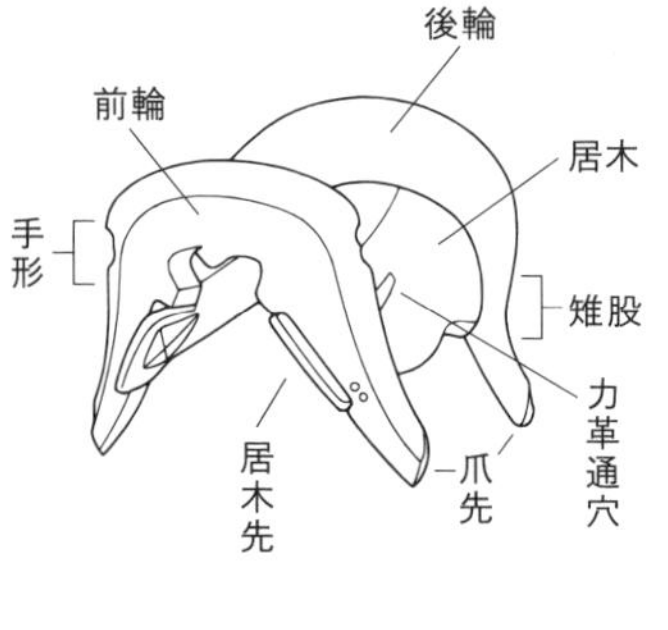

図2 鞍

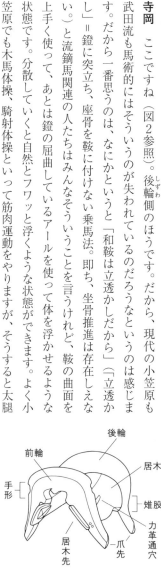

の前側（大腿四頭筋）ばかり付いてしまいます。

近藤　あれも同じではないですか。西洋馬術で、特に都内の乗馬クラブへ行くと、女性とかが一生懸命コーチに習っているけれど、反動の取り方がものすごく大きいでしょう。僕ら、ずっと長いこと乗っているとトロットやらせるときに、あんなことしたら十五分も乗ってられない。だから、本当は地道・側対歩とかはあれで楽なのですが、そうでなかったら、ほとんど浮かさないで肩動かないで下からトントントンとするくらいの軽くやっているような感じになる。立透かしも僕らはそうだろうなと思うんです。そんなに大きく浮かしたら安定しないから、本当に肩から首が安定してくれたら、そこにお尻がこんなふうに鞍が上がってくる感じになるのだろうと思っています。

寺岡　和鞍は特に、普通の馬術の方がお尻が痛くなると言うんです。よくそんなのに乗っていますねと。通常のヨーロピアンの鞍だと、坐骨でやはり推進をかけるのですが、和鞍の場合は坐骨を当てないんです。お尻の肉をここの後輪の屈曲でスライドさせるような感じで、どちらかというと鞍に骨盤を伏せる。それで、その加減が難しいのですが、小笠原流なんかだと木馬で稽古をするので、「鞍っぱまり」と言って、出っちり鳩胸の姿勢をしっかりとるのです。

曲馬、庭騎、犬追物や巻狩など円運動を伴う日本馬術だと、それをうまく使うんです。前輪・後輪も、曲面とか太ももの裏や膝の裏を上手く使って、あとは雉股の曲面とかをかけて乗る。流鏑馬などの場合走路は直線なので、そういうのはあり得ないですが。

近藤　あまりこれはやらないから、それもキャンターかギャロップで走らせるだけだから違うのですが。確かにそれで私らは今、軍陣鞍のほうが絶対いいと言っているのは、尻が少し上がってくれないと乗りにくい。軍陣鞍の古い鞍でいいのにみんなでまたがってみると、そうするとぴたっと後輪がはまって、前輪がちょうどお腹にぴたっと入ってすごくいい感じになる。そのまま素直に足を下していくと鐙があるという感じ。

今買えるのは高価だし、今作ってもらっているのはみんな高いし。この前、話題になったのは3Dで拳銃が作れる時代だから、軍陣鞍を作ろうと。「近藤さん、大学でやらないか」って（笑）。

寺岡　自分も菊地さんに、鎌倉時代の前輪が富士山型の前輪で後輪が分厚くて居木《いぎ》もだいたい水干の約一・五倍のを作るように勧めたんです。

近藤　二枚になっている場合もありますね？

寺岡　二枚になっている場合もありますね。小笠原・武田流の馬術は、江戸時代ものだと言えるから。

近藤　それはね、私もあなたの書いたのを読んでみて、こういうふうにやっているけど、あくまで江戸時代以降の教えであって、「江戸時代以前は違うだろう」ということを何度も行間でにじませているので、僕はすごく共感しました。

寺岡　それはやはり、鞍と鐙の兼ね合いでやっていかなくてはいけないと思うんです。セットでやらないと、結局違ったものになってしまうのだろうなと。何もそこまで古い鎌倉とか室町の馬術を復活させる必要はないかもしれないけど、実験するおもしろさはあります。

軍陣鞍だというのをとりあえず作ったという方がいて、その鞍はレプリカで「ああ、確かに俗に言う大坪鞍とか軍陣鞍と言われる、江戸初期から室町末期くらいに近い形で復元したな」と思って。でも当時の鐙のレプリカがないので、当然実物も手に入らないので、仕方なく水干用の鐙をぶら下げて乗ってみたんです。そうしたら、すこぶるバランスが悪くて。普通の水干の鞍の位置だと、力革の長さはこれくらいと決めて乗ったら「これはだめだな」と。乗り味が悪い。ぐーっとどんどん伸ばしていったりして、乗り方を少し変えて。「あ、伸ばして乗るとマッチするんだな」と思いました。

本来軍陣鞍に合わせるとしたら、室町期。軍陣鞍以前の鎌倉時代頃の鞍に合わせるなら、ピンセット型みたいな屈曲率の鐙。このアールとかが結構大事だと思うのです。

近藤　変な話になりますが、僕がアメリカのコーネル大学に学会で行ったときに、あそこにホープトという馬で有名な女性の先生がいて、そこでセミナーやってくれというので慌てて用意して、日本の馬の乗り方のような話をしたときに、どうも今みんなが鞍の位置がもっと前だったのではないかと言っていると。今のセンタードライブではなくて、昔の図面を見ると鞍がものすごく前にあるから、そうやって乗っていたのではないかと思ったら、何人かのポスドクとホープト先生も「ああ、昔のウエスタンだね」と言ったのです。昔のアメリカの乗り方はもっともっと鞍は前だったと言う。それは確認したことはないけれど、もっと前にあったと言っていました。たぶん、馬は小さかったんだろうと思う。それで重心の位置が今と違うのかもしれません。鞍の位置ってまだまだ見つけないといけないのだけど、あまり前にやると前に飛んでいってしまうし。そのへんどうでしょう。感じたことはおありですか?

寺岡　古い時代ほど、絵を見るとはっきり言って大木（馬の頸）に蝉が止まっているみたいな姿勢で乗っているのがほとんどです。特に軍陣鞍など古い時代は、馬頸の根元あたりに騎乗している。江戸期になってくると、少しずつバランスが違ってきたのではないかと。

近藤　モンゴル鞍もそんな感じがしませんか。ピシっと前後を決めちゃう。腰決まっちゃうから。

寺岡　そうするとこうなるのですよね。

近藤　だから、足に頼らないで上半身自由に動かせるような感じがします。

寺岡　足を前後に筋違いに少しずらしてやったほうが楽ですよね。あれは特に毎日毎日何時間も乗っていると。

近藤　みんなこんなふうに乗っているもんな。

寺岡　江戸時代のものは今の小笠原とかとほぼぴたっと一致します。特に、穴八幡宮「流鏑馬絵巻」の姿。まさしく、それは小笠原で正しく伝えているなと感じているのですが。それ以前の乗り方はやはり様々で、京都の競馬《くらべうま》とか走馬《そうめ》の乗りようとかになると、ぜんぜんバランスが違います。

和種を作る

寺岡　それから、よく和種馬が矮小でだめだというのは違うでしょう、フェアではないといつも思うんです。サラブレッドなどはアスリートとして育てられた馬ですが、片や今の在来種はそのへんに放っておかれて、昔の武士の馬みたいにきちんと濃厚飼料や豆を食わせてトレーニングした馬とは違います。

近藤　違うと思いますよ。

寺岡　ずいぶん前のＮＨＫの「歴史への招待」での実験が全てのように言われてしまいがちです。

近藤　はい、あれは駄目ですね、あの実験。

寺岡　どの人も、雑誌屋さんもテレビ屋さんもそれを使ってしまうから、フェアではないと思います。

近藤　もしかしたらご覧になっているかもしれませんが、私が書いたものです（「北海道和種馬　その成立と現在」『Hippophile』四十八巻四号、二〇一二）。少し小さいですが、本物は持ってきませんでした。私どもの先々代くらいの教授の松本久喜先生が本に書かれていて、僕はこの原文の写真を持っているのですが、「道産子には二つのタイプがある。乗用タイプと駄載タイプがある」と。どちらもうちの牧場にいましたが、乗用タイプのほうはいわゆる正方形に近くて、足が長くてきりっとした頭。荷を背に載せる駄載用のほうは胴が長いのです。乗用タイプは乾いた軽い感じがして。私ども和種馬については強い育種選択を行っていないのです。だからごちゃごちゃのＤＮＡが混ざっていると思う。だから、今でもすごくいいのがぽんと出るんです。それか、完全に駄載タイプだなというのも出る。

寺岡　ネンボウ型、アイノメ型と俗称されているそれだと思いますが、ネンボウ型は間違いなくやはり広重の絵などの中で出てくる、あの馬の姿をしています。いわゆる農耕馬。そちらのほうの馬はほとんど残っていますし、各和種馬保存会はそちらのほうがいいというようなところが多いように感じます。

近藤　いや、多いように感じるのではなくて、そういうふうにしているんです。私ども和種馬保存協会では、今でも在来馬では唯一、共進会をやっています。畜産の出身だからあれだけど、共進会は一応育種・選抜の方向を示すのです。こういう馬にしなさい、というのでそういう馬を優勝させているわけです。そうすると、和種馬の保存、特に道産子の保存ですと駄載で使う馬です。山道で崩れないような、背中ががっちりしていて、肩は多少薄くてもいい、顎はしっかりしているというふうにして、駄載の馬を一番にしていくのです。だからみんなその方向になるのです。

私は和種馬保存協会の会長をしていて審査委員も務めるのですが、この何年か皆でものすごく議論しているのは、マーケットは乗馬しかないではないかということです。駄載はないし、乗馬人口が少しずつ伸びてきて、それがいわゆるトレッキングに行っているらしいと。そうしたら、これは和種馬を使ってもらわないとだめだろう。でも売れない、なかなか扱いが難しいところがあるのだけど、そのへんいろいろなことがあるけれど、今度は逆に馬の形から育種をしていくべきではないだろうか。だから、今議論がいろいろあるのですが、共進会を二つに分けてしまおうとか。二つ主催して、一つは伝統の形を残していく。もう一つはマーケットを意識して、乗馬としてこういう形がいいというのをやったらどうだと議論しているところです。

寺岡　そうですね。和種で、昔の馬を見るとやはり頸がぐっと立っていたり、艫《とも》もしっかりしていて。

近藤　脚が長いですものね。

寺岡　ええ、脚も。肩も結構しっかりしています。

近藤　肩もしっかりしていますね。

寺岡　今は前下がりになっています。

近藤　だいたい道産子は肩が薄いですね。

寺岡　そのへんは、あれは何だったかな。大道寺友山ではないけれど、『武道初心集』や『貞丈雑記』の文にもあって、やはり前が矮小で蹴つまずくようなのは一番嫌うところということを書いているのに、武士がそれを農家にオーダーするわけがないと思います。だから、そこらへんを知らないで、単純にそこらにいる和種系を持ってきて実験されても、という感じはします。

近藤　よくないと思いますね。和種馬をみんな十把一絡げで同じだと見てしまうのだけど、西洋馬だっていろいろ違うのになぜ和種馬は十把一絡げにしてしまうのかと思うんです。少し写真が小さいのですが、この馬、学内のパレードで使って、恵庭の馬屋さんから借りてきた「やっちゃん」といって一三〇センチちょっと一四〇センチないくらい、肩ががっちりしていてすごくいい、せん馬でした。ポロッと死んでしまったけど。これなんかは、乗っているところを見て「本当に和種馬ですか」と言われました。血統書持っていますというとびっくりされました。

寺岡　御崎馬《みさきうま》などを見ると、バランス自体は結構遠目に見ると…。

近藤　バタくさいです。御崎馬って細いけれど、遠くから見ると形はすごくバタくさく見える。

寺岡　あのようにして作ったのだろうか。

小笠原流の馬を使用しない古式弓術、三々九手狭式（歩射）の時。『吾妻鏡』によれば、源頼朝が我が国で初めてこの神奈川県葉山町森戸神社で、騎射術のひとつである小笠懸の行事を行ったという。

恵庭の流鏑馬大会（平成 19 年）

近藤　ほんの百三十年前までは、あそこはいわゆる秋月家の馬を作っていて、小さいのはみんな農家に出していったというから。武士の馬というところなのでしょうね。

寺岡　御崎馬と対州馬《たいしゅうば》は、見た感じのバランスが非常にいいと思います。ただ小さいだけという感じがします。

近藤　僕もよく引用するのですが、野澤謙先生が、消極的な選抜で大きいのだけを集めていく、小さいのだけを集めていく、大きいのは島外に出す、小さいのは島に残すというような形でやっていくと、理論的には七百年で三十センチ違うことも可能だと。

寺岡　三十センチも変わるのですか。

近藤　ということは、江戸時代三百年で十五センチ違ってもおかしくないです。それくらい育種は力を持っているし、人為的にやってしまうだけで、それくらい変わってくるから、今ある形を見て「昔はそうだった」なんてことは絶対言ってはいけないというのは野澤先生の主張です。僕も育種という面から考えるとそうだと思います。

寺岡　そうでしょうね。昔の馬の形に近づけていってもらえば、小笠原流の先生とかにもプッシュしやすいです。でも、嫌がるかな。

近藤　南部の十和田なんかに行くと、いい馬の資料館もあって、あそこは熱心に流鏑馬をやっているのだから、本当に戻し交配していけば南部馬らしいのができると思う。北海道の函館、上ノ国あたりから、でかいのを持って来れば。

寺岡　日本のすでに保存されてしまっている農家の馬のタイプ以外に、そういう飼っていた乗用和種というスタイルで、そういうブランドで作っていけばいいと思います。

近藤　ビジネスの話になると、そうしてやっていくと、最終的に一番使いやすいタイプは雑種第一代（F１）になります。雑種強勢を一番活かして、道産子と例えば少し重ためで作るならブルトンとか、道産子とクリオージョとかをかけて。それから一時期、ハフリンガーをかけてドサリンガーといって売ったけど成功しなかった。
Ｆ１が一番いいので、あともうＦ２、Ｆ３になるとグチャグチャになってしまうから、それ以上はマーケットに出さないようにして、純血同士持っていればいつまでもＦ１を生産できるから。マーケットにはＦ１を出すことにして、純血を持っていてという近代畜産に則ったやり方もあるねと言っているのだけど。

寺岡　あとは、実際乗る人にとってみると馬の脳みその問題が最大だと思います。形は昔と同じにできても、シマウマみたいな脳みそでは、馬事公苑の山谷吉輝さんくらいしか調教できなくなってしまいます。だから、それが安定したクオリティが出れば。サラの芦毛なんか完全に脳みそは劣性なのではないかと思いました。

近藤　そうか。山梨の菊地さんも、とにかく人好きする馬ではないとだめだと言うし、それから馬屋さんたちも、例えばうちにもクリオージョのＦ１がいるのだけど、「欲しいな」と函館の連中が言って、まず（頭を指して）「こっち大丈夫?」と聞いてきました。「いやあ、どっちかというと馬鹿。走らないんだもん」というと「それならいいんだけど」っていう。

障碍者乗馬の国際大会に三年ほど前に出たんです。その時に、ＥＵは全部でまとまろうとしていて、いろいろなレギュレーションを決めているのですが、馬もこういうものを使うべきだというのを、ＥＵ全体で統一すべきだという動きがあります。いろいろな人たちが勝手なことを言っているのだけど、みんな馬については「人が好きな馬」というのが入るのです。それは確かにそうなのですが、それをどうやって選んだらいいかという実験をこの間やっていて、それは少し失敗しちゃったのですが（笑）。

私としても、私どもの牧場に百頭近く和種馬を持っているものですから、今度売っていかなければいけないので、どうやったら人になつくか、人が好きな馬を若い段階でどこで見分けるのか。それの組み合わせをどんどん作っていかなくてはいけないかなと思っています。今、寺岡さんがおっしゃったことを聞くと。

寺岡　乗り手との相性もあるだろうし、馬自体がその仕事に向いているか向いていないかというのは絶対あるのです。だから、やはりレーシングホースタイプみたいなのもあれば、ワーキングホースもあり、まるきりとっとことっとこ歩くようなタイプもある。だから流鏑馬用であれば、スタートのところではおとなしく待っていられて、回りが「わー」と言おうがパカンと的が割れようが「だからどうした」という感じで、「行け」と言うとさっ走って、「止まれ」と言ったら止まる。あとはいわゆる物見をしないことだと思います。なかなかそれだけのことができないので、小笠原では事故は今のところ起こっていないですが、よそではよく起こっていると噂を伺っています。

和種を操る

近藤　歴史民族学博物館振興会が出している歴博ブックレットの『江戸図屏風の動物たち』（塚本学、一九九八）だったかな、江戸時代からこちらで馬の扱いを議論しているのがあって。結局、戦国から江戸になるまで武士はある意味で生産者だった。馬も作っていたし、畑もあった。江戸時代になって、城下にみんな住むようになると、馬は買ってきて持つものになった。そこで生産という面で切り離されてくるのです。自分で育成して自分で調教してという世界がものすごく希薄になるんだろうという議論をしていて、なるほどなと思うのです。今おっしゃった話と通じるので、おそらく戦国時代に自分でやったら、そんな馬は絶対に乗らないだろう。敵の目の前で振り落とされたらそれでおしまいだから。

寺岡　ある面、だから、エフワンの車のレースなんかと一緒で、生産者たちはメカニックみたいなものであって、それはそういうプロに任せて、武士は武士で特に中間に馬術家たちが抱えられていて、その人たちはものすごく腕前がよかったと思います。殿様と呼ばれるのが将軍だったり大名だったり旗本だったりするけれど、結局そこに渡るまでに調教師であるお抱えの馬術家たちが、そのオーダーに合わせてあまり走らないようになどと、馬を作っていたのだと思います。そういう記述があるからその通りだと思います。

『徒然草』で馬術の名手といわれる安達泰盛が、「これは蹴つまずくからだめだ」「これは物見してよくない」とか、「これは脚を上げるからだめだ」と、相当選り好みするんです。安達泰盛の頃は確か、北条時宗の時代ですね。だから、あの頃にしてすでに御家人たちは、そうやって乗用馬に少しでも危ういところがあったら選ばないというのがやはりあったのだな、と残っている書物で感じます。

近藤　だけど、宇治川の先陣争いで磨墨《するすみ》と生食《いけずき》っていますね。生食というのは明らかに人を噛む馬だった。だから、恐ろしく荒い馬で、大将が乗って突っ込むときにみんなが押さえていて、乗って「さあ行け」といったら突っ込んでしまうというのになると今の話と通じるのですが。その前の『吾妻鏡』に出てくる大庭景義と源八郎為朝がやったという一騎打ちの話がよく出てくるのだけど。

寺岡　大庭景義と鎮西八郎為朝のことでしたっけ。

近藤　弓手《ゆんで》の方ではない方向に走らされるでしょう、とっさに。振り向いて射ってやろうと思ったら、為朝が無理やり射ったというのが。

寺岡　大庭景義の膝に当たったとか。

近藤　藤本正行さんが書かれた鎧の話に（『鎧をまとう人々』吉川弘文館、二〇〇〇）、図示までして出てくる話があるのですが、それを見たら今の生食みたいな突っ込んでしまう、生食がどんな馬だったかは知りませんけれど、その人たちは膝で、たぶん両手は添えるくらいで、右に左に馬をコントロールしたことになりますね。突進して、すれ違う瞬間に、こっちへずらしてこっちへとやったことになりますね。そうしたら、それはやはり単純な技術ではないです。そのことについて、ある程度強い弓を引くべきだとか、馬に慣れているべきだというだけで、それを褒めた記述はないです。それくらい普通にやったのだと思います。

寺岡　たぶん、生食と磨墨などは乗り手の言うことをきかない馬、そんな類いだと思います。頼朝公自体がまたがったことはないけれど、天下第一等の馬だ、おまえにやると言って。

近藤　確かに頼朝は馬から落ちて死ぬ（笑）。

寺岡　佐々木高綱には生食を、梶原景季には磨墨を。で、「なんで、佐々木に先にあの生食を渡したんですか」と詰め寄られて何か言い訳を頼朝はしていますが、結局自分がまたがらないほど悪い馬だったんだと。ただ、あそこは宇治川の先陣のときはすごく増水していて、波が逆巻くような状態だったから、それはもう気性がいかれているやつに乗って、先に渡ってしまおうよという感じだったと思うんです。だから、あの争いというのはそういうことで、あれを普段乗用にしていたかどうかは疑問です。

近藤　鎌倉の時に東北から攻めていきますよね。その以前の戦いの、氏族同士の戦いのときは、一騎打ちや馬の上で矢を射ながら何回もすれ違ってというのがあるのだけど、鎌倉幕府成立以前のあのへんからから急に、いわゆる戦線がある程度できてくるじゃないですか。全部で押していって、盾を置いて射ながら。その時に戦線の硬直状態を突破するときに、磨墨や生食とか気の狂ったような馬が必要だったかもしれない。

ただ一方で、少しルール破りのクラシックな戦いをしたのが義経たちです。彼らの馬は全然違うと思います。一ノ谷の戦いの鵯越《ひよどりごえ》の例は、あの崖を七十騎くらいで下りるのだから。そうすると二種類の馬がいたっていうか。だから、東北から持ってきた軍団の連れてきた連中は、一種のアナクロの。そんなことしてはいかんだろうと、平家も源氏も、『今時代が違うだろう』と言っているのに、連中は「いやいや、こうなんだ」と言って（笑）。

寺岡　京都のルールで、例えば漕ぎ手を射かけてはいけない。義経が「あれはちゃらちゃら動いて邪魔だから、あの漕ぎ手をまず射殺せ」と言って、それはルール違反だろうという話だったみたいです。那須与一の時もそうでした。

近藤　そうだそうだ。

寺岡　扇の的を射かけて、みんなが「やいや、やいや」とやって、それを讃えるために平家の武将が踊り始めたら「あいつも射かけよ」と言って。「な、なんという田舎者だ」と平家が怒り狂ったという話が残っています。

近藤　そこで歌など詠みながら舞を舞わねばならぬのに、常在戦場の未知の軍団は何も考えていない。

寺岡　やはり東えびすはみたいなことを言ったみたいです。いろいろそういうのがありますよね。

近藤　いつも競技流鏑馬で常勝して頭をとっていく函館の池田さん親子がいるんですが、息子の賢治くんというのが武道大学かな、出ているのだけど、馬は自分で子供の頃から乗っているんです。どんな馬がいいって話をしていたら、みんなは「あそこで八秒くらいで走れるのが」とかなんとか言っているのだけど、彼は「いやー、遅い馬でいい。走る馬は何でも叩けば走るんだから。スピードを落とせる馬がいい、ゆっくり走る馬がいい。どんなに走ってもある一定のスピードで走る。早くしようと思ったら叩けばいいんだから。だからまず遅い馬を調教することが必要なんだ」と言われて、みんな「なるほどな」と言った覚えがあります。

寺岡　問題はスピードではなくて、むしろ歩様《ほよう》であるだとか、あとは的確にここで止まろうといった時に馬にきちんと聞く意思があるか。またその結果、よく覚えていて「このへんだろ」と手綱がピクッとくれば、「よし、じゃあ止まる体勢を作ろう」と。その代わり屈撓《くっとう》ではないけれど首を少し上げさせといて、艫をこう、脚《きゃく》を少し。止めで脚を入れるというのは、みんなはあまり思いつかないと思いますが。首上げておいて脚をいれると、馬の走っているバランスはやはり首をまず上げますよね、ブレーキングみたいに。そこからドンと脚を入れると、後肢がクッと。結局、前に踏ん張れる体勢が作れるのだけど、みんな結構こうやって「うわー」とかぶるようにやってしまうから、たぶんいってしまう。

近藤　山梨の菊地さんが一時期、背骨のほうに体重をかけるように乗って止まらせるということをやっていて、ビデオを何回も見せてくれた。私も流鏑馬に出た時、最後走っていて入るとき、下手すると手綱が掴めないことがあるんですよね。手綱がいっちゃって掴めないときは鞍の前を使って、後ろに体重をかけて、背骨にかけて止まるようにしているのです。

寺岡　そのときに、自分の場合は人間の体がちょうどパラシュートみたいになって背中トントンと叩いてしまうと腰を痛めてしまうので、叩かないように。また、それを覚えてしまうと、今度は馬が腰が痛いとわかるので、最初に丸い体勢を作ってしまって、すごくポーンと反動が出る馬になってしまうんです。だからやる時は、口をクッと上げておいて、人間のバランスをパラシュートみたいにふわっと一瞬浮き上げといて、こうやって脚をトンといれながら、後ろに重みをグーンといれるようにしています。

近藤　少し鐙は前に出るのですか?

寺岡　そうですね。少し出してフーとやるのだけど、手綱に全部頼ってはいけません。グーとやってグッと、鐙にグーっとやるのだけど、ドンと叩くまで落とさない。それこそ立透かしを極端なくらいするのです。グッと、立ち上がりではないけれど、グワッとやってグーっとやって。それで止まりづらい馬の場合は、古馬術だと漣《さざなみ》手綱と言って、片方ずつ。だから、グリグリやるというより効くようにトンとやって、ゆずってトンとやって。「五方の口」といって古馬術で、上口、中口、下口、左角、右角。

近藤　書いてありました。上口、中口、下口。

寺岡　それを上下の手綱（左右互い違いに上下に引いたりハミを許したりする）や父母手綱（ハミで戒め「父」、

許しておさめる「母」というのを使います。ただ、現代馬術のときはこうやってこすりつけて、グリグリとやる、そうなってしまうパターンのときもありますが。

近藤　和式のハミは細いから、あまりやると口を痛めるのだろうと。

寺岡　それをひとつずつ具合見ながらトントントンと。昔の時代の上手な人はもっと繊細にトントントンとやってススっと収めてしまったのだと思います。

例えば、引手と引手（図3参照）をカシャっとつないでおいて、両方でグーっと押し出すとか。逆に、前から引き綱をグッとかけておいて、グッグッグッと引っ張っておいて、パッと離してやるとか、やってみるとやはり馬はスパッと出るんです。

近藤　しかも鞭の使い方がものすごく細かい。

寺岡　細かいですね。

近藤　あれはそういうふうに訓練するのだろうか。この位置を叩かれたらこれだってことに調教していくのだろうか。

寺岡　スペイン馬術みたいに細かく歩様も。特に、江戸時代に鞭の技がすごく増えています。だから、供覧用にたぶん、馬術家たちは普段やることがないから、その時は一生懸命いろいろ教えて、それで何か儀礼のときに鞭でトンとすると馬がサッとやるように、例えば耳のところをこうやるとか、馬が目で確認して「あ、これか」みたいな感じで、そう調教したのだと思います。

近藤　顔の前を叩いたりするんだよね。

寺岡　ありますね。でも、いくつかは実用品で使えます。よく鐙のほうに鼻

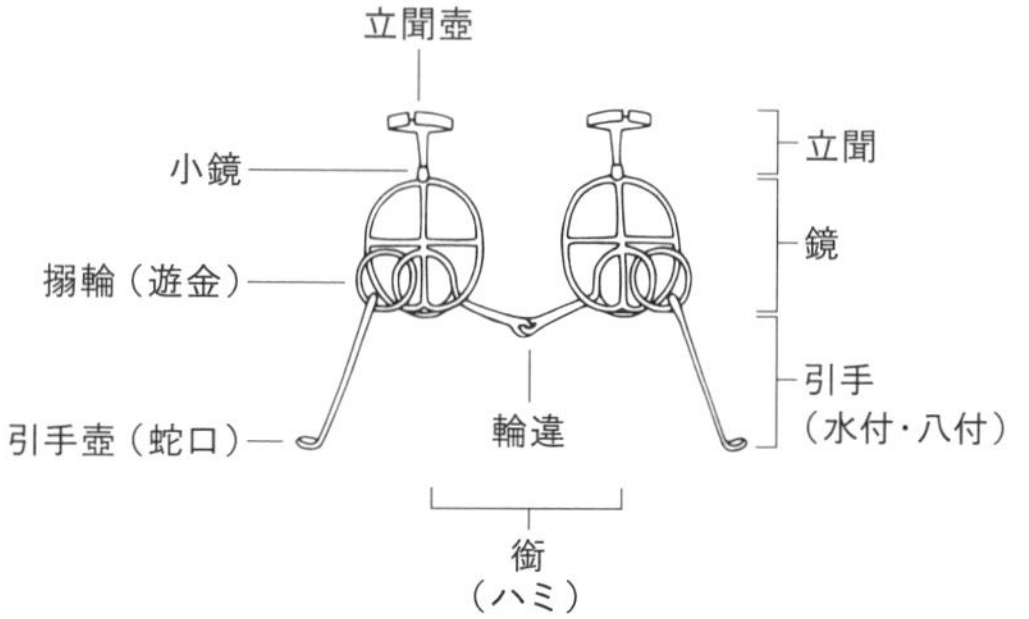

図3 轡

を持ってきて、変ないたずらをする若い馬には鐙の鳩胸（図4参照）の所でコンと、頸をグーっと引っ張ってコンとかやったりしますけど。乗馬クラブの人からは、「あ、うちの馬にあんなことをして」って。「あの人は荒いから嫌いだ」とか言われますけど（笑）。

近藤　私は馬術はやったことがないから、鞭は使ったことがないです。たいてい、もうどうしても走らないのはそのへんの枝を折って、ただひたすらひっぱたいて走れというだけで。

寺岡　やはり脚を上げないとかだと、これに書いているように脚自体に直撃でぴんとあてると。歩様を変えようと思った時に効いたりはします。

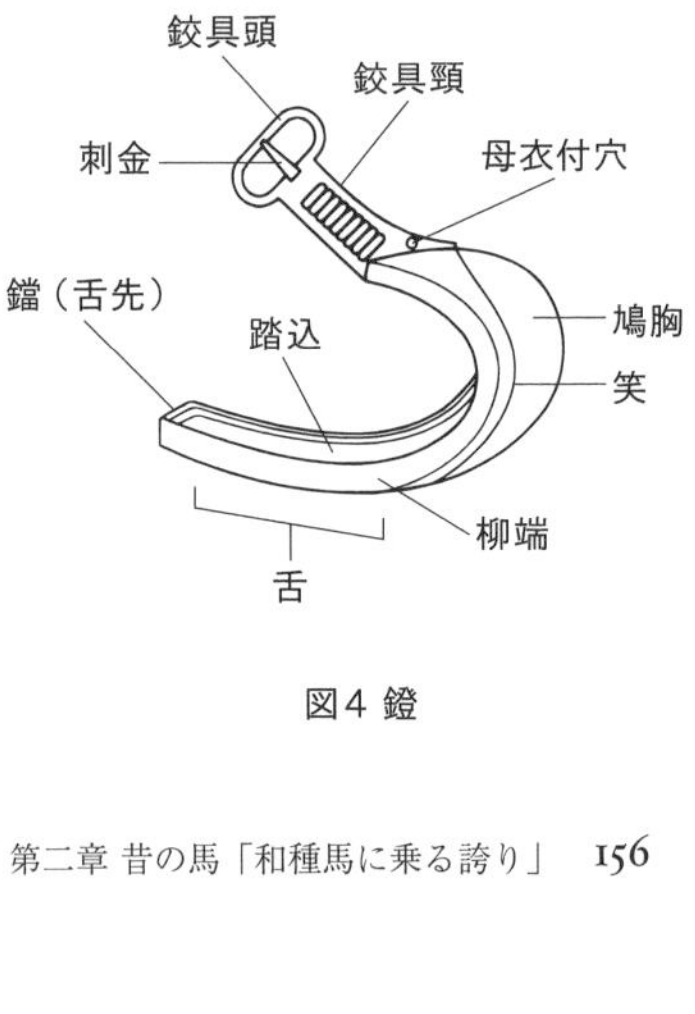

図4 鐙

近藤　馬を扱うときに若い頃年寄に聞いたのは、飛び出た馬をロープの端やなんかで顔を叩くのだけど、それは絶対やるなよと言われていて。効くんだけどよく目に入って目を痛めてしまうことがあるからと。

寺岡　「鬼面の鞭」ですね。後、百会のツボ（両腰角の間、中央部分の出っ張っているところ、「三頭」の中央）に入れる鞭は、柄のほうでガンと入れると、たぶん生産者はそこをバシッとやると腰砕けになることが分かっている。言うこと聞かないやつに三頭《さんず》のてっぺんをドンとやると確かに効くけど、馬が相当怖がってしまってトラウマになるみたいです。

近藤　ＪＲＡの調教助手でずっとバイトやっていたやつが、「近藤さん、聞かない馬には心臓を叩いたらいいんだ」って。横から心臓を狙ってバンッてやると、ウッてなる。菊地さんは下から蹴り上げる、思いっきり。私は顔を殴るけど。

寺岡　結局、犬に近いと思うんです。だから、あまりにも馬だからって可愛がりすぎているとだめです。

近藤　『馬と話す男』（徳間書店、一九九八）で出てくる、ジョインアップとか、あのトレーニング。丸馬場で追いつめて心理的にプレッシャーかけていって、すっと引いてやるとこっちにくるというのを何回もくり返して、馬をこちらへ引き付けてしまうというやり方。あれを（動画で？）見ていて、その後感心したのは、馬のほうから鼻を寄せてくるときは絶対にさせない。立っていて馬がフンってやったら、バカンって殴る。馬がそれをやってはいけない、人間がこうやってやるのはいい。最初、ジョインアップで押していって下がってきてついてくるのはいい。だけど馬のほうがこんなことをやってくるのは許してはいけないというのです。だから、あの部分だけみれば、そんなに馬と楽しくやっているわけではないんですね。

和種の節操

近藤　僕ら馬の生産者側からいくと、今必要とされている馬は誰でもきちんと対応してくれる馬なのです。だけど、北海道で作った道産子は、だいたい内地に行くと評判が悪いと言われたのだけど、一つは、北海道の馬方でかつ自分も使っていた、牧童やっていたという連中が一番好きな馬は何かというと、自分の言うことしか聞かない馬なのです。モンゴルのカザフ族の調査に行ったときに、羊の調査に行ったのだけど馬の調査で盛り上がるとみんな集まってくるんです。すごくいいジョロック（モンゴル語、チベット語、およびカザフ語で側対歩を指す言葉）のジミチ（北海道弁で側対歩のこと）の馬がいる、連れてくるという話になったのだけど、最後に「どんな馬がいい」と言ったらみんな口を揃えて「俺の言うことしか聞かない馬」（笑）。

だから、そうなるんです。相反するものがあるのです。だから、江戸時代以前の武将は「俺の言うことしか聞かない馬」だったし、後の江戸時代からこっちは「次の代わりの馬持ってこい」ということになるのでしょうね。

寺岡　黒沢映画の武田信玄の馬は、親方様しか乗らないから影武者が乗ったとたん落っことされて、「あれは親方様ではない、影武者に違いない」とばれるシーンがある。

近藤　なるほどね。馬は分かるね、確かに乗り方が全然違うから。

寺岡　あるでしょうね、当然。やはり武将の集団がいて、親方様であるというか、こいつが人間の親分というのは、馬でも分かるみたいなことを誰かが言っていて、そういうものなのだと。それ以外の家来が遊びでまたがろうとすると、逆に馬から半殺しの目にあう。それは信長の話だったかな。「馬屋でこちらが怪我させられたから、討ち果たしてしまいました。切腹します」と言ったら、「切腹しなくていい、それは馬のほうが悪い」と信長が言ったと、何で読んだかわからないのですが、小説かそれとも本当の実話だったか定かではないですが。そういうのがあるのだなと思って。

寺岡　甲斐犬がそうですよね。甲斐犬は、血が濃いやつははっきり言って、飼い主以外からは餌を食べない。新宿かどこかで甲斐犬を飼っている人がいて、「なんで、いつも四駆自動車に四匹も甲斐犬乗せているんですか」と言ったら、「いや、やっぱりね、こいつら甲斐犬で血が濃いから、俺とか家内がやらないと食べてくれないんだよ。死んじゃうだろ、人に預けると痩せてきちゃうし」と。

近藤　『羆撃ち』っていうルポルタージュ書いた久保俊治さんって、若い頃からの知り合いなんだけど、彼の飼っていた北海道犬のフチも、貰ってきたときから彼が育ててものすごく優秀な熊撃ちの犬だったんだけど、彼がアメリカに行ったときに、犬を預かった両親はもう死ぬかと思ったって。全く食べないのです、本人がいないからって。このままこの犬死んじゃうんじゃないかと思ったけど、やっと最後のほうで「まあ、親で我慢してやるか」と食べ始めたらしいんだけど。

寺岡さんは武士の話をするんだけど、私は馬自体の話で、よくサラは車にたとえるとフォーミュラーワンなんだって言うのです。「その辺配達するのにフォーミュラーワン持ってくるか？　軽使うだろ？　ダンプ使うだろ？　いろいろ使うだろ。だから馬だって違うんだよ。なんでもかんでもサラでいい、サラが一番馬らしいなんて言うんじゃないよ。」って。

寺岡　おかしいんですよ。トレッキング行くのでサラブレッドって「おまえ、馬鹿じゃないの」って。どこでもターマックで綺麗な路面だったらそれはいいかもしれないけれど、悪路もあればアップダウンもあるし、サラではやばいようなとこカリカリしているのだったら、やばいでしょうみたいな。

近藤　うちの父親が戦前の獣医学部を出ているのだけど、当時はみんな軍獣医で、うちの親は大学院に残ったから行かなかった。ただ軍獣医に行った人の話で、騎兵や将校の馬の買い付けとかは獣医が立ち会うのだけど、サラも時々来るけれど誰も買わない。戦場ではやばいから。本人は「俺はサラを買ったんだ。サラ買ったんだ」って。どうしてって、逃げるのが一番早いから（笑）。「そっかあ」って。

寺岡　結局、馬術やっている日本人はサラがいいとかアングロアラブがいいとか言う人が多いけれど、「歴史を見てごらん。アラブ馬がいいとか言うけれど、モンゴル馬に負けたのはどこの国の人」って。イスラムのアラブの人たちでしょ。「そのアラブ、オスマントルコだとかに蹂躪されていたのはどこの国の人？　ヨーロッパのそれこそ馬上槍試合していたような立派な馬乗っていた土地の人でしょ。」って。決して、馬がでかいからとか、それが馬の戦闘能力とは比例しない。特にロシアのドン・コサックなんて馬はそんな巨大な馬ではない。「見てごらん、むしろポニーっぽい感じだよ」って。

近藤　世界中のいわゆる本当の騎馬民族と言われている連中が使っている馬というのは、一四〇センチくらいですね。いいとこ一三〇センチくらい。だって乗り降り考えたらね。僕らも山の中で作業して馬乗っていって、サラ系のだったら降りたり乗ったりするの嫌になるもんね。学生に「おう、ちょっと開けてくれ。俺は降りんぞ」って。

寺岡　いちいち、三十キロ四十キロある甲冑で、これから出陣するぞってときだったら、「おし行くぞ」って乗っかれるかもしれないけど、戦ってへとへとになったところ、「あー、追手来てる。馬に乗って逃げろ」ってときに「誰か、台持って来い」って。そういう感じになりますもんね。

乗り手の装備

近藤　それからそうだ、もうひとつ。ここに書いてあった、泥障《あおり》（※鞍の左右に下げて、泥や馬の汗から衣服の汚れを防ぐ馬具）を実戦の時は付けないと言われたのだけど、流鏑馬では泥障を付けて射るように書いていませんでした？

寺岡　江戸期は泥障をさしたりするけれど、基本的に騎射の時は泥障はささないです。

近藤　なるほど。それからもうひとつ。鹿の革の…。

寺岡　結局、行縢《むかばき》って、レッグチャップスじゃないですか。だから、あれをつけていれば、泥なんかで袴が汚れるからとか擦り切れるからって。

近藤　それで、行縢に対する疑問は多くて。例えば、小笠原は外側に付けるとかあって、あれは少し見栄だろうと思うのだけど、あれをチャップスだと考えると我々畜産学科の仲間内で、皮革の専門家と話をしていて、鹿の毛皮ってまず使わないのです。毛がポキポキ折れるのです。なぜチャップスにして、ブッシュを漕いだりなんかするために、鹿の皮を使ったのだろう。なぜ、そんな弱いものを使ったのだろうというので議論したときに、革をやっている連中が「わかった」。いつも新しいのを付けているのが、常に鹿を捕るから偉いのだろう。ぼろぼろのやつを付けているやつは腕が悪いという意味ではないかと。

寺岡　それはありますね。狩りに行けば、当然鹿をどんどん捕まえてきて。だから、熊をやっつけるやつは熊とか付けるだろうし。なにしろ、武士の付けているものって、空穂《うつぼ》には猿の皮を付けるし、箙《えびら》には猪の皮をつけるし。

近藤　太刀に入っている、あれに付けるのは熊ですか。

寺岡　あれは鹿もあれば熊もあるし、豹もライオンもあります。ライオンやアザラシはたいがい輸入物なので、やはりそれだけの財力を示すようです。あとは、京都だと階級というのがうるさかったので、関東や東北だと「いや、これは俺金持ってるから買って付けてるんだ」っても、京都行った時に「なんで虎毛の尻鞘なんか付けているんだ。豹柄なんて生意気な。お前そんな地位持ってるのか」ってなるらしいです。

だから関東の武士は、名乗りも先ほどの左近将監だの左衛門尉だの但馬守だの名乗っていますが、京都に行ったらとんでもない話で、「そんなものを朝廷からあんたにいつやったと思ってる」って。左近将監というのは近衛の将校ということではないか、お前なんぞ帝の将校の名前に入っていない。「関東ではこう名乗っております」「冗談じゃない」って。向こうに行った時は、そういうのは名乗らなかったのではないかと思います。

近藤　なるほど。今、冬毛の鹿皮を何枚か鞣したのを持っているのだけど、おととしかな、学術捕獲で捕った夏毛のやつを行縢にしようかと思って、うちの工場に頼んで鞣してもらっているのだけど、なかなか仕上がらない。

寺岡　あとは、古い時代はもっとエプロン的ではなく、オーバーズボンとして履いていたと思います。絵を見てもそうです。

近藤　え、どういうことですか?

寺岡　今はエプロンになってしまっているじゃないですか。こうじゃなくて、ちゃんとウツボカズラみたいな恰好に。職人絵図の行縢師ではないけど、完全なウツボカズラみたいな恰好なんです。ここに結ぶ紐もありますけれど、着用する時もそういう形だったのではないですか。そうでないと袴の上に履く意味がないと思うんです。

近藤　メキシコに行った時に、あそこは革が安くていいから思わずフルレングスのチャップスを買った。そうしたら本当に、それ自体は行縢みたいになっているんだけど、きゅっと縛ったら全部。完全に包まれる。

寺岡　昔の時代はたぶん革ズボンみたいになっていたと思います。

近藤　今の学生は、私が現場に出ることはほとんどないから知らなくて、学生実習で乗馬の最後だけ行くと、つなぎ着てサングラスかけて鉢巻して、革のチャップスをつけてノシノシ歩いていくと、みんな「おー、誰だあれ？」「近藤先生らしいぞ」。（笑）

――では、最後にそれぞれ馬に関するライフワークあるいは、今後の方向性などお聞かせください。

寺岡　自分は、単純に個人的な趣味で誰かに公開するわけではなく、馬に乗っているときは常に日本馬術みたいなのをちょこちょこと小出しにやってみて、「これ効くかな、あれ効くかな」という実践的なことを、やり続けたいとは思います。先ほどの馬産ではないけれど、日本の昔の乗用馬みたいなのが出てきたら、そういうのには機会があれば乗ってみたいなと思うし。なんとはなしに、そのようなことを続けていくのでしょうね。私の場合は、細く長くですかね。誰かに宣伝するとかなんとかではなくて。

近藤　馬に関してですか。牛とか鹿の話は別にしてね。馬については、北海道和種馬というわれわれ先祖が作ってきた非常に大事な馬。日本に馬が来たときからの血統を持っているんだろうと思います。それをある意味で育種改良できる数がいるのは北海道。千頭クラスでいます。それにきちんとマーケットを考えてやって、絶対なくならないように。それと、うまいこと先ほどから話に出ていますようにトレッキングや、和種・和式馬術による楽しみ方でマーケットが開けていけば、生産者ももっと作ってくれるだろうし。そういう方向できちんと一定のポピュレーションを。これからさらにどんなふうになっていくかわからない日本の産業構造の中にかっちりとした位置ができるようにしていきたいなと思っています。それはきっと僕の代では終わらないでしょうけど。

――そこには先ほど触れられた気質選抜なども含まれるのですか。

近藤　それはこれから考えていかなければならないと思っています。それは二種類で、一つは「俺にしか慣れない馬」が好きだった人もいるわけですが、今売るんだったら「あ、分かりました。今日この人ですか、よっしゃ」とか言って乗せてくれるような馬。昔の作業馬みたいなね。「今日この仕事？　分かった分かった」とか言うような馬。それも必要だと思います。「今日この人乗っけて十五キロトレッキングして帰ってくればいいのね」「乗った？　落とさないように行かなきゃ」とか、あくまでこれは仕事だとわかっていて、乗り手を「この馬と私は心が通じてる」と騙せるような馬。「そうですよ、奥さん」とか言うような馬。そんなふうになったらいいなと思います。

近藤誠司（こんどう　せいじ）　一九五〇年京都府生まれ。小中高と愛知県在住、北海道大学大学院農学研究科修士課程修了。同大学院農学研究院教授などを経て、現在は同大学院農学研究院特任教授および北方生物圏フィールド科学センター静内研究牧場長。北海道大学名誉教授。専門は畜産学で主に大型草食動物（ウシ、ウマ、シカなど）の行動と管理、生産システムに関する研究を行っている。農学博士。北海道和種馬保存協会会長、流鏑馬競技連盟会長、(社)エゾシカ協会理事長。

寺岡輝朝（てらおか　てるとも）　一九六二年生まれ。日本大学農獣医学部卒。弓馬術礼法小笠原流および田宮流居合術門人。天然理心流剣術、柔術、棍法師範。天台宗本山修験聖護院門跡、直参大先達。小笠原流鎌倉菱友会副会長。大坪流、八条流、小笠原流などの古馬術の研究や復元を行っている。

昔の馬

「馬の博物誌」

末崎　真澄（馬の博物館副館長）
松井　章（奈良文化財研究所名誉研究員）
玉蟲　敏子（武蔵野美術大学教授）

現代学生気質

玉蟲　現在、美術大学で講義や論文指導を担当しています。どうしてか不思議なのですが、動物の絵画をやりたいという動物好きな女の子ばかり集まっています。修士課程の学生は、卒論が鷹だったから、修士論文を虎でやりたいと。博士課程の日本画の学生は、ひたすら牛ばかりを描いているの（笑）。もう一人の博士課程の一年生も鳥獣をやりたいと。花鳥はだめ、鳥獣がいいと言っている。それで卒業制作のときは、恐竜みたいに大きな獏ばかりを描いていました。笑うでしょう（笑）。花鳥ではなく動物で、しかも猛々しい系とか、大きい系の動物ばかりで、いわゆる可愛い系というのではないのですね。一般社会だと、現代は小さな犬や猫を可愛がっている人が多いわけでしょう。

末崎　そうですね、セラピーみたいなね。

玉蟲　それでなぜこんな猛々しい動物がいいのか、「どうしてなの？」と聞くと、格好いいからとか。虎の毛並みがよさそうだからとか、よく分からないことを言うのです（笑）。ただ、やはりその深層のところには現代というものがあるように思います。若い女性はおもしろいなと思うのですが、そういう現代性を捕まえる才能みたいなものがあります。だとすれば、これは私にとっても、学生たちと論文指導をとおして学び合うことによって、現代における生命観みたいなものを探り当てることに繋がらないかなと思っているところです。ただ、何かが変です。それは今までになかったことなので、何だろうと思っています。

末崎　女の子がほとんどですか。

玉蟲　女の子ですね。今の男子学生が虎をやりたがることはないですよ（笑）。本当に、男の子は何を考えているのか…。

末崎　馬の博物館にも乗馬センターがあって、乗馬体験をしたいという子供たちが応募してくるのを選ぶのですが、最終的には女の子ばかりですよ。男の子は一人いるくらい。

玉蟲　応募者の中にも、男の子は少ないのですか。

末崎　少ないし、親が勧めているからで、本人はそう熱心でもなくて。結果的にそういうところを見て選ぶと、女の子ばかりになってしまう。馬のそばにいるだけで、ほっとするとかね。大きいからとか。

玉蟲　やはり、虎の毛並みがいいからというのと同じですね。ほっとする、大きなものに寄り掛かる感じがいいのでしょう。

末崎　そんな感じ。学校に行くよりも、ここに来たいとか、そういう子が多いです。

玉蟲　それだけ頼りになるものが少ないのかな。お父さんとか、先生もあまり役に立たない（笑）。男の子はおとなしいですね。別に私の大学の男子学生が、全国を代表しているわけではないけれども、全体の傾向としてはおとなしいし、あまり大きな声でしゃべる男の子は少ないかな。

末崎　松井さんも大学に行かれているけど、動物考古学などを学ぼうという子はどうなんですか。

松井　圧倒的に女性優位です。地味な仕事をコツコツと、長時間かけて基礎資料をつくって、それから具体的な研究に向かうような仕事は、女性だからと言っていいのか悪いのか、ためらいはあるのですけれども、研究者として生き残る人たちは女性のほうが多いですね。それから、女性のほうが何をやりたいのか、自分で率直に表現できるのですが、男子学生はなかなか自分のやりたいことが見えてこない。自分が何をやりたいのか、それ自身が形を成してこないようで、こちらが叱ってもイライラとしているところがありますね。最近自分が教えた中で、博士号取得までいったのは、結果的には男子が多いですけれども、女性のほうが良いものを書きましたね。

玉蟲　ああ、そうですか（笑）。

松井　どこも同じではないですかね。女性のほうがはっきりものを言いやすい。男性のほうは、自分のやりたいことを先に言うよりも、様子を見てからというようなところがあるのではないでしょうか。

玉蟲　のび太君みたいな学生がどんどん増えてきている感じがしています。ドラえもんの、のび太君は本当に目立たない子でしょう。学生を見ていると、人当りが良くていい人だけれども、何と言うか、危機感がないというか。

末崎　松井さんは外国にしょっちゅう行かれているから、そういう向こうの人たちと、あるいは向こうの学生などと。

松井　私も議論は苦手ですね。まず英語があまり分からないので困ってしまいます。国際会議でも座長などやることが多くなりましたが、今、何が議論の中心になっているかと、議論のピントがずれてしまって。やはり若いときに英語だけでもマスターしておけばよかったと思います。それから、議論・討論のテクニック、そんなものは日本で習ったこともないですし、さらに発表の構成とかも、日本人の発表は聞いていて下手だなと思いますね。

玉蟲　そうですか。

松井　欧米の人のプレゼンテーションというのは、やはりメリハリが効いて、キャッチコピーというか、キーワードみたいなものをいくつか散りばめて、それとその間を説明していくような。日本ではむやみやたらと図表を使って、細かい読めもしないエクセルの表で数字を並べていくのが多いといった違いがあります。

末崎　データですね。

松井　データをそのまま出して、数値をレーザーポインターで示して、こういう結果が出ましたとか。そういう発表が多いのですが、大学ではもっとプレゼンテーションの仕方を国際的なレベルで教育すべきだと思います。自分ができなくて、いま悔しい思いをしていますが、自分ができないのに学生に、それを伝えるのは、なお難しいですね。

玉蟲　やはりパワーポイントとかですか。

松井　そうですね。いまはパワーポイントがないと、一方的にしゃべるだけの発表というのは、もう誰も聞かなくなったのではないですか。私の学生時代は一年間を通じて、逐一、原稿を棒読みして、学期が終わるとしばらくして単行本が出ているという先生もいらっしゃいました。ただ、今は板書していると、時間がないというのと、何よりも私自身が漢字を忘れてしまっている（笑）。英語のスペルも出てこないというのもありますね。

玉蟲　パワーポイントの発達で、人文学も自然科学も全体的にプレゼンテーションが、平準化したのではないでしょうか。

末崎　なりましたね。

松井　そうですね。

末崎　授業なども、ほとんどパワーポイントとそれを使いながら話をするような授業ばかりになってしまって。ただパワーポイントだけだと記憶に残らないではないですか。ペーパーもちゃんと出さないとね。

玉蟲　私は講演会とか集中講義を担当するときは、形式的に時間内に収めなければいけないので、パワーポイントでやるのです。でも日々の授業のときはパワーポイントにしない。みんなに配布しているプリントのデータは、プロジェクターを通して映せば大きくなるでしょう。美術史の場合は、画像を詳しく見せるのですが、今のパソコンは拡大とかすごく楽ではないですか。画素数が大きいと細部が見せられる。美術史学では、昔からスライドを使ったりして授業をしてきましたけれども、パワーポイントが登場してから、美術史も他の視覚文化学の方法に吸い取られてしまっているような感じがしています。

松井　そうですね。

馬は五世紀に海峡を越えた

末崎　松井先生は日本列島にいつから馬がいたかということを証明するために、縄文、弥生、古墳時代の遺跡を再調査され、三十年前までに考えられていたよりも、その存在年代を新しい時代に修正するようなデータを発表されたりしていらっしゃいますよね。

松井　そうですね。いまは日本史でも東日本、特に蝦夷の文化に注目するようで、よく聞かれるのは蝦夷の人々は独自に沿海州から東回りで馬を入手していたのではないかということですね。坂上田村麻呂と戦った蝦夷の長、阿弖流爲《あてるい》をはじめ、蝦夷は馬が巧みだったと言われているので、その馬は大和政権から伝わったものではなく、洛済州回りではないかという、そういったことをよく聞かれるのですが、残念ながら、その証拠はないですと否定して回っています。

私が学生時代を過ごした仙台の東北大学の周辺は、縄文時代の貝塚がたくさんあったので、卒業論文や修士論文は、そこの貝塚で人々が何を食べていたのかを調べることを専門にしていました。私がそのころ直接関係はしてはいなかったのですけれども、縄文貝塚から馬や牛が出てきたという報告が何十例もされていて、それで縄文時代にも馬や牛がいたと考える人、特に歴史系とか、動物学者系の人が非常に多かったのです。縄文時代の後期、三五〇〇年前あたりに、いまのトカラ馬とか、矮小の在来馬に属す、体高が一一〇センチ内外の朝鮮半島や中国の果下馬《かかば》、ポニーが最初に入ってきて、古墳時代の五世紀になってから、金属製の馬具、馬銜《はみ》を伴っていまの木曽馬に相当する、体高一二五～一三〇センチくらいの中型馬が入ってきて、中央の大和政権を中心に広がったと。つまり縄文馬だった矮小馬というのは、南西諸島や対馬など島嶼部や、辺鄙なところに細々と生き残っていたという二重構造説が、在来馬の歴史についての主流に近い情勢だったのです。

実際に縄文貝塚から出たという馬を調べてみても、はっきりとした発掘で出てきたわけではなく、きちんとした縄文の層からというのは少なくて、誰かが地元の人が見つけたとか、それから偉い先生が発掘した横を掘ったら馬が出てきたとか、そういった例が多かった。私も二十年くらい前に縄文馬を放射性炭素年代で計ってもらったら、みんな、紀元一一〇〇年と一二〇〇年代の中世の鎌倉時代や、南北朝くらいの年代のものに落ち着いてしまって、縄文馬や弥生馬、牛もいなかったと。『魏志倭人伝』に「その地、馬、牛、虎、豹、羊、鵲なし」という記載は、牛、馬については正しかったということを科学的に証明できたのです。そのほかでも、いま牛とか馬とか、具体的に何世紀くらいに出てくるのかを細かく調べたのが、この前、『*BIOSTORY*』（二十一巻　成文堂新光社、二〇一四）という雑誌に書いた論文で、遡っても五世紀の中頃くらいだと。倭の五王と言われている時代に豪華な馬具が古墳に副葬されるのと、馬の骨が出土するのとほぼ同じくらいだと。牛はもっと遅れるだろうというのが、最新の見通しですね。意外と新しい。

玉蟲　先生の見通しだと、どのくらいですか。

松井　牛は六世紀ではないですかね。大規模な土木事業に、例えば都の建設とか、そういうところで最初に。

玉蟲　車を牽くとか。

松井　藤原宮とか難波宮《なにわのみや》とかですね。そこの道路の路面にぬかるんだ泥道を行く牛の蹄の跡とか、それから轍《わだち》の跡が最初に見つかりました。五世紀の牛の骨や蹄跡はどうも無いのではないかなと思っています。六世紀になって古代国家の交通網の整備が進むまで遅れるのではないかと思います。そうすると中国や朝鮮半島の情勢も気になって、いま中国の南部の新石器時代の調査に参加しているのですが、どうも南部の遺跡では、牛馬の骨は出てこないのです。最初に牛馬が入ったのは、黄河流域だろうと。それで牛が出てくる年代は、殷周の青銅器時代のはじめ、三千年くらい前です。

それから、韓国の釜山に隣接する金海市に会峴里《ヘヒョンニ》という大きな貝塚があるのですが、それが紀元前一世紀から紀元後二世紀くらいの二百から三百年の間に、そこは牛も馬も両方出てくるので、紀元前一世紀には対馬・朝鮮海峡の対岸まで牛も馬も来ていたといえます。日本に来るのはそれからまた三百年、四百年もかかってしまう。当時の鉄をはじめとするものの動きからすると、もっと早く来てもおかしくないですけれども、やはり馬というのは軍事的な背景と広大な牧ですとか、さらに技術者集団が必要です。海峡が横たわっていたということは、馬とか牛を運びにくいでしょうけれども、それにも増して馬を必要とする軍事的な、あるいは古代国家の権力というものがないと容易ではないでしょう。数百年遅れたというのは、そうした事情があったと思います。

末崎　すぐそばでそういった文化があったのに、どうしてそんなに長い間日本に来なかったのかというのは、歴史系の人たちも考えていました。ですから、古くしたがるのです。実際はもっと古い時期にいたと言いたくて、それを松井先生が一つ一つ潰してきている。

玉蟲　そうですよね。銅鐸絵画などで実際に描かれているのは鹿とか、スッポンとか、魚もいますよね。

松井　ええ、水田稲作にかかわる動物と言われています。

玉蟲　もし牛とか馬とかいれば、当然、当たり前の風景として描かれた可能性があるけれども、見当たらない。武蔵野美術大学の隣に朝鮮大学校があるのですが、先日、御縁があって、グループで近代の学校建築として有名な建物の見学をさせていただいた際に、博物館にも立ち寄ることができました。そこで、高句麗の徳興里や高麗の墳墓の壁画のレプリカなどを拝見しました。すごく貴重な経験をさせていただきました。

松井　すごいですね。

末崎　そうですよね。騎兵隊のシーンもありますね。

玉蟲　しかし、日本の古墳壁画に高句麗古墳壁画の影響が現れてくるのは、二、三百年ぐらいの時間差があるようです。江西大墓に代表される四神図が出てくるのは、キトラ古墳など、七世紀末ぐらいになってからのようです。四神図は、朝鮮半島の南の地域にはあまり出てこないと言われてますでしょう。そして、しばらく遅れて日本のキトラ古墳とか高松塚古墳の四神図ですよね。衣裳や風俗などを含めて見ていると、高句麗風のものが日本に入ってくるのは、古代史のポイントだと感じられますね。

牧の起源と殉殺

末崎　厩図屏風はたくさんありますが、その中で猿がいたり、あとは前で将棋をやっていたり、囲碁をやっていたりするというシーンがグリーブランド美術館にもあるし。そのような典型的なものが出てくるのですが、あれはいつ頃からですか。

玉蟲　時期を早く上げる人は十五世紀の終わりくらいから。室町後期で、そんなに古くはないようですが…。
末崎　厩図がこういう板張りなのです。それで実際、そういうのがあったかどうかというのは、いろいろと疑問視する人が多いのですけれども。
玉蟲　厩の？
末崎　厩の床ね。おしっこの処理とか。彦根城や日光東照宮に厩跡が残っているのですが、いつ頃からそういう厩の原型みたいなものが日本に入ってきて、どういう処理をしたのか分かればいいと思うのですが。
玉蟲　あまり研究がないのですか。
末崎　厩跡の発掘といっても、何か厩らしいという見方のできるものがいくつかはあるのですが。
松井　地表から判読できる土手や囲いといった牧の遺構としてはありますが、そこで馬を飼ったことを証拠立てるものはないですね。ただ、牧は広大ですから土手（土塁）だけしか発掘できないことが多いですが…。
玉蟲　建物、土台は分かるけれども…、というようなことですね。
松井　平安宮の絵図や地名から宮の西側に左右の馬寮が存在したことがわかり、藤原宮や平城宮でもそこから細長い建物が発掘で確かめられており、馬寮と推定されています。
玉蟲　なかなか難しいですよね。でも、そうなってくるとお馬さんが来たのが五世紀というと、在来馬という概念はどのように考えるのですか。
松井　日本は日露戦争まで品種改良の技術が入ってこなかったのです。そのため馬産地や、島嶼部の地域的に特色のある馬が在来馬になったのではないかと思います。
玉蟲　入ってきた馬が定着して、その中で世代交代していくという形を考えればいいわけですね。
松井　それで南部馬や木曽馬といった産地というのが、有名になって来たのではないかと思うわけです。

末崎　だから、いろいろな地域にいたわけですよね。各地域の馬というのがものすごく。いまは八品種くらいになっていますが、百も二百もあって、ＤＮＡからみれば同じような系統の馬がずっと日本に広がっていったということだから。

玉蟲　やはり広がっていく中で、直営のいわゆる牧がいくつかありますよね。牧の起源というのは、奈良くらいですか。

松井　牧の制が明確になるのは奈良時代の律令制ですが、それ以前には、五世紀頃とされる『日本書紀』の安閑紀に、信濃の望月牧と霧原牧に馬を放った記事とか、難波の大隅と媛島に牛を放ったという記事があります。

玉蟲　一番古いのは、どこですか。

松井　最初はやはり五世紀の応神紀に、百済の阿直岐《あちき》が良馬二匹を連れてきて、軽坂《かるのさか》で飼わせ、そこが厩坂となったという記事でしょう。また、「河内の馬飼」という豪族も記紀にしばしば名を残します。河内潟と生駒山地の間の低地も牧にされたことが、やはり五世紀の蔀屋《しとみや》北遺跡の発掘で指摘されています。この地域は縄文時代は河内湾の岸辺で、弥生時代から古墳時代にかけて河内潟という湖が近くに広がっていました。

玉蟲　では、わりと平坦で。

松井　湿地帯だったので、最初に牧にできたのでしょう。

玉蟲　『日本書紀』からですか。

松井　先に述べましたが、牧は『日本書紀』からですね。安閑紀だったと思いますが、信濃の望月と霧原牧に馬の牧、それから、難波の媛島と大隅という淀川の下流域に牛の牧が出てきます。おそらく、当時の農地から少し離れた山麓や淀川の島に、まず牧がつくられて、そして考古学的に追えるのは、五～六世紀にかけての伊那谷の古墳に馬が埋葬されます。

玉蟲　伊那谷というのは、長野県ですか。

松井　長野県の伊那地方ですね。そして長野県には同時代の渡来系の人たちのお墓も連なります。

玉蟲　伊那谷にですか。

松井　伊那だけでなく、高句麗系の石積みのお墓が長野県各地に見られます。

玉蟲　何世紀くらいですか。

松井　それは五～六世紀だったと思います。

玉蟲　高句麗はまだ滅亡していないですね。

松井　まだですね。

玉蟲　では、行き来があったということですか。

松井　そういう馬飼いの技術を持った専業集団がやって来て住みついたのでしょう。

玉蟲　馬と共に。

松井　馬飼いの集団が、馬を連れてきてその地を与えられるとか。

玉蟲　与えられて。

松井　伊那谷ですとか、それから甲斐の方にも広がります。いま中央線の通っているあたりのあの谷筋の山麓に次々と牧が開かれていったと思います。そして、その証拠として、渡来系の人たちの集落、あるいは馬そのものが古墳や集落に埋葬されていたりします。

玉蟲　世話係というか何か。

松井　馬は牧で調教しないといけないので専門の技術者集団が必要です。

玉蟲　セットで。

松井　はい、彼らは交配もさせています。
末崎　技術を持った人たちが。
玉蟲　技術がないとね。その頃のお馬さんたちは、鞍などの馬具類は？
末崎　一緒ですね。
松井　はい。
玉蟲　やはりかなり発達した馬具類と一緒に。
末崎　一緒に持ち込まれたと思いますね。
松井　それから、そういう人たちが来た故地と言いますか、朝鮮半島の故郷の習俗でお墓を作るときに馬を殺して、犠牲にしてお墓の周りに埋葬するのです。ひとつのお墓に五〜六頭、馬が伴うこともありますし、あるいは千葉県でしたら、一頭の馬の首を切り落として胴体に逆さまに配置するようにして、お尻のあたりに頭を置く。馬具を付けたまま葬る例も出ています。それを大化の改新のときの詔に「亡き人の馬を従わしめることを禁止する」ということが出ています。
玉蟲　禁令が出た。ということは、結構、発展していたということなのでしょうね。馬は、そんな外国にやって来て、大変なものだから、貴重動物とされたのでしょう。
末崎　高句麗のほうもそういうものがあったのですね。
松井　高句麗だけでなく、新羅にもあるのです。それから中国は、青銅器時代の二千年、三千年前に車馬坑といって、戦車をひかせた馬を馬車と共にお墓に埋葬、殉殺するので、多いのになるとお墓に七百頭など、桁が違うのです。
末崎　モンゴル周辺では、百頭、五百頭も、お墓の周りにそういう遺跡が発掘されていますよ、最近では。
玉蟲　何かもったいない感じがしますが…。

松井　もったいないです。
玉蟲　もったいないですよね。兵力ですよね。それから、食用にもなるし。
末崎　そういう文化が一緒にやはり入ってきたのでしょうね。
玉蟲　でも、それはある意味で権威の象徴になりますしね。
松井　日本の古墳にみられる埋葬では、一～二頭、多いときでも五～六頭、やはり朝鮮半島の高句麗あるいは新羅の古墳に見られるものに近いので、中国から直接ではなく、やはり朝鮮半島経由で馬文化が伝わってきたと思います。
玉蟲　やはり半島経由ですね。
末崎　牧で育てられた馬が朝廷に献ぜられてね。そういう記録とか絵画なども、ちょっと時代が後ですが描かれていたりしますよね。
玉蟲　信濃だと望月。
松井　望月の牧ですね。
末崎　有名ですよね。
松井　いまでも馬土手が残っていますよ。丘陵地帯に高さ二～三メートルの土手がうねうねと。
玉蟲　調教するための。
松井　牧の囲いです。
玉蟲　囲い、追い込みにする。野馬を調教するために。
末崎　捕まえて調教するために。
玉蟲　いわゆる野馬追図ですけれども、結構、下図のようなものが残っていますよね。
松井　はい。

アジアの馬其々

末崎　実物の馬はそうやって入ってきているのですが、やまと絵で馬の位置っていうのはどうですか。

玉蟲　文献からいえば、平安時代のだいたい九世紀の終わりくらいから、いわゆるやまと絵風の画題が出てきます。やまと絵は和歌と関わりながら発展してきたので、和歌のほうの史料は充実していて、勅撰集を見ても、多くの和歌が屏風のために詠まれています。たとえば、延喜五（九〇五）年成立の『古今和歌集』は、相当数が屏風のための和歌といわれていて、撰者の紀貫之が詠んだ和歌も、八割近くが屏風のための和歌であるといわれています。和歌の題や詠まれたモチーフを見ていけば、ある程度、やまと絵においてどういう場面がどのように描かれていたかが分かってきます。

基本的には月次絵《つきなみえ》で、十二カ月四季折々の風物に、行事とかいろいろと絡ませていくわけですよね。そうすると、秋の風物詩としての駒迎《こまむかえ》など良く出てくる。宮廷の直轄の牧から馬が献上される行事は、季節を表す月次絵の大事なテーマになっています。春駒図が十一世紀半ばの平等院鳳凰堂の扉絵にあります。扉絵は、春、夏、秋、冬の四季からなっていて、春のシーンに春駒が描かれています。春になって野馬が里に下りてくるところですが、季節とセットで馬の営みがはっきり分かる例ですね。十二世紀以降に流行してくる合戦絵も軍馬がよく描かれていますが、「平治物語絵巻」など、残っているのは鎌倉から室町のものが多いですね。「後三年合戦絵巻」、「蒙古襲来絵詞」とか…。

末崎　そうですね。

玉蟲　蒙古襲来の際には、モンゴルの馬は来ていましたか？

末崎　いや、出ていないですね、日本のものですね。
玉蟲　日本の馬だけですか。
末崎　あれは鷹島で発掘しても馬は出てこなかったのです。
松井　海底遺跡では、まず骨は微生物に分解されて残らないと思いますね。
玉蟲　でも、騎馬は連れてきていないのですか。
末崎　それは、絵画上は出てこないのです。難破した船の引き揚げた中からも出てきていないのです。いたかもしれませんが、まあ、戦っているシーンの中には向こうの馬は出てこない。みんな、歩兵で。
玉蟲　歩兵？日本は騎馬ですよね。
末崎　うちに鎌倉の由比ヶ浜遺跡の馬の中では、一番大きいと言われている馬骨を展示しているのです。それが発掘されたところから横に並んで犬が一頭分、副葬されていたというのです。十四世紀の鎌倉の。
玉蟲　その馬と犬と何か関係があるのですか。
末崎　大事にされていたということですね。
玉蟲　両方とも大事にされていたという。
末崎　ほかは首だけ切られたり、イルカとか、いっぱいそういう動物が埋められているのですが、そこだけは二つ、きちんと副葬されていた。鎌倉の執権クラスの人の戦闘馬と愛犬だろうということになっているのです。
玉蟲　愛犬なのですか（笑）。
末崎　そうそう（笑）。
玉蟲　洋犬は、結構美術を通して見ると。
末崎　描かれていますね。

玉蟲　すごく多いですね。涅槃図などにも、洋犬は結構多いです。

末崎　だいぶ前から日本に来ていたのでしょうね。

松井　犬は人間に一番近いですから、『日本書紀』の推古紀や天武紀などには、新羅や百済から、犬、馬やロバやラバと考えられる動物が献上されたとあります。

玉蟲　やはり外来の動物に対する憧れを、いまも日本人はそうですけれども、変わらずにずっと持っていたのではないでしょうか。外来のかっこいいお馬さんやお目めがブルーのきれいな猫ちゃんとか、ずっと変わらないのではないかと思います。

末崎　やはり馬は大きいから、アジアの馬というのは、だいたい今の道産子みたいな馬ですから、もっとペルシャ馬とか、向こうのほう、だいぶ離れていますからね。あのへんの馬は、そんな早くから持ち込まれなかったと思うし、サラブレッドはまだ歴史が新しい。

玉蟲　高句麗の馬はわりと早くに来ていた可能性がある。

末崎　高句麗系ね。

玉蟲　高句麗系はどのような様子ですか。モンゴル系に近いのですか。

末崎　発掘例はありますか。あまりないですか。

松井　『三国志』魏書などには、小さいと書いていますね。果下馬という、馬に乗ったまま果物のなる木の下をくぐれるという馬があります。

末崎　果物の下の馬と書いてカカバと。

玉蟲　果下馬というのですか。

松井　それは『三国志』魏書の中の濊伝《わいでん》に出てくるのです。

玉蟲　濊伝に出てくるのですか。

末崎　やはりあまり大きい馬はユーラシアの中でも、こちらのほうはあまり出ていないのです。

松井　ずんぐりした蒙古系の小形馬ですね。

玉蟲　中央アジアから向こうのほうの。

末崎　だから、漢の武帝が汗血馬《かんけつば》を求めて、名馬を求めて行くではないですか。それで名馬が入ったという、そうした出来事は何か分かるのです。発掘でそんなに大きなものは出ていないし、その象徴の焼き物についても、若干意識したものはありますよ。尻尾の付け根がぴゅっと上のほうに付いていて、ペルシャ馬を象徴するような。

玉蟲　唐三彩などに表されたかっこいい馬は、中央アジアの馬ですよね。

末崎　向こうの系統の馬ですね。

玉蟲　私が、以前勤めていた静嘉堂文庫には、唐三彩の素晴らしいコレクションがありました。大好きな真っ白い馬は、いかにもアラブ種のようでしたし、真っ黒な嘶馬《いななきうま》とか、かっこいい馬がいました。

末崎　ですから、あれは漢の武帝が入手した、向こうの西域の馬をイメージしています。

玉蟲　理想化しているのでしょうね。

松井　秦の始皇帝の墓の兵馬俑の馬も大きいですよね。

玉蟲　大きいですね。

松井　体高一四〇〜一五〇センチくらいでしょう。

玉蟲　漢の馬、いわゆる俑の馬ですか、彫刻のような立派な馬。造形的には漢の馬が素朴で力強いかなと思います。唐三彩の馬は華麗でおしゃれな感じがします。

末崎　漢の馬俑の中にも歩き方が側対歩《そくたいほ》という、右側と左側を一緒に動かす、そんな歩様の表現などもあるのです。アジア系の馬がわりとそういう歩様をしますからね。北海道和種とかもそうですし。明らかにアラブ馬が厳密に表現されているとは思わないですけれども。どうしても理想化されているのでね。ただ、唐三彩を見ていると、毛色もいろんな毛色を表しているではないですか。

玉蟲　白い馬もいれば、茶色もいるし、黒の馬もいるしね。

末崎　あれはおもしろいなと思う。ああいうのに憧れる。

玉蟲　スレンダーなのもいれば、いろいろですね。

末崎　たてがみを飾ったりね。

玉蟲　左右どちらからだったか、たてがみを切り残すカットが格好いい。馬具とかもセットで。飾るデザインや技術と共に、馬具もこんなおしゃれでいいのですかというくらいのものもありますね。

末崎　「時雨螺鈿鞍《しぐれらでんぐら》」とかね。

玉蟲　あれなどは和歌によるデザインですものね。柳橋水車《りゅうきょうすいしゃ》などの屏風と共通するデザインもありますね。

末崎　鎌倉の鞍と近世の鞍はね、やはり全然違います。華奢だし、近世の鞍はもう鎧を着て乗る鞍ではないでしょう。

玉蟲　床の間に飾るような鞍ですよね。

美術品としての馬具

玉蟲　いろいろお話をうかがい、おもしろいことだらけです。子供たちにもそういったことを教えていけたらと思いますね。日本文化論にも繋がるところがありますし、クールジャパンとか、日本の発信力を高めようと、今頃になってやっていますけれども、その発信をするにしても、共有しておくべき知識がありますね。見慣れているお馬さんも日本に来たのは、五世紀頃とか、牛さんは六世紀などと、知っているようであまり大人は知らない。子供たちも知らないでしょう。

末崎　馬の博物館には生きた馬もいますから、子供たちに時々触れさせて、馬はこんなに温かいとか、体感する機会は作っているのです。ただ、それ以上、戦国武将や、平安の武将は、こういう馬具に乗っていたと、実際に乗せるというところまではできないです。発信する方法はまだ別にあると思うので、そういうのを考えていきたいとは思いますけれども。

玉蟲　「戦国おもてなし」とかがブームですが、せっかくあのようなものが若い人の中から出てくるわけですから、知識の共有をもっとやっても良いような気がしますね。

末崎　そうですね。外国の人たちのほうが、日本の馬具などの収集家が多いのです。

玉蟲　多いでしょう。

末崎　フランスのリヨン大学の大学院生だったかな、馬の馬面《ばめん》を研究して論文を書くといって、大阪城や馬の博物館などに来ています。どうして、そういうところに興味を持つのかなと思って。何か神秘的な気がするのか。

玉蟲　ここでひと工夫というわけではないですが、何かおもしろいところがあるのかな。

末崎　紙とか革とか、デザインが違うとかね。

玉蟲　ヨーロッパから見ると本当に違うだろうけれども、アジアや朝鮮半島から見ても、隔たりがあって、違うのではないかという感じがしますが、どうですか。

末崎　ヨーロッパのほうも、中世のナイトの馬面とかあるのです。展示もしたけれども、何かそれだけでは物足りないというか、もうちょっと奥を確かめたいというのがあったみたいで。日本の馬面は龍とか、おどろおどろ

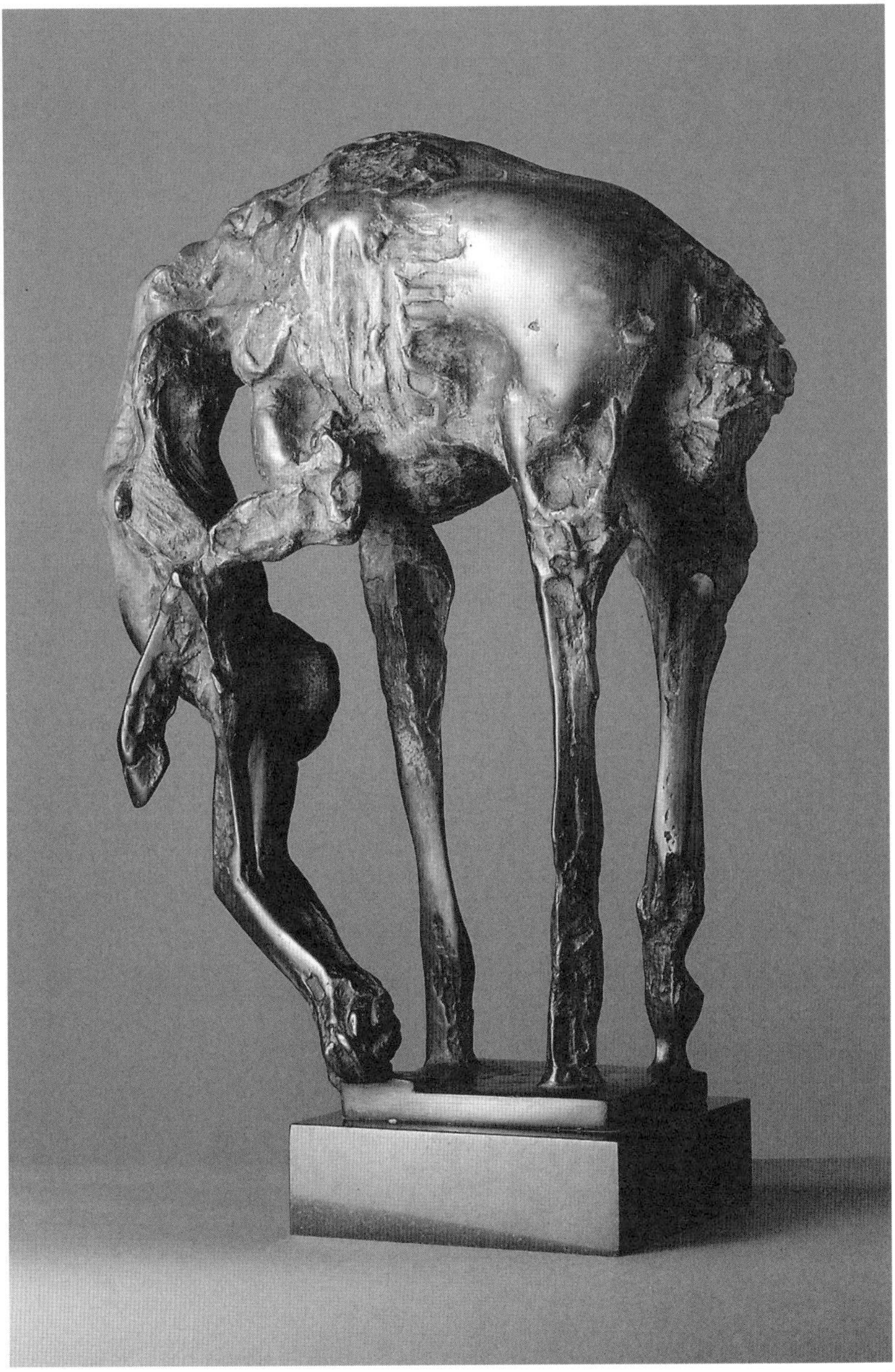

ケンタウロス像《COMPOSITION 1》 ブロンズ ヴェジディ・ラシドフ作 2010 年
馬の博物館蔵

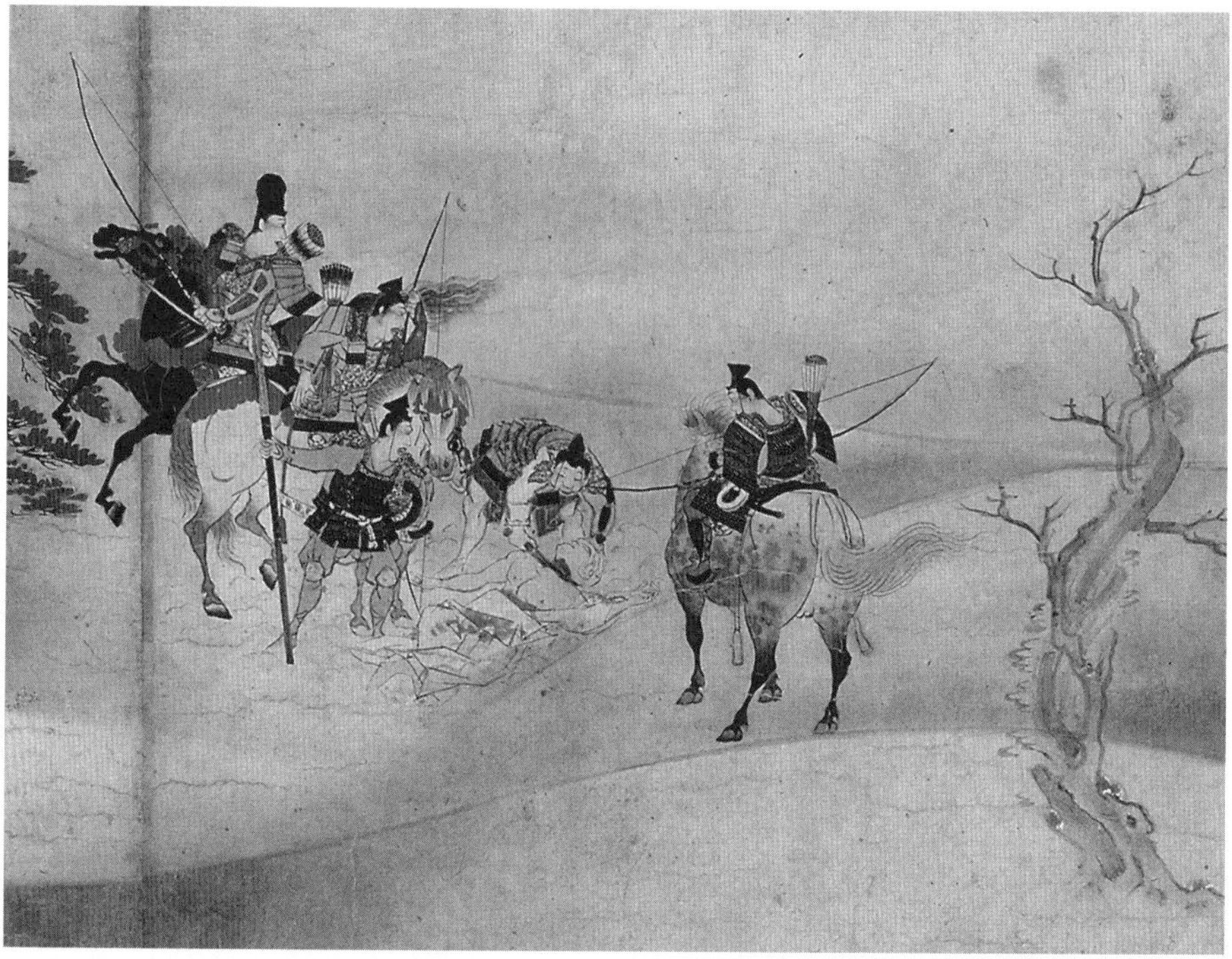

「平治物語絵巻」信西巻（部分）重要文化財　鎌倉時代・13 世紀
静嘉堂文庫美術館蔵

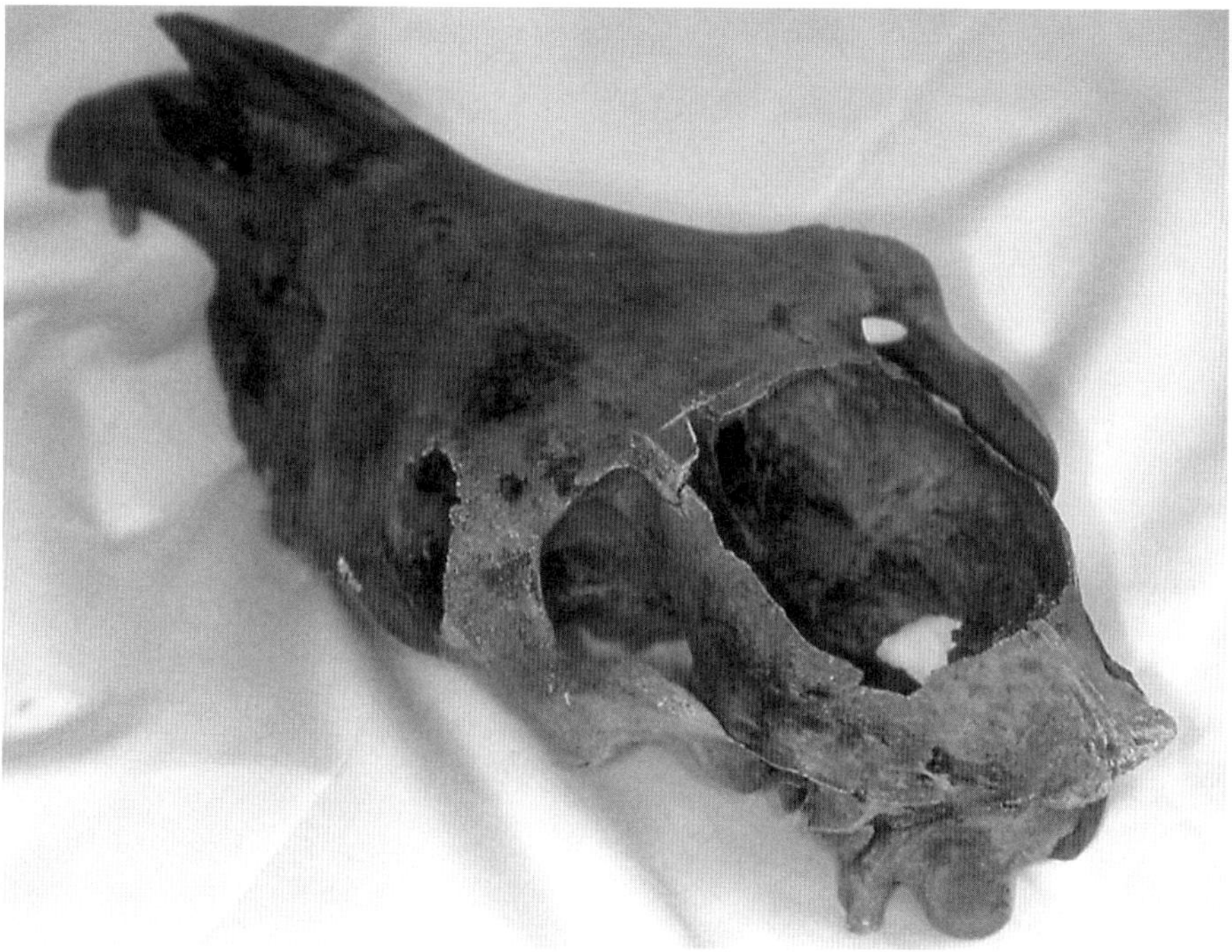

慶州の電話局建て替え予定地から出土した、脳を取り出された馬の頭蓋骨。
嶺南文化財研究院

しい姿なのです。相手の馬を威嚇するようなものかもしれないですね。
玉蟲　それを見て馬どうしでびっくりするようなことがあるのですか。
末崎　あるらしいですよ。
玉蟲　馬上に乗っている武者たちの兜には、戦国変り兜のような、ああいう変な前立てがあるではないですか。あれと馬面も連動するデザインなのですか。
末崎　連動するのです。だから、ニューヨークで変わり兜の展覧会がすごく話題になったのです。
玉蟲　実際に馬面と兜がセットのものはあるのですか。
末崎　馬面と馬鎧はセットのものが多いです。外国の人はわりと日本のものを持っていて、オークションで出てきたりします。何年か前にオークションで買おうとしたけれども、負けてしまって、そのアメリカ人は馬鎧と馬面を買って、飾る展示ケースまで作っていた。これはもうかなわないなと。
玉蟲　先のことを考えて、そこまでいくので精一杯に。
松井　そういうときは代理の人がオークションに出席して応札するのですか。
末崎　一応頼みますけれどもね。
玉蟲　個人ですか。
末崎　いいえ、博物館です。
玉蟲　どこが多いのですか。ネットですか。
末崎　もう向こうに行っている人に頼んだりします。ただ三割、百三十%くらいまでやめて欲しいと言います。向こうは、二百、三百でもいいというような人がいると勝てないですよね。どうしてもね。
玉蟲　でも、個人コレクションなのですか。

末崎　個人コレクションですね。

玉蟲　アメリカ人ですか。

末崎　あとで聞いたら、相手はそういう人だったと。これは勝てるわけがない。

玉蟲　そういう人たちは最終的に美術館とかに寄贈してくれたりするから。

末崎　善意なのでしょう。

玉蟲　そういう意味では、自分で楽しむだけでなく、みんなのものになるよう寄贈しようと、そういう考え方があるのですね。

末崎　たまにオークションでおもしろい作品が出ますね。変な動物が、描かれていたりします。ニホンカワウソではないかというような。「富士の巻狩図屛風」に描かれた動物はほとんど猪とか、富士の裾野にいる熊・猿など、いろいろですが、その中に一匹だけ変な動物がいたのです。それを展示しているときに、秋篠宮殿下と眞子様、内親王が見えて、秋篠宮殿下が「あれ、これは何だろう」と言われて。

玉蟲　お好きですものね。

末崎　あとで写真を送って下さいと。もしかしたら、ニホンカワウソかもしれないという話になって。絶滅危惧種かもしれないという。

玉蟲　喜んでおられましたか。

末崎　大変喜んでおられて話題になって（笑）。

松井　そう言えば、カワウソを調教して魚を捕らせるとか、思い出しましたが。

末崎　あるのですか。

松井　バングラデシュから東南アジア、中国の江南にかけてカワウソを調教して魚を捕らせる文化が残っているそうです。

玉蟲　それはいつくらいなのですか。漁法であるのですか。

松井　今でもあるそうです。やはり鵜飼のようなものであったのではないかと、今、ふと思い出しました。

玉蟲　鵜飼もなかなか世界的に理解してもらえないですよね。動物虐待になっているでしょう。いま日本人は怒られていますよね。

松井　この間、岐阜大の先生がわざわざ外国からいらした先生を鵜飼の船に乗せて、それで鮎料理をごちそうしたそうです。

玉蟲　理解を深めて。

末崎　結果は聞いていないですけども。

玉蟲　理解を深めようと。

松井　マイナスに出たら、大変なことですね（笑）。

馬の尻・馬の脳漿《のうしょう》・馬筏《うまいかだ》

――それでは最後に、皆さん各ご専門分野で、たくさんの実物資料を見ていらっしゃると思いますので、各分野で皆様独自のベストスリーなどをあげていただけますか。

玉蟲　日本美術の代表例で挙げると、優美な様式の中に宮廷の中でそれなりに大事にされていた文化があったということを気付かせてくれるのは、やはり元御物《もとぎょぶつ》で宮内庁三の丸尚蔵館の「厩図屏風」の馬ですね。あとやはり狩野山楽などの衝立に描かれた堂々とした馬ですね。あともう一つ、鎌倉時代に戻って言うと、鎌倉武士にとって馬はやはり大事なものでした。お馬のどの部位が良いかというのが、それぞれあると思うのですが、結構よく描けているなと思っているのが、静嘉堂の「平治物語絵巻」信西巻の武士を乗せた馬のお尻、後ろ姿です。あのお尻はすごく立派です。鎌倉時代の武将たちの感じ取っていた馬の堂々としたイメージが、反映されているのではないでしょうか。馬の後ろ姿というのは、古今東西多く描かれているかどうかわかりませんが、この馬はやはり印象に残りますね。私は、その三つくらいでしょうか。

松井　では、私自身の経験からすると、千葉県の佐倉工業団地というところを造成する際の発掘で、削平されて円墳の周辺の溝、周濠《しゅうごう》だけが残った六世紀の古墳群が姿をあらわし、その一つの古墳からわざわざ周濠の外側に長さ二メートル、幅一メートルくらいの穴を二つ開けまして、その一つの中から馬具を付けたままの馬が一体分出てきたことですね。その穴は幅一メートルですから、生きた馬をそこで殺して、そのまま穴の中に埋めるのは無理なので、鞍を付けたまま逆さまに落として、鞍の後輪の金属の金具のさらに後に金属製の銜をかんだままの馬の頭が検出されました。つまりその馬は、首を切り落とされて、まず胴体が逆さまに穴の中に落とされて、そしてお尻の上に切り落とされた馬の頭部が落とされて埋め戻されたということが、推定復元できたのです。この古墳の周濠の反対側に同じくらいの大きさの穴がもう一つあったのですが、こちらは深さ五〇センチくらいで、もぬけの殻でした。ひょっとしたら、その穴には古墳に葬られた主人に仕えていた人が入れられたのではないかと考えました。というのは、この古墳群の、同じような円墳の周濠の外側に接して、長さ二メートル弱の幅一メートル弱の穴があって、その中央に腰玉という、人間の腰に着けた飾り玉が出てきた例があって、その穴には人間が一体埋められていた可能性がどうも高いと思っています。日本の土地は火山灰性の酸性土壌ですから、骨はほとんど残らないのですが、死者に装着した石や金属製の装身具、あるいは馬具、そういったものは残りますから、骨が残っていなくとも、そこに馬が葬られていた、そして人間も埋められていたということが推定できるのです。

この古墳群では、墳丘の主体部は完全に削平されて埋葬施設も残っていませんでしたが、その古墳の周辺に人や馬が埋められていることが証明できたわけです。これはいったいどういうことかというと、先ほどちょっと触れましたが、『日本書紀』の大化の薄葬令《はくそうれい》とは、要するに天皇家や貴族・豪族の葬式を簡略化しようとするものです。その中の条文に、古い習俗に、亡き人のために自らの首を切る殉死、強《あながち》に人を従わしめるとする殉殺、あるいは亡き人の馬を従わしめるために犠牲にするといった習俗を、ことごとくやめるようにという法令があるわけです。ですから、その古墳ではその従者一人と馬を一頭、その古墳の葬送儀礼の中で犠牲にして周濠の外側に埋めたということが発掘の成果から読み取れたのです。殉死、殉殺ということは、『日本書紀』の垂仁紀にある、埴輪の起源のところで、お墓の周辺で付従った人たちを生きたまま埋めて、何日もかかって、その人たちが苦しみながら死んでいくのをやめさせるように、かわりに埴輪を立てるようにという話を連想させます。この説話自体は、考古学的に明らかになった埴輪の起源とは結びつかず事実を踏まえない架空の話であると言われていたのですが、実際に馬や人間が周溝のさらに外側に埋められていることから、人物や馬といった形象埴輪の起源というものの側面、つまり生贄を人も馬もやめさせるようにと、そして法令が出る前にそういう習俗があったということが証明できたと考えます。これは私自身の研究生活での大きな経験でした。

もう一つは、奈良時代の大阪市の東南部から八尾市との境目あたりに、いま近畿自動車道が通っている城山遺跡の発掘ですが、奈良時代の後半の溝からやはり馬の頭、牝の十歳前後の壮齢の馬の頭、四肢骨、椎骨がバラバラになった状態で出てきました。その頭蓋骨の前頭部から後頭部にかけて、丁寧に脳頭蓋を除去して、脳を取り出した痕跡があったわけです。そのときは何のために脳を使ったのかよく分からなかったのですけれども、偶然、あるシンポジウムのときの発表に、仁賢天皇のときに高句麗から皮なめしの工匠（職人）二人、須流枳《するき》と奴流枳《ぬるき》を日鷹吉士《ひたかのきし》という使者が連れて帰ってきて、そしていま大和郡山市額田部あたりに住む、熟皮高麗《かわつくりのこま》（または、かわおしのこま）というのは、その子孫であると、『日本書紀』の仁賢紀に出てくるのです。

そして、その脳の使い道は、牧や馬の法令を記した養老律令の厩牧令《くもくりょう》という、厩と牧の法令ですが、これは唐の法令を真似たと言われていたのですが、その中に政府の役所の馬や牛が死んだら、その皮と脳と、それから牛の角と膽《たん》（胆嚢）を取ると規定されているのです。そして牛の胆石である牛黄《ごおう》、これは今でも漢方薬の王様と言われていますが、それがあったならば別に進上せよとあります。また『続日本紀』の文武紀には、「土佐の国に牛黄を献ず」と出てきます。ですから、この城山遺跡の馬の処理は、少なくとも厩牧令で決められた政府の馬や牛が死んだときの処理法をきちんと守っていることが分かります。

そして律令の解説書である、『令集解《りょうのしゅうげ》』や『令義解《りょうのぎげ》』の中には、「馬の頭の中の髄なり」とあり、牛の脳と書いていない、なぜ馬の脳なのか理由は書いていなかったのですが、さて、それから約二百年後、『延喜式』という平安時代の初めに成立した法令の細目集の中の、大蔵省の職務の中に、鹿皮をなめすのに、脳をあえて刷り乾かすのに二人半、そして水に浸して乾かすのに二人半だったか、そういった工程に、わざわざ脳をあえるという記載があって、厩牧令で規定された馬の脳の使い道であったろうということと結びついたのです。

そして文化人類学の報告から、トナカイの皮をなめすのに、トナカイの脳と鮭の魚卵、イクラを塗り込めて、なめし剤として使うというツングース的ななめし技法が存在したと聞きました。そして、便所の中に生皮を漬け込んだり、あるいはひたすら水に浸して脂肪や不要なたんぱく質をそぎ落とす技法が古いアジア的で、そこにツングースから始まった脳漿《のうしょう》なめしが加わり、東北アジアに広がったといいます。考えてみると、高句麗というのは、ツングース系の遊牧民、狩猟民族がつくった国です。現在の文化人類学と日本古代史の記述、そして、その脳漿なめしというのは、戦後しばらくは和歌山県北部、あるいは奈良県の南、大宇陀地方に鹿をなめすのに残っていたそうですが、すべての情報、記録がこの城山遺跡の馬の頭蓋骨を介して有機的に繋がってきたのです。脳漿なめしの特徴は、非常にしなやかな革ができるそうで、日本の伝統技法の一つの甲州印伝は、鹿皮を脳漿でなめして、燻煙と漆で装飾したものを材料に、さまざまな革細工を作り伝えています。私にとって最初は河内平野の八世紀の川の中から出てきた一つの馬の頭から、皮なめしの歴史がつながって、壮大な物語になってきました。単行本にしなければならないのですが、いまだにデータを集めています、

玉蟲　おもしろい。

松井　最近、アメリカのカンザス州のあるネイティブアメリカンの遺跡博物館の売店で、皮なめしの入門書を見つけて購入し、中を見たら、肉屋で牛の脳を買ってきて、それをムースとか、カリブーの生皮に塗ってしばらく置くとありました。そういうハウツーものの本が、博物館で普通に売られていますので、脳漿なめしの技法は、ツングース系から北アメリカ平原インディアンの人たちの間にまで広まっているのです。

玉蟲　一般的になっている。

松井　はい。

玉蟲　でもツングースは、やはり高句麗系と繋がるのですね。

松井　そうですね。最初に技術者（工匠）が来た仁賢紀というのは、五世紀の倭の五王の一人ですから、その時代に高句麗から工匠がやってきて、新しい皮なめしの技法を伝えたというだけでなく、『日本書紀』を編纂した百数十年後に、いま額田部の熟皮高麗と呼ばれる人たちは、その子孫であると書いてあるのです。

玉蟲　「天寿国繍帳《てんじゅこくしゅうちょう》」の下絵を描いた絵師に名前が残っていますよね。

松井　はい。ですから、日本史では今まで個別的にしか考えられていなかったのが、考古学の証拠で、一つでも新たな発見と、それを解釈することができれば、みんな、様々な従来の情報が一つの流れに収束するのを体験し

ました。

玉蟲　そうですね。甲州印伝は藩の特産品として、十八世紀は特に内需拡大で相当頑張って生産しています。それが近代以降になると、政府に保護されて伝統工芸として生き続けます。それは、時間が止まってしまっているのではなく、何か意味があって伝承されるわけで、古いものの中に大切な情報が残っているのかもしれません。

松井　そうですね。

玉蟲　ということになりますね。

松井　たぶんルーツというのは、奈良時代以前にまで遡るものがあるのです。

玉蟲　日本画の起源を考えてみます。日本画の緑青とか群青とか、岩絵の具を砕いて膠に溶いて描く方法は、宮廷絵所の技法として残り、近世以降は、やまと絵の様式として多くの絵師が学ぶようになりました。それが近代になると、新しいジャンルの日本画が成立し、美術大学の学科の日本画では、今でも絵の具作りまでやらせています。中国・唐の貴族趣味の青緑山水という絵画スタイルが日本に伝わって発展してきたのです。中国では王朝が交替し、非現実的な特別な主題の絵画に岩絵の具で描く青緑山水の手法が残っていくのですが、日本ではずっと伝承されてきたのですね。

松井　日本というのは、自分から新しい流れを作り出すよりも、やはりよそから渡ってきたものを大切に、そしてそこにプラスすることが多かったでしょう。

玉蟲　ひと工夫をして、使いやすくして。

末崎　舌長鐙《したながあぶみ》みたいにね。

玉蟲　ひと工夫して、何か伝承しやすくパッケージにしている部分があるのではないかと思います。それにしても、馬の頭から甲州印伝に繋がり、本当に勉強になりました。

末崎　私は、玉蟲さんが言われたのと共通のものがあるのです。「厩図屏風」。厩そのものにも興味があるのですが、馬の博物館にある厩で、遠野の曲り家を移築したものですが、あの厩は実際に生活に使われた厩で、厩の底が二メートルくらい深く掘れていて、そこに堆肥として、糞を落としていって、春先に肥料にして畑に全部使う。無駄のないものなのです。家族と共に家の中で馬を飼う、これは農家ですよね。

その一方に、武家の「厩図屏風」がある。御物だった「厩図屏風」を最初に借り出したのは、たぶん私だったと思いますが、武家の厩というのは板張りで、あれだけきれいに厩をつくって、しかも人間の板の間と同じような造りで、まさにいまのペットブームと同じように家屋の中で大事にして飼うという。武家の風俗としてあのようなものが生まれてきたというのは、ちょっと海外ではあまり見られない。その中にたてがみを編んだり、象徴的な毛色の馬を飾り立てた様子を表すのは珍しい。また斑の馬というのがいるのもちょっと珍しかったし、現在の在来馬の中でまったくと言っていいほど斑の馬は出ないので、やはりそのあたりが珍しかったのかなという思いはあります。近代の画家などが、馬の毛色は千変万化すると言いますが、朝夕だけでなく、冬毛や夏毛もあるし、小さい頃から大きくなるまでにだんだん毛も輝くようになるわけですね。そういった馬の姿を一双の屏風に「静」と「動」として描き分けているのは、素晴らしい文化だなと思います。

あとは、馬の能力です。体験的なことで、僕は北海道の鉄山という山間に撮影に入ったときに、冬で雪が積っているとき、春先だったかな、ちょうど仔馬が生まれていて、母馬が雪の下からクマザサを出して食べることを教えているのです。あれなども自然に教えるものだなと思って、すごく驚いたというか、動物がそうやって普通に教えるというのが分かった体験でした。あともう一つは、北海道から富士登山を道産子でやったのです。五十数頭で。

玉蟲　歩いてですか。

末崎　北海道から船で運んできて。
玉蟲　どこからですか。
末崎　五合目から上まで。その在来馬がね、まったく運動させていない馬ですよ。飼いっぱなしのね。その馬に乗って登れるか半信半疑で、ついて行ったのです。もうあっという間に登りました。七時間かかるところを五時間くらいで着いた。もうついていけなくなって。
玉蟲　頂上まで行ったのですか。
末崎　頂上まで。僕は後から下からあがってきたブルドーザーに、屋根に乗せてもらって上まであがったのです。在来馬には、そうした潜在能力があるのだなと思って、驚きましたね。ただ下りは、六合目、七合目で数頭ダウンしてしまいました。倒れたりして。仔馬が倒れた母馬のところに離れずにいましたね、僕は一応下まで降りてきたのですが、救助隊をつくって助けに行くので、また登ったりしました。
玉蟲　それはやはり呼吸が。
末崎　もう何か急激な運動だったかな。あとはやっぱり斜面に弱いというのはちょっとね。
玉蟲　登るほうは。
末崎　登るほうはいいけど、下りが問題で。結構高いところなので。
松井　もうへたりこんでしまうのですか。
末崎　お尻を地面にくっつけて、前足で突っ張って滑り下りる。あんな状態ですから、だめだなと思って。
玉蟲　ちょっと疲れてしまったと。
松井　ドタッと倒れるのですか。歩かなくなるのですか。
末崎　歩かなくなるのです。それでごろっと寝たりして。

玉蟲　それでブルドーザーで救出して。お馬さんにとっても大変な経験だったのですね。

末崎　そうなのです。ただ潜在的な馬の能力というのを、何もさせていなくてもそんなに能力があるというのは、体験的にちょっと驚きました。

あともう一つ、実験できなくて残念だったのは、釜山から馬を筏に乗せて日本に運ぼうという計画をしていたのです。北九州に流れ着くから。韓国の探検隊がいかだを流したら北九州に流れ着いたというので、当時の海流を研究している長崎の教授にも参加してもらって。結局、教科書問題が顕在化して、できなくなってしまったのです。それでしょうがなく対馬でやったのです。対馬で一キロくらいをいかだに乗せて、古代人の格好をさせて、馬を乗せて運んでやったのです。

玉蟲　筏には人は？

末崎　筏に四人乗ります。筏はこう、組み合わせられるから。

玉蟲　お馬さんは何頭ですか。

末崎　一頭ですね。

玉蟲　人が四人。古代人の格好をさせて。それがおかしい（笑）。

末崎　挫折してしまって、それくらいしかできなかったのですが、まあ、平気でしたよ。

玉蟲　本当は釜山から来る予定だったのですか。

末崎　そう。だから、波の静かなときに有視界航行で。

松井　海流だけでですか。

末崎　ええ。

玉蟲　海流だけで来てしまう。

松井　帆も付けずに。

末崎　付けずに。

玉蟲　そんなものなのですね。

末崎　最近では瀬戸内海を猪の親子が泳いで渡ったりしているでしょう。海上保安庁が写真を撮っているのですが、島から島に泳いで渡っているんです。あとは、横浜の動物検疫所で、外国から来た牛が逃げたとか、豚が逃げたとか、海の中に逃げるのです。だから馬も泳ぐということが分かった。いかだに乗せなくても、括りつけて、鼻づらでも縛って、泳がせるとかね。

玉蟲　それで渡ってきたということですか。

末崎　できたかもしれないと思って。アッシリアの壁画なんかにも泳がせているシーンがあるし。

松井　スコットランドの島々では、島から島へ牛を運ぶのに泳がせていますよ。船の後ろに牛を括って引っ張っている写真があります。

玉蟲　かわいそうだけど何とかなるものなのね。

末崎　浮くからね。

玉蟲　呼吸だけできるように顔だけ出してあげて。

末崎　もしかしたら、民間では古代に行われていたかもしれないと。でも、証拠がないから、分からない。あと最後にもう一つは、最近の展覧会でちょっと発想がおもしろかったもの。これはブルガリアの文化大臣が製作した彫刻ですが、ケンタウロス像なのです。普通ケンタウロスは、人馬一体で、馬術に熟練した人が乗るイメージですよね。しかしこれは馬の体内から人が誕生してくるシーンなのです。ですから、馬から考えたというか、発想がちょっとおもしろいなと思って、三年前に個展を開催しました。ケンタウロスばかり作っている人で、このようなものを見たのは初めてでした。最近の作品の中では変わったものです。

玉蟲　へー。ブルガリアの人ですか。

末崎　抽象彫刻家ですけれども。

玉蟲　馬をめぐる文化の発達や、比較文明史的な視点や知識からすると、日本美術史という枠づけは、狭すぎると思いました。特に最近の二十代、三十代の若い学生や研究者たちは、感じていらっしゃる方も多いと思いますけれども、自分の専門というのがあって、一ミリでも違うところに行くともう関心がないし、もうしないとなってしまっています。縦割り、横割りで仕切られた一部分しか勉強しない、発言しないという、そういう人たちが増えてきているように思います。

末崎　そうですね。

玉蟲　それで、できたものが、論文とかを読むとおもしろいかというとどうでしょうか。もっとダイナミックなおもしろい論文や、書物が読みたいなと思っているところです。

末崎真澄（すえざき　ますみ）　一九四八年福岡県生まれ。早稲田大学政治経済学部経済学科卒業。日本中央競馬会・馬の博物館研究員、学芸部長を経て、現在（公財）馬事文化財団理事・馬の博物館副館長。聖心女子大学講師（史学科）。専門は考古・美術工芸史。著書に、『考古美術に見る馬と人間の歴史』（馬事文化財団）、『ハミの発明と歴史』（神奈川新聞社）。共著書に、『馬具大鑑　四　近世』（吉川弘文館）、「ウマと日本人」『人と動物の日本史』（同）、「ドガ―馬への想い」『ドガ展』（横浜美術館）など。

松井章（まつい　あきら）　一九五二年大阪府堺市生まれ。東北大学大学院博士課程中退。奈良国立文化財研究所研究員、（当時）奈良文化財研究所埋蔵文化財センター長、京都大学大学院人間・環境学研究科客員教授などを経て、現在、奈良文化財研究所名誉研究員。専門は、動物考古学、環境考古学。主な著書に、『動物考古学』（京都大学学術出版会）、『環境考古学への招待』（岩波書店）、『日本の美術　四二三号　環境考古学』（至文堂）、編著に、『環境考古学マニュアル』（同成社）など。

玉蟲敏子（たまむし　さとこ）　一九五五年東京都生まれ。東北大学大学院博士課程前期修了。静嘉堂文庫美術館学芸員を経て、現在、武蔵野美術大学造形学部教授、博士（文学）。日本美術史専攻。著書に、『絵は語る　十三　夏秋草図屏風―追憶の銀色―』（平凡社、第十六回サントリー学芸賞）、『酒井抱一』（新潮社）、『都市のなかの絵　酒井抱一の絵事とその遺響』（ブリュッケ、第十六回國華賞）、『生きつづける光琳』（吉川弘文館）、『俵屋宗達　金銀の〈かざり〉の系譜』（東京大学出版会、第六三回藝術選奨文部科学大臣賞）など。

第三章　喜びの馬

喜びの馬

「ンマハラセー――走らない馬の美《ちゅ》ら」

高田　勝（沖縄こどもの国施設長）
梅崎　晴光（スポーツニッポン新聞社記者）

在来家畜の文化復活

――ンマハラセー復活の火付け役になったお二人ですが。

梅崎　いや、私は火付け役というより、火を付けているのは高田さんで。私の場合は、競馬《ンマハラセー》が復活したら非常にいいというか、それが自分にとっての夢であるということを『消えた琉球競馬』（ボーダーインク、二〇一二）にも書いたのですが、まさか本当にンマハラセーが再開するとは思ってもいなかったです。とにかくそれまでのンマハラセーがどういうものであったか、どういう歴史だったのかというところを調べて、要するに自分にとってはすべて過去形なのです。それを現在形で動かし始めたのが高田さんです。それを私は本を出すまで全く知らなくて、出し終わってちょっとしてから「競馬があるよ」という話を聞いて、何というタイミングだろうと。

高田　タイミング、よかったですね。

梅崎　この本は二〇一二年の十一月末に出したんですが、その四ヶ月後の二〇一三年三月に始まっているんですね。ですから、ほとんど三、四ヶ月の違いだったものですから、非常に驚いているわけです。

高田　実際には沖縄に一括交付金があったので、そのときに文化観光課から呼ばれて、新しい事業として何がしか自分たちの中で起案できるものがないかという話があったときに、十年ぐらい前に書いた計画書を、もう一度バッと書き直して出したのが、梅崎さんの本が出る半年前の六月くらいですね。だから翌年三月にンマハラセーをやることになったんですけど、その間は馬を調教しなければいけなかったので、その調教している間に本が出てくれたというタイミングでした。

実はそれより遡ること十年くらい前に、この、「仲原」と書いて「ナカバル」と読むのですが、仲原馬場のところでンマハラセーを、今帰仁村《なきじんそん》ではンマパラセーというんですが、ンマパラセーを復活させるということを自分が言っていて、そのときに計画書を作っているんです。ただ、今帰仁村はその当時は一括交付金もなかったですし、基地もなく、とても昔ながらのひなびた村なので、そういう予算はなかなか取れなくて。仲間はみなおもしろがってくれたのですが、ただ「おもしろいね」で終わってしまったんですよね。それで、そのまま自分の頭の中に留めて詰めていただけなんです。

梅崎さんがいろいろなところへ行って調査しているというのは、私は知らなかったんです。ただ、自分が以前から仲がよかったおじいさんとか、そういう人たちが、あとから本を読んでみたら、かなり出ていました。それと自分自身がいよいよ計画書を文化観光課のほうに提出するときは、梅崎さんが本を出す前にウェブにいろいろ『消えた琉球競馬』のことを書いていましたから、それは一通り全部読みましたね。「ああ、なるほどな」「かぶってる、かぶってる」みたいなのがあって、それで計画書の中に突っ込んだんです。

信憑性をもたせた状態で計画書をある程度、説得力のあるものにしなければいけなかったので。また、自分は何を目的にしていたかといったら、在来家畜をいかに今の世の中の価値観の中に近づけた状態で残せるかどうかということ。これが自分の生き方の一つのテーマなんです。特に豚や牛であれば肉だとか。沖縄の在来馬は小さい馬ですし、簡単に肉として食べられるわけではない。そうすると観光産業の中にただ調和させようとしても、曳き馬でお客さんを乗せるということではなくて、もう少しセンセーショナルに、その馬自体を発信してしまわないと、おそらくこの馬は死に絶えてしまうのではないかと思っていて、それで琉球競馬だったんですよ。それがたまたま、一括交付金と梅崎さんの本も手伝って一挙に世に出てくることになった。そういうことです。

梅崎　本当に驚きました。最後に競馬が行われたのが、聞き取りでは昭和十八年、首里大名町の競馬が最後であっただろうと。ほとんどの競馬は昭和十年から十五年の間になくなっていくので七十〜七十五年のブランクがあったのに、いきなり同じ年にポンといくというのは、非科学的な言い方なんですが、誰かに導かれたようなタイミングの合致だと思い、非常に驚きました。

沖縄の近代化がなくしたもの

梅崎　最終的には沖縄戦の直前に、軍用候補馬の鍛錬ということで、日本軍が競馬に代わって、鍛錬競技会や鍛錬会を始めます。それまで琉球競馬をやっていた同じ馬場がそのまま軍馬鍛錬の舞台に変わっていくわけですね。これは沖縄に限らず、例えば地方競馬場なども戦前は軍用馬の鍛錬競技会へと変わっていったのと同じ流れです。ただ、大きな違いは、最終的にそういう形ですり替わったにせよ、琉球競馬自体が戦前の昭和十年前後にはほとんど存続できない状態でした。在来馬が駆逐されてしまったからです。在来馬が駆逐された原因は、馬匹去勢法が、大正六（一九一七）年に沖縄本島と宮古島に適用されたから。宮古島では反対運動が起こり、その五年後に適用地区から除外されますが、本島についてはそのまま残り、大正中期から昭和初期の短い期間に、在来馬はほとんどいなくなってしまうんですね。昭和十年頃になると、競馬をやろうにも在来馬の競馬ですので、その担い手がいなくなったということで、開催を断念する馬場が激増します。

なぜ在来馬をなくしたのかは、端的に言えば、沖縄の近代化というのが大きな問題としてあると思います。沖縄戦のせいで競馬がなくなったという言い方をよくします。たしかに、沖縄戦によって競馬の息の根が止められたので、一面正しいのですが、昭和十年頃、沖縄戦の十年前に競馬はもうほとんどなくなっていたわけです。沖縄の急激な近代化というものが在来馬を駆逐し、競馬開催を不可能にしていったと私は考えています。

高田　これは馬だけではなくて、ほかの動物、家畜関係は全部そうですね。経済的な問題が、判断の基準として強く入り込んだことにより、在来的な非経済的な動物が駆逐されるというのは、ほかの動物もみんなそうです。

梅崎　特に沖縄の大正期を考えると、近代化がものすごいスピードで進んだ時代です。例えば、輸送。明治時代までは幹線道路の幅が狭く、沖縄本島を縦断する国道もなかったものですから、ほとんど海運で物流をしていました。大正期に入って道路の拡幅整備が進み、那覇、名護間を結ぶ国頭《くにがみ》街道が完成すると、今度は陸運が主流になりました。輸送手段が船から馬車へ転換されていく時代です。

馬運が中心になってくると、従来の小型の在来馬では荷車を曳ききれないわけです。馬の大型化は産業振興のうえで急務でした。国が馬匹去勢法を適用したのは、あくまで戦争に役立つ、体の大きな軍馬の育成が目的なのですが、その軍用目的が沖縄県にとっては近代化に合致するということで、きわめて積極的な形で馬匹去勢法を受け入れていくようになります。去勢法なので、在来の牡馬は断種するしかありません。在来の牝馬を何につけるかというと、ヤマト（本土）からアングロアラブやサラブレッドなど西洋種の国有大型種牡馬《しゅぼば》をどんどん連れてきて、これと交配させるようなシステムになっていくのです。沖縄本島では特に島尻（本島南部）を中心にして、そうとう積極的に導入されていきました。

ヤマトからの大型種馬《たねうま》移入は、品種改良の名のもとに、地域がかなり積極的に推し進めた。だから無理やり押し付けられたというよりも、法律ができたところで、自発的に関与していくというかたちで馬匹去勢を進めていくのです。それがすなわち近代化というか、経済的な効率性みたいな話ですよね。

高田　本当に社会の幸福度だとかがまだ言われている時代ではないですし、幸福イコール経済的な発展だった。ついこの前まででですよね。

もてなす馬を作る競馬

——ンマハラセーのそもそもの形は、どうだったんでしょうか。

梅崎　琉球王朝時代のンマハラセーの姿というのは、史料が残っていないので、今のところ、周辺の状況からこんな姿だったのだろうと推測するしかありません。明治以降の琉球の競馬は、証言が断片的に残っているのですが、それ以前の王朝時代の競馬の姿というのは、今のところ想像の域を出ません。そういう書き付けが残っていればいいのですが、まったく探せないんですよ。

ただ、当時の王朝末期の絵図などを見ると、いかにも競馬をやっていたんだなという姿、それが今というか、戦前の競馬の姿に近いのではないか。ほとんど同一ではないかと想像できるようなものが節々にあるので、そうなのではないかということ。それから明治になって急にそれが変わるという動機もまたないので、そのまま継承されていったのではないかと想像を働かせるばかりなのですが、とにかく王朝時代の競馬に関する情報はきわめて限定的です。

そういうなかでも、まず間違いないだろうと思うのが、競馬に関する記述が史料の中で取り上げられてくるのが一六〇〇年代に入ってから、つまり近世になってからです。特に速さではなく、美しさ、正確さ、規則正しさというものも含めた揃った足並みを重視するという、一番それが大事なのだというところでやっているのが、一七〇〇年代に入ってからです。

最初のスタートとしては史誌にそういう記載がなく、競馬を始めた理由なんていうのは一行も書かれていないので、想像、推測の域を出ないのですが、条件的には琉球王府が馬を、かなり正確に人を乗せて歩かせる、走らせるということをする必要性があったということ。中国の使節、冊封使《さくほうし》（さっぽうし）というのが、琉球王、中山王を承認に来るわけです。この冊封使節が那覇に来て、それが首里城に行くのに、だいたい二百頭前後、馬を使っている。冊封正使とか副使とかいう方々は駕籠ですが、それ以外は馬なのです。屏風絵に、その時代の行列が残っているのですが、側対歩できれいに並んでいる、そういう絵が残っているわけです。それらを見ると二百頭前後、きちっとした側対歩で那覇と首里を往復できる馬が、王府として必要だったのです。その二百頭の馬に加えて、鹿児島の薩摩藩、さらに徳川、江戸に献上する馬というのも絶えず必要だったわけです。そういう馬たちを選ぶための検定会みたいなものがスタートだっただろうと思われます。

最初はそういう検定会だったものが娯楽化していくなかで競馬になっていったのではないか。最初から士族が価値観として美しさが大事だから、では、常歩《なみあし》の美しさを勝負しよう、みたいなのが自然発生的に起きてそういう種類の競馬ができたというよりも、むしろきちんとした常歩をさせるという検定のようなものがあって、それが娯楽に発展していったと考えるのが非常に自然です。タイミング的にも史料に競馬のことが出てくる時期と、検定をやり出して馬を集めてきた時期がだいたい一七〇〇年代に入ってからで合致するわけです。そこから急激に発展していくという歴史があったので、おそらくそこから広がっていったのかなと。

一番驚いたというか素敵だなと思ったのは、速さを競うのではなく美しさを競うという価値観です。馬に何か競争させるときには、速さを競争させるのか、馬力を競争させるのか、いろいろなものを競争させることができると思うのですが、その当時の人間の「美しさ」という価値観を競馬に反映させたわけです。

スピードを競うというのは近代になってからの姿で、これはまさしく資本主義の勃興と同時にイギリスで急激に発展していったものです。スピードを競うのが当たり前になっていますが、ヤマトにおいての江戸時代の競馬という姿でいえば、京都の賀茂神社などに屏風絵がたくさん残っていますが、胆力を競ったということで、馬上で胸ぐらをつかみ合って引きずり落とし合うような絵が、これが競馬《くらべうま》であるということで残っています。ゴールに向かって二頭立てで競馬をするというのは、平安時代からの古式競馬のスタイルで、先にゴールを踏んだほうが勝ちだというところも一緒なのですが、その過程がおとなしく走らないで、まるで騎馬戦のように相手の胸ぐらをつかみ合って、引きずり落とすような、戦闘競馬ですよね。戦闘しているような形で、武力、胆力を競うということが、当時の武士にとって一番重要な価値観であった。それをそのまま競馬に反映させているわけです。

そういうなかで沖縄の競馬が速さではなく、そこに美しさというものが一番大事だという価値観を反映させていったのではないか。それは十八世紀の話だと思いますが、そこがすごくおもしろいというか、当時の考え方に魅せられました。ですから、この本を出したあとも、継続的に調べているのです。今やっているのは、競馬を作ろうと提唱したのが誰なのか特定できないかということ。王様まで呼んできて、ひとつの国事行事みたいな形でやっていたわけで、必ず、当時も積極的に旗を振った高田さんみたいな人がいたはずです。誰も旗を振らなければ、結局やれないわけです。「やろうね」というだけで終わってしまうわけで、必ず推進者がいたと思います。

名誉としての手拭い、あるいは一升瓶

——馬券とか賭けの対象にまったくならなかったのでしょうか。

梅崎　ギャンブルの対象にはならなかったし、なったという記録がありません。ギャンブルというのは誰が見てもわかる形で結果が出ないと成立しないのです。点数を入れたとか。

高田　そうだよね。

梅崎　誰が見ても一目瞭然で分かるものでなければギャンブルとしては成立しない。審査競技のスポーツは全部ギャンブルにできないのです。フィギュアスケートとか体操とかトップレベルになってくると、素人目にはどっちが勝ったかよく分からないじゃないですか。誰の目でも明らかに結果が分かるというものでなければギャンブルとして成立しないんですね。この琉球の競馬は先にゴールしたほうが勝ちではないわけで、そういう意味では競技にギャンブルとしての資格がないですよね。これをギャンブルにするのは無理です。

——勝ったものに褒賞とか名誉があたえられるのですか？

梅崎　それは史料に残っているのですが、ティサージといって手拭いですかね。手拭いといっても引っ越しのときに渡すような手拭いではなくて、染物ですね。王府の琉球染のティサージは、かなり貴重なものだったと思います。金銭は賞金も出ないし、そういった贈答用の織物のティサージであったというのがほとんどです。

あといくつか、地域によっては一升瓶であったりするところもあります。泡盛の一升瓶とか。糸満は一升瓶という記録がかなり多かったです。勝ってもそういったものですので、馬主というか、飼い主にとっては優勝しても潤いはしないわけです。今の競馬のように高額な賞金が出るわけでもないですから、それ自体は儲けにはなら

ないわけですね。ですから、完全な道楽ですよ。馬は競馬専用の競走馬ということで飼っていて、農業には供さないし、まったく競走専用なわけです。荷駄にも使わないし、犂を曳かせることにも使わないし、サトウキビの圧搾機をくるくる回すことにも使わないし、一切労働はさせないという馬たちです。

それが競馬に行って優勝したところで、ティサージしか持ってこないわけです。賞金がないわけですから、よくよくの道楽であるし、専用の競走馬は当時の中農以上、豪農クラスの人たちでしか飼えなかった馬ですよ。しかもほとんど宮古馬です。

――競走馬としてというと、馬産農家が自分の馬をときどき出して、箔を付けるみたいなことですか。

梅崎　そうですね。道楽としてというか、やっぱり持っていた人は士族が多かったということは確かだと思います。またその士族というのは、首里王府がなくなってから都落ちして、地域へ行って開拓をしていくわけで、大変な思いをしたということは間違いないのですが、その一方において士族なので、年貢がなかった。これがたぶん大きいのではないかと思っています。

旧士族農民をヤードゥイというのですが、明治三十六(一九〇三)年まで旧士族農民には年貢が免除されているのです。その中で開拓農民として成功した人は、税金がないので非常に蓄えができていきます。そこで各地にヤードゥイ富豪がたくさん生まれていく。

もちろん大変な思いをしたというのはあると思いますし、やせた土地に入っていったのでなかなか成功しなかった方々も多いと思いますが、中には大成功する方々がいらっしゃいました。その人たちが馬を持って自分のルーツを偲んで、琉球競馬をそのまま続けて広めていくということがありました。だから階級的な競馬ではあったと思います。本当に資産家しかできなかった。今の競馬もそうですが、資産家しか馬は持てません。例えば中央競馬で馬主といったら資産家以外、持てないですよね。

高田　あとは私のような、やばい筋の人間か（笑）。

経済を超越するか、血族の競馬

高田　今でこそ沖縄の闘牛は、グループで何頭か飼っていて試合に出してくるのが多いのですが、同じような文化圏の鹿児島県徳之島ではまったく形態が違うんですよ。徳之島はグループで牛を飼うのではなくて、一族で牛を飼うんですね。だから、結局、彼らの闘牛の強烈な熱心さというのは、一族をあげた意地なんですね。沖縄は徳之島ほどエキサイトしません。沖縄のやり方は非常に緩やかで、友だちで一頭飼って、例えば会社とかグループの名前をつけて出てきて戦うのです。

ところが、一家を背負って血縁の中で出場してくるものというのは、やはり一族を代表しているので負けるわけにはいかないんですね。ああ、負けちゃったね。一緒に酒を飲もうぜみたいな話にはならないんですよ。なんで負けたんだよという話になってしまうので、これはやっぱりものすごくエキサイトするんですね。おそらく競馬もそういうようなタイプだったのではないかと思うときがあります。

梅崎　まさに琉球競馬は、門中《ムンチュウ》（※父系の血族）で出すわけで、家運をかけた勝負という感覚ですよね。だからそういう一族で必勝祈願に普天間宮に行っちゃったり。

高田　そうそうそう。すごいよね。一族で馬と一緒に写真を撮っちゃう。

梅崎　これは尋常じゃないですよね。

高田　もう神頼み。

梅崎　必勝祈願、三十人くらいの一族で普天間宮に行くという、これは遊びの感覚ではない。本当に家運をかけている。家の、その一族のプライドをかけた戦いという感覚ですよね。

高田　だから琉球競馬を復活させるときに、なかなかそこはうまくいかないのだけれど、本当であれば、例えば今帰仁だったら運天代表、崎山代表、今泊代表みたいな地域ごとではなくて、本来であれば、何々家代表で出てくると全然違うと思う。高校野球も、沖縄が勝つか負けるかというのは大変な問題なので、沖縄尚学が何対何で勝ったとか負けたというのは、この前の甲子園を見ていても、社会がその時間帯だけ停止してしまうくらい大変なことなので、それが一族ということになった時の沖縄の人たちの入れ込みは大変なものではないかと思います。

梅崎　琉球競馬では、一族がそれぞれ競走馬を持っていて、一対一で一族同士の勝負になる。それが地区別に東方、西方と分かれていて、ちょうど大相撲の取り組みのような形式になっているわけです。ですから、観衆にとっては自分の地域と相手の地域の対抗戦という意味合いがありました。一族は自分の馬に対しての入れ込みを非常に強くもっている。観客のほうは自分の地域の馬に肩入れする。沖縄は地域意識というか、住民意識がとりわけ強いですから。

高田　それは完璧にありますね。絶対あいつらに負けないというのは、もうむき出しでくる。おそらく競馬もそうだったのだろうなという感じがします。だから賭け事としての、馬に対する肩入れではなくて。馬券を買って、そのときだけそいつのファンになっちゃうという話じゃない。

梅崎　そういう意味でも馬券を売れる種類の競馬ではないし、馬券以上に熱くなる材料をもっていたわけですね。

——向こうの馬券なんて絶対買えないと。

高田　いくら速くても。

——相手方の馬券なんか買ったら大変なことに…。

高田　集落に住めなくなってしまう。
梅崎　そういうなかで、例えば流血事件も実際に起きて、記録として残っているわけです。地域対抗戦なので、時として地域住民の応援合戦が過熱して乱闘騒ぎになる。負傷者まで出たために、閉鎖された馬場もあるんですね。
高田　おそらく馬はそういうふうに人間が感情を移入しやすい動物だよね。だから自分たちの代表として、自分たちもそれにまたがり、それで戦いを挑んでいく。きれいに走っても、あまり遅いと格好よくない。ある程度のスピードも格好よさには入るから、いくら歩様がちゃんとしていても、よたよたしていたら格好がよくないので、ある一定のスピードが必要だし。
梅崎　馬は感情移入しやすいわけですね。例えば自分たちのヒーローにもなるし、競馬でもオグリキャップとかハイセイコーはヒーローだったわけだし。
高田　自分のところで与那国馬を何頭か飼っているんですが、この前、発情が来て、牡馬がいなかったので、沖縄こどもの国に連れていった。園長に言って、「ドゥナン」と交配させてと言ったら、いいんじゃないと言うから交配させてもらったんです。そのときに担当の山本君が、チャンピオンの種《たね》だからと言うんですね。最初何のことかわからなくて。そうしたら、この前のンマハラセーの大会で「ドゥナン」がチャンピオンを取り戻したからと。ああ、そうかと思って、ありがとうねと。飼っている人間もやはりそういうことに対する意識が、感情は移入するので、これは普通の牡じゃない。チャンピオンだって。
高田　普通に遺伝資源で保存しようだとか、そういうような話は馬の場合は、ンマハラセーをやると超越してくるね。経済というのは今、本当、物事の価値の中でもっとも重要視されているけれども、おそらくそれを超越するんだろうな、きっと。

美しき常歩《なみあし》と盛装

梅崎　私の仕事は、スポーツ新聞の競馬担当なんですよ。中央競馬の調教だとか、レース結果を書いたり、あるいは予想したりという仕事です。だから琉球競馬との繋がりでいえば、馬に関しては一緒ですが、なかなか合致しない面があります。ただ、琉球競馬の話を聞いて関心を示してくれる人が中央競馬の世界の中にもいます。そうやって美しさを競うような正確な足並みというのは、よほどきっちりした馴致をしないとできません。馬と人間との信頼関係がなければ、物音にも動じずに、人間の操作のとおりにリズムを刻めるみたいなことはできないので、もしかしたら自分たちが失ったものをもっているのではないかというふうな意識をされている方がかなりいらっしゃって、非常に興味をもっていただくことがあります。

例えば元ジョッキーの岡部幸雄さんなどもその一人なんですね。中央競馬というのは、とにかく究極のスピードを競うために、生産もよりスピードにスピードをかけるという形で、種を淘汰してきています。調教の施設でも、とにかくより速く、より切れ味、瞬発力を磨くための調教に徹しているわけです。それによって普通の常歩ができないような馬が中央競馬のトレーニングセンターなんかにもけっこういるんですよ。それはハミをかけて叩けば、すごい脚を使うのですが、普通に常歩でトラックを一周するようなことができない。こんなこともできないのかという意識を、岡部さんなんかはかなりもっていて、常歩でトラック一周もできないような馬がプロの競走馬なのか、そんなことも今の連中はできないのかと。とにかく瞬発力だけ磨くというのは、やはり馬の育て方として違うのではないかという意識を強くもっているようなんです。

それから、今度ベストターンドアウト賞という新しい賞をＪＲＡが作ったんです。これは、ベストドレッサー

与那国馬「ドゥナン」

今帰仁の馬場（仲原馬場）那覇出版社提供

賞みたいなことで、パドックでより手入れされていて、より美しい馬に賞をということです。

高田　人間の賞みたいですね。

梅崎　馬がより手入れされているかどうかを審査するという賞で、きちんと歩けているか、それから馬具とかきちんと装着されているか。たてがみがきちんと手入れされているか。姿勢、立ち姿とか歩き方、そこらへんを審査するベストドレッサー賞。これは全レースではなくて、年間三〜四つの大きなレースのときに、やっているのです。

——投票は誰がするのですか。

梅崎　岡部さんら馬を熟知した元騎手、元調教師が中心になって審査します。まさに琉球競馬に近いものがあるのではないか、ということが言われています。ただ速ければいいというものではない。美しさというのはかなり大事な要素なのではないかということです。

琉球弧文化の華として

高田　私は沖縄で農業をやっています。農業でもほとんど在来家畜ばかりをやっている人間で、おそらくもう四十五年くらい前になるのかな。沖縄に在来家畜を探しに行っていたし、移住してからもそうなんです。

動物園（沖縄こどもの国）に携わって六年くらいたつのだけれど、今の動物園は、展示の仕方、マスコミの使い方をはじめとして、ほとんどが新しい動物園を作りますというとコンサルが来て、上野動物園、ズーラシア動物園、それから旭山動物園と同じような感じで、コピー&ペーストのものになるのが、実際の動向なのです。

それはお客さんをある程度呼べるし、いまやシロクマが飛び込むプールはたくさんあるし、ペンギンやアザラシを水族館のように展示するところもたくさんできました。どんどん日本ではそうなっています。でも、それは結局、個性をみんなつぶして、和牛でいえば平準化して、黒毛和種が北海道から沖縄まで、みんな同じようなものがどこでも同じようにあるというようなことと非常に近い。ただ、唯一沖縄だけが立地条件からそうではなかったということもあったので、それを動物園の中で表現できないかというのは考えていました。ひとつは琉球弧（琉球列島）の動物です。野生動物が島の成立過程によってまったく違うので、ゆくゆくは琉球弧が自然世界遺産になったときにそれ自体がアプローチできる部分になるだろうというのは、思っていますね。

もうひとつは、地域の文化というようなものを表現している動物園は、日本にはない。家畜に関しては確かにミニミニ動物園、子供動物園とか、ふれあい動物園という形で見せているところはあるけども、例えば富山ファミリーパークのように木曽馬に犂を曳かせてみたりというところはありますが、でも、やはり地域文化を具現化して、家畜を展示しながら文化的表現をしている動物園というのは、ないと思っています。

在来家畜というのは野生動物と違って、人間の経済性、必要性がなくなったときに、すぐいなくなる動物なんですよね。その動物に関して、唯一保護できるのは個人で飼育できるところか動物園だと思っています。動物園というのは、生産性の問題ではなく、飼育管理をし、動物の情報をいかに発信するかという場所なのです。それは教育の施設の一環でもあり、家畜をただ飼育し存在させるだけではなくて、家畜がどういう使われ方をし、人とどのような関係があって、どういうことをやっていたか、ということを発信できる場所なんです。

それを私らの動物園で具現化するというのは、それほど他の動物園に比べて広いわけでもないし、実際には設備もお金もそんなにあるわけでもない。でも、立地条件も、持っている素材も明らかに違うのだから、それ自体が発信できる動物園でなければ、存在価値がないだろうということがあり、それの先頭を切ってトライしたのが今回のンマハラセーなのです。

形として残せる文化資源の制度作り

梅崎　このあとの展開としてはどうですか。

高田　馬だけで言うのであれば、一番大変なのは飼養管理で馬小屋を造り、馬を飼育して、しかもちゃんと鞍を付けて腹帯を締めた状態で乗れるようにしなければならないし、その次の段階で側対歩をさせ往時の状態を作り出さなければなりません。しかも、毎日手入れをしなければいけない。馬はほったらかせないですから、そういうことができる環境にいる人を見つけないといけないですね。馬を増やす仕組みとしては、ブリーディングローンみたいなものを自分は考えています。自治体はそんなにお金があるわけではないので、どういうふうにしたら普及できるかということを考えているんです。

ブリーディングローンのシステムっていうのは、最初に用意できる資金で馬を購入します。所有権は全部、購入した自治体がもつ。それを全てただで貸します。一産目は、飼育者の所有にします。二産目は購入した自治体の所有とし、産まれた馬はまた、貸し出します。このような仕組みをつくれば、飼育を始めたい人は初期投資分が浮きます。きちっと契約を交わし馬を調教すること、ンマハラセーに出場することなどの条件付けをします。あまり強い制限を付けると大変なので、一産目の仔馬の所有権はどちらにする、二産目、三産目はどうするという契約、途中で馬が死亡した時の約束くらいを決め、お互いに強いプレッシャーをかけずに、馬が飼える仕組みを作り上げてしまうというのが自分の最初の案です。

そして、基本的な仕組みを作ったなかで、今度は、どうやって客を呼ぶかということを考えなければなりません。笑いが取れるような、おもしろいことを考えたイベントにしてしまわないと、客は呼べないんですよ。論法として、僕らが動物園を運営しているときに、動物園は教育施設のひとつだと考え、ほかのスタッフも同様に考え仕事をやっていますよ。共通認識の中でそう思っているけれども、教育施設だから客が来るかといったら来ないのです。

楽しい、おもしろいものをある程度組み込んだ上で、実質的に実になるものを掴んでいってもらう仕組みが重要だと思っています。だから動物園に楽しいイベント目的に来てもらってもいいんです。でも、来たなかで動物を絡めて少しでも何かを掴んでくれるのであれば、オッケー。ンマハラセーが観光に寄与し、文化に寄与したとしても、ンマハラセーだけで人が呼べるというふうに簡単には思ってはいないんですね。だから、他の仕組みも考えなければなりません。

もうひとつは、そこにイベント的に何がしか目玉になるものを並行して行うこと。これは産業祭ですね。実際には、産業祭は独立してやっているんですが、ンマハラセーが催されたときに、かつていろいろな出店業者が出てきて、いろいろなものを売っていたということを考えれば、それ自体が産業祭だったはずなんですよ。それは地元のものを地元のものとして復活させるときに、発表する場、広報する場としての必要性があると考えていたのです。産業祭とンマハラセー、要するに複合的に考えなければ駄目だと思っているんですよ。ただ、馬を走らせるということだけで中央競馬のように人が来るかといったら絶対来ないと思っています。

競馬だけでは来ないけれども、店があれば来るだろうし、店だけで来るかといったら、そこにンマハラセーがあればさらに人が来ますよね。だから、そういうやり方をやれないかなと考えています。頭の中でいつもそんなことしか考えていないので。

――いいんじゃないですか。復活する物産なんかもあったらいいですよね。

高田　だから地元の農産物や地元の織物だとか、いろいろなものでオッケーなのです。枠を決めるわけではなく、出店料を安くして、本当に地元の人間が出したい物品を持ちよる、みたいな感じで集まれば、観光客も含めてわんさと来るような感じがするんですよね。それをいつも決まったコンベンションセンターの前でやるだけではなくて、仲原馬場のようなところでやればいいんですよね。

——行きますよ。

高田　こういう話を私があちこちでするので、話に乗るぜということも多々あります。社会システムとしてそれができるようだったら、本当に根幹と成すもののような、文化の資源だとか遺伝的な資源だとかというものが形として残せる制度を作り上げられるかもしれませんし、この辺が本当の勝負だろうと思います。

梅崎　なんとか賛同者が増えて、そういうムードができるといいんですけれども。

高田　だから、梅崎さんのような方々が、声がかかった地域で講演してくれれば、かなりの人たちも来るし、なんとかうちの地域でもンマハラセーができないかと言ってくる人も出てくるんです。その時に馬をどうやって手に入れるんだよという問題よりも、本当に馬を飼うこと、飼育する気持ち、そして環境があれば馬を連れてくる行為はそう難しいことではありません。それができればンマハラセーはできます。

あとは個人のスキルをあげ、イベントに枝葉を付けていくという方法をとれば、商工会や観光協会などにも話し、産業関係の県の担当にも話すということは可能だと思います。祭祀を切り離すのではなくて、社会の一つの構造の中にンマハラセーを作り上げるという方法ですかね。どうですか。

梅崎　講演をやらせていただくのは、なんとかその地域の競馬を復活してもらいたいという思いがあるからです。そのためのムード作りが必要だろうと。競馬といっても誰も何のことかわからないのだったら、まずかつてはここで琉球の競馬が開かれていました、たとえば今帰仁ではこういう形で、こういうふうなことをやっていましたということをきちっと説明して、これは今帰仁だけではなくて、沖縄本島全体にもあって、というガイダンス的なことも話して、今帰仁の中で競馬のムードを作りたい。何をやるにしてもムードがあれば動きやすいじゃないですか。

高田　そうですね。

梅崎　だから、まず情宣活動ありきだろうと思って、やらせていただいているんです。

高田　あと自治体ですね。市町村長をはじめとしてその気になってくれないと、自腹を切って、五百万円を用意し、二十頭用意して、その仕組みを個人がやるというのではなくて、ンマハラセーのようなものは地域の財産として公のものだと思うんですよ。だからやはり沖縄の財産であり、北部の財産であり、今帰仁の財産であるという感覚が必要です。そうすれば、今帰仁が少し厳しい予算の中からそういう予算を取り、そういうような仕組みを利用して、最初は村外に馬を出すということが難しいようであるならば、村外の人間にブリーディングローンとして、貸してあげる仕組みみたいなものを公益圏の中で作ってしまえばいいと思うんですよね。

地元にいて、在来家畜は重要なんですというようなことをしきりに話をすると、けっこう乗ってきてくれる。飼育している先生方や牧場主にそれだったらと言ってくれる人がいるので、それは本当に自分たちの心意気次第なんです。

それもただやって終わるというのではなくて、競馬を一日行事として、今の沖縄こどもの国のように二時間くらいで終わるような催しものではなくても、僕はいいと思っているんですよ。三十分に一本走らせるくらいでもいいいと思っています。その間、お店を見物しながら回っていればいいんですから。一日がかりで、そのトーナメントを吸収していくくらいの感じで構成を考えて、やっていけばいいのではないかと僕は思っています。そんなに次から次へと馬だけ走らせる催しで一時間、二時間で終わりというような感じでなくてもいいと思っています。

だから持って来た馬もそこの馬場で練習して、それからスタートする。午前中でも、ステージを四場面くらいに分けてもいいと思うんですよね。例えば朝一番に出場する馬たちと、午後近くに出場する馬たち、お昼あたりに出場する馬たち、夕方近くに出場する馬たちと分けて、それで馬場に持ってきて練習させた上で、それでンマハラセーを行うのでもいいと思うんですよ。二日間くらいあるのだったら、次の日に勝ち残った馬どうしで決勝大会をやるだとか、そのくらいの時間配分でもいいのではないかと思います。でないと、イベントの時間がもたないですよ。ただ走らせてすぐ終わってしまわずに、間の時間は産業祭なのだから、そこでビールでも飲んで、美味しい物でも食べていればいいんですよ。

何がしか考えたいんですよね。でないとつまらないですね。おもしろいようなことを考えて復活させたい。また、在来馬が残る宮古の人についても、与那国の人においても、基本的にそれを残していたことに対して賞賛すべきだと私は思うので、それを評価すべきだし、それをアピールしてあげるべきだとも思いますね。

この一葉から

——最後になりましたが、とっておきの一枚ということで写真を持ってきていただいています。

梅崎　これは大正時代の沖縄の姿、今帰仁村の謝名《じゃな》という地区にある仲原馬場の写真です。戦前はンマハラセーが非常に盛大に各地域で行われていたにもかかわらず、写真はこの一枚しか残っていないのです。競馬について触れている沖縄県内の市町村史、字誌に掲載されているのも大抵この写真です。僕も本を出すうえで、競馬の風景写真はないのか、かなり探したのですが、結局、これしかありませんでした。

仲原馬場跡は沖縄本島で唯一の史跡になっています。多少、当時の面影を残しているような馬場跡がいくつかはあるのですが、ここが一番はっきりとした形で保存されています。そんな馬場で開かれていた競馬の風景写真ですね。

遠くから馬の後ろ姿を写しているので、分かりづらい。馬らしきものが並んで走っていて、右側に子どもたちが木陰で見物している様子だけは辛うじて分かります。あとは、左の奥のほう、馬の向こう側に人が集まっているような姿がおぼろげに写っているだけですが、これが唯一の写真なのです。

当時の琉球競馬の姿を伝える写真が他にあるとすれば、海外へ移民した沖縄出身者のご自宅でしょう。クローゼットや書棚に大切にしまってある古いアルバムの中に紛れ込んでいるとか。戦前、沖縄はかなり移民が多かった。南洋への移民、ハワイあるいは南米、アメリカ合衆国にも移っています。戦前、彼らがハワイやブラジルに移民するときに開鐘《ケージョー》と呼ばれる三線《さんしん》の名器を持っていき、それが戦後、里帰りしているのです。仮にそのまま置いておいたら沖縄戦で被災し、三線は無事ではなかっただろうといわれているのですが、戦前に持ち出していたために、戦災を逃れるという形で戦後に里帰りしているようなケースがあるのです。

写真も同じように、移住する際、家財道具と一緒に海外へ持ち出されている可能性があります。ちょっと前から南米移民の方々に写真が残っていないか問い合わせているのですが、「見つかったよ」という回答はありません。イラストは多少残されているのですが、かつての姿がうかがえる写真を引き続き探していきたいと思っています。

高田　これは琉球競馬の装備をした馬「ドゥナン」の写真ですが、自分がこの与那国馬を初めて飼育したときは新馬でまったく慣れていなくて、噛む、蹴るがすごくて、それを我流でならして、腹帯を締めて鞍を付けて乗れるようにして、歩くようにして、走れるようにしたんですよ。誰も教えてくれなかったので、全部自分でやってみたんです。

実はその馬が第一回ンマハラセーで初代チャンピオンになった馬です。調教、乗馬の知識も知らないまま、我流で乗れるようにした第一号ですね。でも、馬があまりに頭がよかったので、自分との意思疎通ができて、ものすごく馬が分かったような気がして、ずっと乗っていましたね。裸馬でも、片手の手綱だけでもおもしろくて、何しろいうことをきいてくれるものですから、行きたいところに行けるし、疲れたら疲れたと向こうもいうし、僕は噛まれたこともないのですが、噛む、蹴る仕草がなくなったときは、馬に感謝をしましたね。

馬は特に頭がいいので、人が馬を好きか嫌いかではなくて、馬がその人間を好きか嫌いかで対応してくる動物なので、これは自分が今まで接していた動物の中では、象もそうらしいですが、馬は格が違うくらいおもしろい動物だと思った、そのときの一枚です。

高田勝（たかだ　まさる）　一九五九年東京都生まれ。東京農業大学を卒業。（財）進化生物学研究所勤務を経て、沖縄に移住。現在沖縄こどもの国施設長。「地域を知り、地域を思い、地域を考え、地域に動き、地域に誇りを持つ」をモットーとする。琉球弧在来の「種を残す」、「沖縄独自の動物園」を目標に、沖縄の在来動物、植物等の保存にも力を入れている。今帰仁村にて農場を経営、和牛の人工授精所を運営、琉球弧の在来家畜を飼育する。人と生き物の関係をテーマとし、在来動物の生存意義と継続維持方法、生き物と地域おこしをミッションとしている。

梅崎晴光（うめざき　はるみつ）　一九六二年東京都生まれ。（株）スポーツニッポン新聞社東京本社レース部専門委員。JRA中央競馬担当、二〇一二年よりデスクを経て現場復帰。沖縄・琉球史研究がライフワーク。著書に、『消えた琉球競馬　幻の名馬ヒコーキを追いかけて』（ボーダーインク、二〇一三年JRA賞馬事文化賞、沖縄タイムス出版文化賞）など。

喜びの馬

「日本競馬観客考」

立川　健治（富山大学教授）
檜垣　立哉（大阪大学教授）
園部　花子（ダーレー・ジャパン レーシング・ディレクター）

見る側・見せる側

立川　コロキアムという授業なんですが、大学で競馬学という授業を開講しています。

園部　はい、知っています。

立川　コロキアムは単位がない講義なんです。出入りが自由で、履修登録もしなくていいんです。

檜垣　自由な。

立川　昔の大学闘争時代の、いわゆる自主ゼミみたいなものの名残りです。一年生から四年生、それに社会人も参加しています。その授業の最初にいつも、好きな馬とか好きな騎手とかを聞くんですよ。そうすると、何となくその人の人となりが…。

檜垣　ええ、分かりますね。雰囲気が。

立川　自分が嫌いな騎手や馬を好きって言われると、ムッとくるんですけど（笑）。

檜垣　立川先生はハイセイコー、トウショウボーイ世代ですよね。それに対して私は完全なオグリキャップ世代で、一番最初に競馬場で見たのがスーパークリークとオグリキャップのレースです。スーパークリークが勝った、第百回天皇賞ですかね、あれが初めて生で見た競馬です。その前の年のタマモクロスとオグリキャップもテレビで見ていたのですが、その頃から、いろいろ周りの人に感化されたりして競馬を知るようになりました。だから、奥手といえば、奥手ですね。年代的には大学を出たあとなんですが、そのあたりから競馬を始めました。私らの世代にとってはオグリキャップというのはもう絶対的な存在でした。

もう一つは、私は今、大阪大学にいますけれど、二〇〇〇年から関西に移りまして、おかげさまで桜花賞と菊花賞が常に見られる（笑）。これは私にとって、まさに「喜びの馬」じゃないですが、本当に喜びでしたね。先生ではありませんが、とにかく桜花賞ツアーと菊花賞ツアーには必ず大学生を連れて行って。以前、学生は馬券を買ってはいけませんでしたが、今は二十歳以上なら買えるようになりましたからね。かなりいろいろ、風通しがよくなった。学生を連れて行くと公言するのは、昔はあまりよろしくなかったわけですが、それ以降は関西を拠点にツアーを組んでいます。

園部　私はお二人と全く違うアプローチになってしまうのですが、日本で中学、高校と馬に乗っていたんです。馬事公苑とかに来て乗馬をしていたのですが、そのときに飼っていたのがこの写真の馬のキャプテンクックです。もともと地方競馬で走っていたアングロ・アラブなんですよね。十一歳ぐらいで乗馬になった馬で。実は彼がきっかけなんです。乗馬の試合に出る前におなかが痛そうにしているのがわからなくて、横になって、かわいいなあなんて思って写真とかを撮っていた。これがその日なんですけれど、「あ、疝痛《せんつう》だ」といって騒がれて。自分の馬なのに何も知らないんだということにショックを受けてしまって。当時、高校三年生だったのですが、そのときに、これはもう自分が疝痛の手術ができるようにならなければいけないと思って。

檜垣　おお、すごい。

園部　それで大学に行って馬の勉強をしようと思って、大学生のときはイギリスで馬科学、獣医学専門のコースをずっとやって、イギリスで学生を五年ぐらいしていました。日本に帰ってきて、英語もできるようになった。どうやったら馬が速く走るかとか、馬の研究をしたかったんですが、なかなかそういう機関がないんですね。JRAに行っても、それこそ日本の大学を出ていないのだから資格もありませんと言われる。じゃあ仕事はないなあと思っていたのですが、財団法人の競馬国際交流協会というところに入れたんです。そこには各国からいろいろな競馬関係者が来られていました。ジョッキーやトレーナーはもちろん、計算機、馬券発売機の関係者だったり、馬場の担当の人だったりで、その通訳をすることによって日本の競馬を幅広く知ることができたというのが、最初に日本の競馬に触れたところなんです。

それから三年ぐらいたって、海外のことをもっと知りたいなあと思うようになった。イギリスにいたのに何で競馬に興味を持たなかったのだろうと、すごい後悔が出てきたわけです。そのときに、今のアラブ首長国連邦の首相ですが、ムハンマド殿下が奨学金制度を作っていて、毎年十二人を世界各国から集めて、二年間、アイルランド、イギリス、アメリカ、オーストラリア、ドバイと回るようなダーレー・フライングスタートという研修がありました。それに応募して、たまたま受かったんです。

檜垣　すごいなあ。うらやましい（笑）。

園部　これで二年間、仕事をしなくていいなあと（笑）。それで各国を回り、各界の人に会って、競馬や生産のことを教えていただきました。

それが終わって日本へ帰ってきたとき、キャプテンクックは二十二歳だったんです。そろそろリタイアの年になっていて、それで「どうする?」っていうことになったんです。どうするっていっても、その先ってなかなか日本はないですからね。養老牧場なども探しましたけれど、結局ないから、埼玉の実家で飼うことにして、二週間で厩舎を立ち上げて。
檜垣　わりと広い土地の……。
園部　いえ、いえ。もう、普通の家です（笑）。イギリスでは、家で飼っているところが多かったし、道で散歩できれば運動にもなるし、ぐらいの感覚で。
立川　周りの方は文句を言いませんでしたか。
園部　いや、なかったですね。意外に馬って好かれるんだなあと。おじさんとかも、「昔はいたよねえ」なんて言って。
檜垣　ああ、昔はいましたよね、確かに。
園部　そう。それで三年間は生きました。その間、私は海外で仕事をしていたので、私がいない間は、馬のことを何も知らない父親に頼んで。最後は蹄葉炎になってしまい、日本では馬を診る獣医さんも少ないですし、最終的には自分の判断で安楽死させました。競馬の世界に関わっていて一頭は最期まで面倒を見たいという思いもあったので、そういう意味では全てのきっかけを彼が作ってくれたと思っています。
　普段はイギリスのニューマーケットにいます。主人のロジャーはそこで平地競走の調教師をしているので、自分はニューマーケットにベースを置いて日本ダーレーの仕事をしています。二〜三ヶ月に一回日本を往復してムハンマド殿下の馬たちを管理して、日本の調教師さんとお話をしたりして、という感じです。
檜垣　こちらのダーレーのお馬さんの、種々の管理みたいな。
園部　そうですね。
――レーシングディレクターですね。
園部　栗東や美浦のトレーニングセンターに実際に行って、馬をチェックしたり、あとは若馬達をチェックしたり、預託先を決めたり、そんな仕事をしています。

檜垣 本当のプロですね。
立川 そうですね。
園部 いえいえ。
檜垣 我々は単なるファンだ（笑）。

パドックの女性像

園部 私は、本当は調教師になりたかったんですよ。
檜垣 イギリスでどういう手順を踏めばなれるとか、そういうのがあるんですか。
園部 普通に調教ができれば。去年なんか、ご存じのとおり、凱旋門賞、ブリーダーズカップ、メルボルンカップ、全部、女性調教師が勝っているんですね。だから、もうちょっと日本の女性が活躍できるといいなというのが、違うサイドからの夢ですね。
檜垣 ああ、日本で調教する。日本で調教師になられることも考えておられるのでしょうか。
園部 日本でもいいですけど。
立川 この鼎談の企画本は、ＪＲＡとは関係ないですよね（笑）。日本の調教師の免許制度に関していえば、法律がいけないと思います。
園部 そうでしょうね。
立川 農林水産省が省令で決めているだけですからね。職業選択の自由を妨げている（笑）。内厩制度で囲い込んで、やたら難しい試験をやって。

園部　そう。入るときから制限されているから。

立川　おかしいですよ、あれ。それで厩務員課程でＪＲＡの競馬学校に入学できるのも二十八歳とか年齢制限を設けているし。非常に閉鎖的な形でずっと続いているので、何とか変えていかなくてはならないと思います。

園部　そうなんですよね。人材が足りないと言いながら、簡単に言えば、女の子を入れたら五〇％増えるのに（笑）。

立川　調教師、騎手免許などの規定は省令ですから、地方競馬との壁をなくすなど、いっぱいいろいろな手は打てると思うんですが、なかなか難しいですよね。

園部　どこの国へ行ったって、騎手調教している人は女性が多かったりしますから。側面からの応援といいますか、私が頑張ることによって、女性がどんどん入ってくればいいなというのはありますね。

檜垣　今年八月に、大学の関係でメルボルンに行ったんです。そのときも学生を連れて勉強だと称してフレミントン競馬場に初めて行きましたけれど、パドックで引いている人ってだいたい女性ですよね。

園部　女性ですね。みんなスカートをはいて、ハイヒールを履いて。それで馬を引くというのが、やっぱりいいですね。

檜垣　そうそう、すごいですよね。

園部　やはり活躍できる範囲は海外のほうが広いなあと感じますね。

日本的賭博としての競馬

――檜垣先生は日本で唯一、賭博を哲学していらっしゃる。

檜垣　九鬼周造という哲学者がいて、要するに偶然論を書いているんです。偶然性の問題というのは哲学でも重要な問題ですが、第一章は完全に競馬論で、話が馬券のタカモト式（※出馬表やコマーシャルからさまざまなサインを読みとる、一種オカルト的な予想法）から入っています。日本文化の中で、偶然性に対する感覚というのは非常に強いんですよね。一方では、例えば強い馬をつくるとか、スポーツとしての競馬とか、ちゃんとスポーツとして正統なものにしようという方向があるのは確かなのですが、日本人が一番好きなのは、番狂わせとか、どうしようもない競馬とかね。例えばメジロパーマーの有馬記念（※十六頭立ての十五番人気ながら大きく逃げて勝った）。（笑）

立川　私はその時、中山競馬場にいました。あのレースはあれでいいんじゃないですか。

檜垣　競馬場のヤジでもう一回やり直せとか、あれはみんな思うでしょう。ああいうものとか、そういう偶然性に対する感覚というのはやはりある。日本的なものと関連すると思うんですけれども、非常に特殊なものがあります。

もちろん、賭博ということを語るときにお金というのはあります。そうすると、だいたい文化論を語ると八百長の問題とかカネの問題になる。世の中で報道されるのもあるじゃないですか。「地方公務員が何千万、何億をギャンブル、競馬に注ぎ込んだようです」とか、カネの問題というのが必ず出てきます。お金の問題というのは、それはそれで、非常に重要な問題だと思うんです。お金とは何かという話とか、賭けるというのは身銭を切るとか。詩人の寺山修司の話じゃないですけど、やはりどこかで自分の血肉を賭けるみたいなところがあります。だから、それって結構重要なことなのではないか。単に野球を観てビールを飲んでいるとは違うものがある。

日本人は独自に自分なりの理論をみんな持つじゃないですか。タカモト式みたいなオカルトから、正当性があるものやら、人が聞いたらちょっと気が狂っているんじゃないかと思えるようなものやら。だけど全部一貫して理論があるのに、競馬が何で好かれているかというと、番狂わせがおこって、良い面でも悪い面でも裏切られちゃう。

だから、私は『賭博／偶然の哲学』（河出書房新社、二〇〇八）に書いたのですが、そういうことを学生に話すとみんななるほどと思うんですが、要するに外れたときには驚かないのです。普通やっていることを考えたら話は逆で、当てるために考えているわけでしょう。当てるために考えているわけだから馬券が当たったときには驚かないはずなのに、当たったら「あれっ、あれっ」って大騒ぎですよね（笑）。これは賭けるということに関して特殊な感覚です。

立川先生も言われているように、賭博論というのはそれこそ民俗学的にはずっとあります。私も人類学者の人たちと付き合いがあるのですが、インドとかでも日常的に賭博ってやっているでしょう。

立川　そうそう。

檜垣　占いみたいなものと全部一致していて、トランプ占いがトランプ賭けみたいになったり、よく分からない賭けみたいなものになっている。だから、人類はそれをずっとやっているんですよね。

立川　やっています。

檜垣　だけど日本だとそれが凝縮されて、競馬がある意味で一番洗練された形で出てきていますよね。私も愛してやまないウインズの競馬のおっさんたちとかだって大阪の梅田のウインズで、全然知らないおっちゃんがトイレで用を足していると私の横に来て、「これは本当に三着と思ったんや。俺の言ったとおりやろうが」「そうですねえ。ご説ごもっともでございます」。そういう感じの人たちがいるわけじゃないですか。だから、一種の文化を持っている。日本的なものと偶然的なものというのが、やはり独特の重なり合いをしている。それは観客論のほうになってしまいますが、すごくおもしろいなと思います。

あと一つ、個人的に思っているのは、自分が年を取ったと感じるのは桜花賞のときです。桜花賞を観たときに「ああ、本当に私は一年、年を取った」と思うんです（笑）。だから、この寺山修司の言葉は、これは本当に好きなのですが、「競馬は人生の比喩ではない。人生とはたかだか競馬の比喩にすぎない」と。全くそのとおりだと思っています。私が一歳年を取ったのではなくて、桜花賞を観ていると、「あ、また桜花賞だ」と思う。これは言ってみれば、桜がバーッと咲いて宴会をしていて、「あ、また桜が咲いた」というのと似たような話なんですけどね。

立川　実を言うと私はオーバードクターの時代が結構長かったのですが、その最後のときだったかな、筑波大学で生活文化論という科目があって、非常勤講師を頼まれて、日本の競馬の歴史をしゃべったんです。そのときの試験問題がそれなのです。つまり、「競馬は人生の比喩である」というのと、「人生はたかだか競馬の比喩にすぎない」というその差異について書け（笑）。学生がどういうふうに書いてくるのかと思ってその問題を出した。

檜垣　いや、それはすごく本質的ですよね。

立川　ええ。

檜垣　競馬を観ていると、本当にそう思います。要するに物語化するとか、アイドル化するとか、日本のファンというのは競馬によって自分を見ているんですよね。だから、トウカイテイオーでも何でもいいですし、今だとオルフェーヴルでもいい。何かそういうものがいることによって、自分がオルフェーヴルを見ているのではなく、オルフェーヴルによって自分が確認される。そういうのがすごく強い。ここが、競馬や馬に対する独特の接し方です。

園部　そうでしょうね。

檜垣　アイドルとかも似ているのでしょうけれども、ただそれがすごくミニマムに競馬って効いてくるじゃないですか。「自分は土曜のダート戦しか来ません」という人がいたり、すごい細かい部分でこだわりを持ったりしているというのはやはりおもしろいですね。

偶然の中の偶然

檜垣　あと私も大学でのレポートで書かせる定番の問題があるんです。ディープインパクトの最後の有馬記念のときに、私はマークシートを書き間違えた。これは、結構重要な話で（笑）、マークシートを書き間違えて、レースのときにあっと思った。全然自分が買おうとしているのではないものを買ってしまった。それは三百円×三で九百円なんですよね。ところが、当たったんです。九百円が五万五千円とかになった。しかし、そのときに、「私は一体何をやっているのか」と思った（笑）。自分が買った馬券ではないのに、これを換金すると五万幾らになってしまう。そこで私は学生に対して考えてもらう。それを中山競馬場で破り捨てて、なかったことにするのが、やっぱり正しい道なのではないかと（笑）。

それは全く偶然で当たったわけです。でも、私が考えて当たった馬券だって、全く偶然に当たっているのかもしれない。これは答えのない問いなのですが、マークシートを間違えて買って当たった馬券とマークシートを間違えないで買って当たった馬券と、両方とも結局は偶然に当たっているわけです。ところが、やっぱり気持ちが悪い（笑）。自分が間違えた馬券が五十倍以上になってしまう。だから、「これは本質的に何か違いがあるのかないのか。私がやっていることは一体何なのか考えてください。これは別に私にも答えはありません」と。

立川　それともう一つ、昔、枠連だったとき。放送作家の大橋巨泉が言っていたと思うんですが、「同じ枠の馬がきて的中した場合、その馬券は不的中として捨てるのが馬券の美学だ」って。いや、違うなと思った（笑）。正直言っていいですか。

檜垣　はい。

立川　私が一九八六年の帝王賞のトムカウントで生まれて初めて万馬券が当たったとき、枠連だから当たったんです。代用品です（笑）。

——ああ、やっぱり。そんなものですよ。

立川　要するにその枠の両方とも人気がなかった。組合わせは二—八だったのですが、八枠のもう一頭のサンオーイのつもりで買ったわけです。「えっ、トムカウント？」（笑）。だから、本当に二重に覚えているんです。

檜垣　枠連しかないときはそうですよね。

立川　それこそ代用品なんです。

檜垣　いやいやいや、本当にそうです。枠がいまだにあるというのは何なのですか。

園部　あれはギャンブル性を少なくするために。ビギナーに参加しやすくするためなんでしょうけれど。

檜垣　でも一番売れていないと言えば売れていないのでしょう。三連単が一番売れているんですよね。

立川　ええ。日本の場合は特異だというんですよね。でもあれはすごく根強いファンがいて。

檜垣　やはり昔の枠連ファンなんですね。『競馬ブック』でもさんざん論じられていますが、三連単は十円馬券を出してほしいですね。

立川　そのとおりです。

檜垣　あれは一点十円で買ったら、一六〇通りだって二一〇通りだって買えるじゃないですか。

立川　今のままでしたら買い続けることができないですものね、不的中が続けば再投資ができないですからね。
檜垣　そうそう。
立川　枠連の時代、的中率が高かったから、その分、再投資ができた。三連単は的中率が低く、購入金額も大きくなる。
檜垣　百円単位だと、七頭選んでやると一レースに何万円にもなってしまう。でもそれをやらないと、結局はすごい馬券は当たらないでしょう。
立川　当たりません。
檜垣　だから、あれをＪＲＡはちゃんとね。だって、いまどき一単位十円にするなんて、コンピューターだから簡単ですよね。
立川　そう思います。一枚十円なので法律的には全然問題ないです。
檜垣　そうか、そうか。そうなんですよね。
園部　長くやっていると、だいたい控除率を引いたぐらいになりますか。とんとんに。
檜垣　それも私が先の本に書いていることで、結局、無限回数をやっていたら、それは誰がどんな頭を使って考えようとも、そこに収斂していくはずでしょ。だけど、寺山修司がそのことを聞かれたら、「別に人生に喜びと悲しみを足して割って何の意味がありますか。喜びは喜び、悲しみは悲しみの事実があるだけで、平均化することに何の意味があるの？」って。だから、自分はＰＡＴで買うのが嫌いなんですよ。だって結果が全部計算されちゃうんだから。

馬券考

立川　JRAのIPATで馬券を購入すると、収支や自分の購入傾向などが、勝手にデータ化されていて、Club A-PATで見ることができる。

檜垣　そう。勝手に成績を出すんですよね。

立川　自分の記憶では、今年の馬券はよいと思っているのに、データ的にはそれは勘違いですよ、というのは余計なおせっかいだというの（笑）。

檜垣　そう。こっちは「俺、本当に儲かった」という記憶だけは残って、外れたことなんて簡単に忘れちゃうじゃないですか。あれでやると全部はっきりしてしまう。だけど世の中曖昧なままの方がいいこともあるでしょう。

立川　でも、それはそれでおもしろいところもあるとは思います。競馬場別、開催別、騎手別。

檜垣　ああ、そうですね。それが出てくるからねえ。

立川　「あれ、俺この騎手は嫌いなはずなのに儲けさせてくれている」とかね（笑）。騎手別に、回収率がデータ化されているから。

檜垣　私は、馬券は、完全に競馬場で買うか、ウインズで買うか派なんです。一時期、コンピューターで買っていたのですが、やっぱりこれはもうやめようと思って。

立川　コンピューターの場合は間違い馬券を購入することがなくなるんですよ。なぜかというと、購入する馬券のオッズが出るんです。今日も私が買ってきたときに、「あれっ、俺の買った馬券が何でこんなにオッズが高い」と思ったら、間違っているんです。つまり、今は倍率も分かってしまうので、ネット上で買っても間違いは少なくなっています。

檜垣 マークシートでやると、どうやっても間違いますからね。

立川 これもつまらない話なのですが、先ほどの話とは逆で、今はなくなってしまいましたが、かつて、地方と中央の統一グレードで、ダービーグランプリというのを盛岡競馬場でやっていたじゃないですか。具体的な名前は言いませんけど（笑）、これは絶対固いと思って、その馬単を八千円一点で買ったんですよ。確認したら間違って買っていたんです（笑）。そのオッズを見て、あっと思った。来たら二千万円になるんです。

園部 ええー。

檜垣 えっ。

立川 その八千円を捨てたと思ってそのままレースを見るか、あるいは、八千円じゃなくて二千円ぐらい買うか。意を決して八千円もう一回買いました。それが来ました（笑）。その配当ね、二百円でした（笑）。

檜垣 ああなるほど。

立川 間違った馬券で来たら二千万円だったのですけど（笑）。間違った馬券を購入しても換えてくれないじゃないですか。「あれっ、これ来たら二千万円だ」。来はしなかったのですが、ふだんはあまり買わない馬券なのでさすがにドキドキしましたね、間違って（笑）。ネットでは今、ほとんどその可能性というか「楽しみ」がなくなりました。

檜垣 そうですよね。

立川 ええ。

檜垣 私なんか単純素朴で、本当に阪神競馬場に行き、京都競馬場に行き、このくり返しです。だから日々季節を感じるのは唯一、淀（競馬場）に行くときの京阪のバスね。一月の競馬で、毎週毎週最終レースが終わってバスに乗って帰ってくるときに、どんどん日が長くなっているわけです。これで季節を感じるというのだから、自分はすごいなと（笑）。

立川　私は富山大学に赴任が決まったとき、最初の連絡の際、「競馬中継をやっていますか」って聞きました（笑）。そうしたら、やっていないって。

檜垣　富山はやっていない。

立川　だから、九六年にPAT会員になってグリーンチャンネル（※農業と競馬の専門チャンネル）を見ることができるようになるまで、レースを見るためにも、馬券を買うためにも、東京などに出てこなきゃいけなかった。今は年取ったけど、これができたんですよ（笑）。週末富山から飛行機に乗ってこっちに来て、月曜日に帰るというとてもすてきな生活だったのですが、今はできないです、体力的につらくて（笑）。

檜垣　すごいですねえ。

立川　だから、赴任が決まったのが八九年ですけど、八九年から九六年までテレビでレースを観戦することができませんでした。そういった意味ではその間のレース映像がポコッと抜けているんです。現場に行かなければレースを見ることができない。あれはつらかったです。だから、NHKのテレビ中継って意味があると思う。

檜垣　ああ、あれは全国中継だから。

立川　NHKでしか見られなかったですから、とってもありがたかった。

檜垣　そうですね。昔、地方の人が競馬を見るのはNHKしかなかったんですね。

立川　私の好きな桜花賞とかオークスは、未だに中継していませんが、天皇賞、皐月賞、ダービー、菊花賞、ジャパンカップ、有馬記念は見ることができた。

檜垣　そうか。NHKは桜花賞はやらないんですね。

立川　「ああ、やっぱり田舎って住んでみるものだな」と思った（笑）。

凱旋門賞と大衆馬券

檜垣　ちょっと話題を変えると、私はフランスが専門でもあるので、凱旋門賞はそこそこ行っているんです。フランスへは結構行っています。サンクルー競馬場って、ロンシャンのもっと向こうのところに、ちっちゃな競馬場がありますけど、本当に賞金なんてわずかで。別に人なんていないんです。全然ガランガランで、馬券はＰＭＵという、街角の飲み屋みたいなところで買うんです。

園部　本当にビックリするほど人がいませんよね。

檜垣　そうそう。あれでやっていて、それも大して買ってるわけじゃないですよね。あれが何で維持できているのかというのが全然わからない。だから、やはりある意味で貴族の遊びだという部分がある。日本はどこかでちょっと公務員的、公正的。

園部　でもフランスの競馬は賞金が高いんですよ、ヨーロッパの中では。

檜垣　まだ高い。でもロンシャンの競馬以外の競馬というのは、見ると本当に途方もなく低いですよね。

園部　凱旋門賞以外、誰もいないでしょう、ロンシャンに行くのは（笑）。私もＧ１のパリ大賞典とか行ったら、パドックに四人ぐらいしか見ている人がいなくて（笑）。

檜垣　誰もいない、誰もいない。

立川　日露戦争後、結果的に二年で終わり、十数年間禁止が続きますが、民間の競馬クラブに馬券発売が認められて、競馬が開催されます。そのときにモデルにしたのがフランスなんですよね。

檜垣　だから私ね、ロンシャン競馬場へ行くとふっとつい思うのは、京都に似ている。それはそうなのかなって。

立川　仕組みもそうですよね、馬券の。ブックメーカー方式じゃなくて、馬券の発売枚数によって倍率が決まるパリミチュエル方式を導入したのも、フランスの影響があったと思います。

檜垣　あれ、フランス方式ですよね。

立川　ええ。そこの時期だけで、それ以降はだんだんと違ってくるのですけど、導入したときはたしかそうなんですよね。

園部　イギリスの競馬なんて、馬主さんに戻ってくるのはたぶん一〇％ぐらいしかないんですよね。だから、とんとんなんてもちろんできなくて、みんな出すばっかりです。ブックメーカーの存在により、競馬産業に戻ってくる額が少ないじゃないですか。どうやって続けているのか（笑）。いつも私の中での課題ですよ。うちの厩舎のクライアントだってみんな、何のファイナンシャルリターンも考えないでやるわけじゃないですか。

檜垣　いや、だからお城を持っている金持ちみたいなのがまだいて、別にそこで儲けようなんていうよりも本当に遊びっていうか。

園部　そうですね。

立川　お金持ちの義務というか（笑）。

園部　イギリス人のお金持ちはたくさんいますけど、やっぱりアラブ人の力が大きいですねえ。

檜垣　ああ、今はそうですよね。

園部　あとはやはりエリザベス女王が今でもロイヤルアスコット開催などでパドックにいらっしゃり、一緒にお話をすることができることが、アラブの方々、アラブの殿下たちにとって特に魅力があるようです。あれだけの

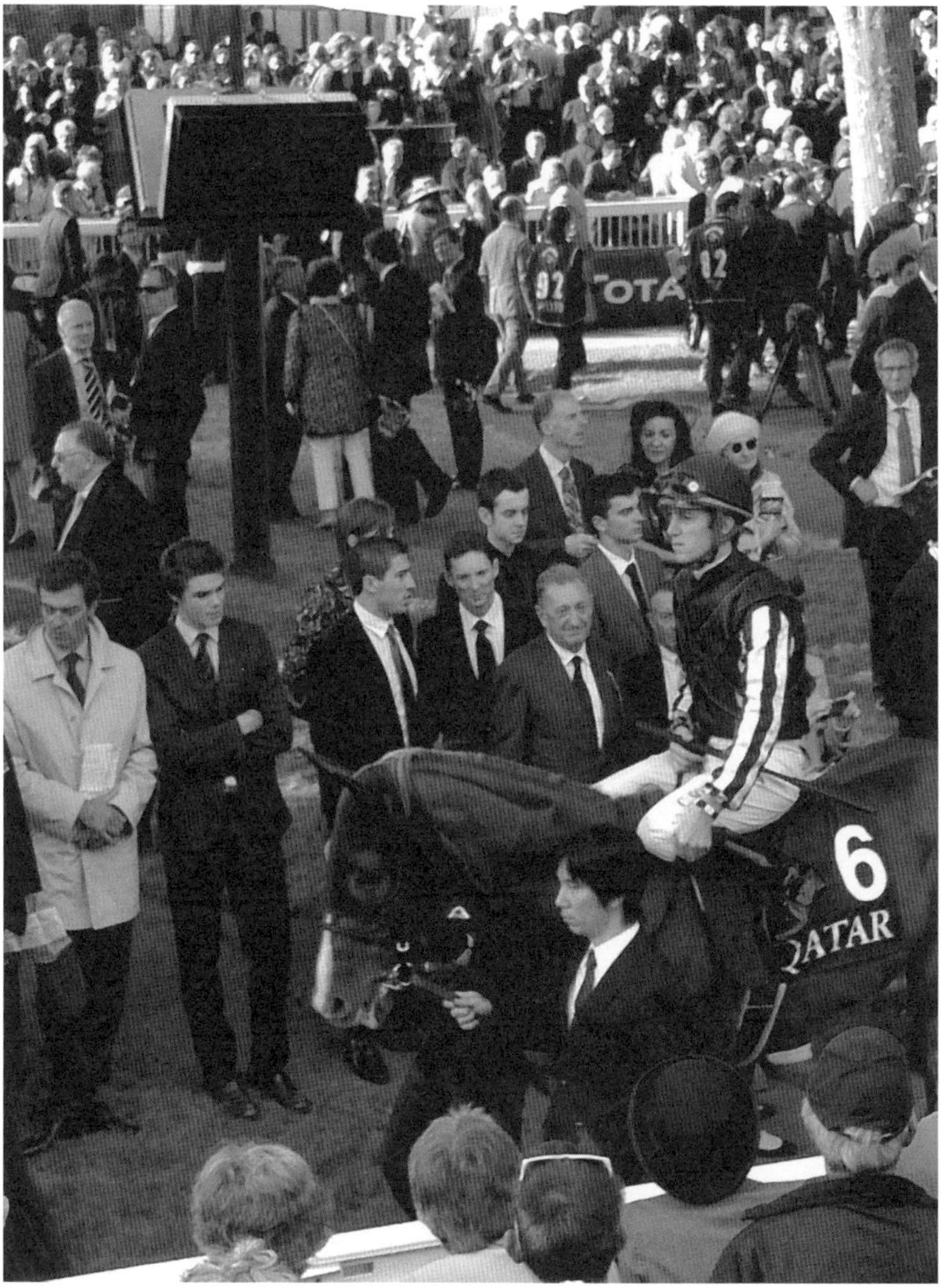

2013 年、凱旋門賞のオルフェーヴルとスミヨン。ロンシャンのパドックの華やかさ。

キャプテンクック
運命の馬

鎌倉の碑
小高い丘（千葉県富里市久能）の林中にある「鎌倉の碑」。上部に「駿馬鎌倉埋骨之所」と刻まれ、その下に鎌倉と馬主藤崎正貞に関する事柄が篆書されている（2004 年 9 月 立川健治撮影）。

お金持ちで何でも買えても、ダービー馬は簡単に買えないじゃないですか、いくら探しても。だからそこがおもしろいのかなと、私の中で勝手に結論付けているんです（笑）。

立川　いや、私も時々思うんですよ。決してそれがいいという意味じゃないですよ。日本は戦争に負けて、財閥とか地主とか大金持ちには、富裕税とか、税制をみんな変えていったじゃないですか。要するに極端にいうと、金持ちを全部、貧乏人にすると。

檜垣　まあ、そうですね。

園部　なかったらそのままですよね。

立川　今の小岩井牧場が、三菱が馬産を続けていたとか、あるいは大地主の方とか、それからひょっとしたら皇族が持っていたかもしれない。また、宮内省の御料牧場も馬産を続けて日本の競馬もそれを組み込んだものであったかもしれない。それを思うと、日本も戦争に負けてしまった結果、そういったところが変わったと思っているんです。つまり、ちまちましちゃった。

檜垣　まあ、そうですね。でも逆にいうと、大衆馬券的なものがそれゆえに出てくると。

立川　そうです。それで日本の競馬はいい意味で、大衆化していったと思います。

檜垣　こんなに競馬オタクみたいなのが多いというのは日本だけですよ。逆にいうとフランスへ行ったらいないですよ。日本ならではの雰囲気というのがある。競馬ファンの層がものすごく厚いですものね。

ある意味でお金持ちの問題もあるけど、やっぱり馬というものと文化と、本当にその土地の人との関わりというのがあって、それはすごく深いものを感じますよね。日本は逆にいうと本当に賭博的なものになって、他面では大衆化というか、本当にすごいアイドルホースが出てきて、アイドルジョッキーが出てきて、わりと多くの人がワーッというのは成功する。だけど経済的なものを考えたら、おそらくこのままいかないだろうし。そういうことを考えたら、今後どうするのか。特殊性があって、やはりいい部分はあるのだけれど。

西洋的馬事思想の発露としての競馬

立川　日本で競馬を導入するときに、明治十年代ですが、その目的は社交とか文明国家であることをアピールするとかいった面が強かったと思います。そして日露戦争後に、馬券を本格的に売り始めようというときに、国が馬券の売上から財政的に利益を得るなんてちっとも考えていないんです。

檜垣　ああ、明治は考えていない。

立川　全然考えてないんですよ。当時の控除率は一割だったのですが、それは全部民間クラブの収入になります。日露戦争後、馬券の発売が認められた際、競馬で何が大事かというと、誰もが馬に対する愛情を持つような馬事思想を涵養《かんよう》することだというんですよ。愛馬心を養う。つまり、日本の人々に馬に対する慈しみの精神を養成しなければいけない。競馬がそれに最も効果がある。それが最大の目標だといって馬券を売り始め、競馬を始めている。これはどうも本気だったんですね。それは何かいうと、馬を改良するためには馬に対する愛情が一番必要だということです。

檜垣　だから勝ち馬投票券という名前がついたのですかね（笑）。

立川　いや、そのときは鑑定なんですね。鑑定って何か。そこにも理屈があるんです。「そう言ったって、おまえ、みんな博打ではないか」「いや、違う。馬券は、馬の能力を真剣に鑑定して買うから、馬を見る目が養われて、馬事思想が涵養されるんだ」と。それで人々は公然と馬券を買うことができるようになった。そういうのを考えると、じゃあ、我々が過去に愛情を持って馬と共に生きていなかったのかということになる、けれど南部駒とか木曽馬とか、人と馬がひとつ屋根の下で一緒に暮らしていたわけじゃないですか。そうすると、どうも軍部が言っていたのは、あるいは農商務省が言っていたのは、要するに在来の馬文化を変えなければならない、西洋化しなければならないということだったと思います。

檜垣 まあ、そうでしょうね。

立川 そこのところだけです。そこのポイントが愛情だということで国民に、いわゆる西洋的な馬に対する愛情で慈しむ。馬とともに暮らす。そういう生活をしなければいけないというのです。明治十年代後半、月額百円以上の俸給をもらっている上級官吏には、五百円なら五頭になりますが、百円ごとに一頭ずつ馬を飼えと、華族にもそういうことを求めようともした。これがうまくいかないわけです。

だから、うまく言えないのですが、日本の馬文化というのもあったのだけれど、競馬が行われるような文化とは質が違うものであった。括弧付きで言えば、「日本の在来の馬文化をいわば壊すような形で」日本の競馬が始まってしまったので、そこのところがうまくいかない。

檜垣 いわゆる農耕馬というのはもういなくなっちゃっているわけですよね。そもそもその存在している意義がね。

立川 敗戦後、昭和二十一年、国会で地方競馬法が制定された際、その審議の過程で、農耕馬の育成はとても大事だ、食糧の生産高を上げるためにも農耕馬を導入しなければいけないと。田圃を耕す畜力としてだけでなく、戦時中、化学肥料を生産していた工場が軍事工場に転用されていて化学肥料が足りない、馬の堆肥がその不足を補って余りあるのだということで、そういった農耕馬の改良、増産のために地方競馬が必要だという理屈で、地方競馬法が作られた。

檜垣 そうですよね。

立川　戦前は、今のＪＲＡの前身の日本競馬会も、地方競馬も軍の基幹となるという点を、その存在意義として謳っていました。ただ戦後、その根拠が喪失されてしまって、地方競馬が自分たちの存在意義を求めたときにサラブレッド中心の日本競馬会との差異を強調する戦略をとりました。ここで間違ったわけです。

檜垣　うまくいかなかった。

立川　うまくいかなかったと思うんです。結局あと残るのは財源しかなくなっちゃうので、「馬文化の存続意義？ふざけたことを言うな」といって昭和二十五年からつぶされていった。そういうイメージなんです。だから、馬文化でというときに我々は、日本の社会もそうですけど、どうも西洋の馬文化というところが在来の馬文化みたいなものを抑えていくような形で日本の競馬がある。それがこういう形になっていったのではないかと個人的には思うんです。

切れた血統

――鎌倉号の碑の写真をお持ち下さったので、在来種の競走馬のお話をいただけますか。

立川　鎌倉号というのは、南部、今の岩手県で生まれた南部駒だと思いますが、結構名馬で、私が調べたところでは四十二戦三十二勝。獲得賞金は約二万円。明治十六（一八八三）年、突然競馬場から姿を消すんですよ。当時は資料として新聞しかなかったのですが、突然、おなかが痛くなった、疝痛を起こして一ヶ月後に死んだという記事が残されている。鎌倉号がデビューしたのは明治十三（一八八〇）年ですが、その鹿鳴館時代の競馬場には原則として天皇が毎回、お越しになっていたのですが、そのとき最初に日本から誕生した南部駒の名馬が鎌倉号だったのです。
ただ、世界の名馬物語が、エクリプスやレキシントンじゃないですけど、その血統で語られ続けてきたとすると、日本のこういった幕末から鹿鳴館時代にかけての名馬というのは、一部のアラブを除いたら全部切れちゃうんです。

檜垣 うん、そうですね。

立川 鎌倉号は僕が競馬学の勉強を始めたときに最初に出会った名馬ですが、あとタイフーンという馬もいます。この馬は、明治四（一八七一）年の靖国神社、当時は招魂社ですが、その競馬で、イギリス公使館付の医師が見つけて、「これ、いい競走馬になるよ」って。リトルマンの愛称で呼ばれたように小さかったのですが、明治四年から十年間ぐらいずっと走り続けた。途中「もう限界だ」と三回ぐらい思われながら、その度に奇跡の復活を遂げて、みんなが好きになるんです。

当時、日本人には競走馬の調教技術がないものですから、ほとんど居留民が調教師の役割を果たしていました。ときには、上海競馬の調教師を雇い入れてもいました。それに対して、鎌倉号は日本人が調教した初めての名馬という意味で、私が勉強をし始めたときに何となく最初に心をひかれたというか一番思い出になるという意味で、この鎌倉号の碑の写真を持ってきました。

檜垣 先生は先の本の中で、日本馬と中国馬で何かごまかしがあったのではないかということを書かれていますが。

立川 競馬場では最初は中国馬が主役だったんですね。中国馬の方が、日本馬より強いんですよ。そこでトロッターと日本馬の雑種馬を日本馬とごまかして、中国馬に勝とうとする人たちが出てくる。

檜垣 やはりそのときに大陸から持ってきた。

立川 持ってきた。上海とか香港とか。

檜垣　それは軍馬系ですか。

立川　いや、向こうで日常的に乗馬として使っていた馬です。それで去勢がされているんですよ。競走馬としての調教も受けているものですから、日本馬が勝てないんです。ちなみに導入された中国馬は、去勢された、せん馬だけでした。

檜垣　今の香港馬みたいですね（笑）。

立川　居留民の人たちは、その中国馬を競馬と日常的な乗馬に使っていました。鹿鳴館時代、日本は馬匹改良を推進しようとしていました。その目的は、三点あるのですが、軍馬の改良が一番大きい。それから、宮内省が使用する馬の改良、たとえば天皇が乗る馬車用です。

檜垣　ええ。あれは全くイギリス王室のまねなんですよね。

立川　まねなんです。ところが、馬車を日本の在来馬の一三〇センチぐらいで曳くとみっともないじゃないですか、それに護衛の人たちの乗馬姿の見栄えもよくない。ということで、宮内省は、御料牧場で西洋から種牡馬を導入して馬匹改良に熱心に取り組んでいる。それで宮内省が競馬にも一生懸命なんです。あとは殖産興業。産業の発達に伴って大量の物資や製品を、港や鉄道の駅から目的地に運ぶには、トラックがないものですから、馬が必要なのです。

　その三点を目的として馬匹改良を推進する。その馬匹改良の基幹としての役割を果たすものとしても、明治十年代から競馬を始めた。そのときに、日本が関わる競馬には絶対に中国馬を走らせない。駄目だというのです。

檜垣　日本馬でやると。

立川　ええ。しかし、横浜の競馬に関わる居留民たちは頑強に抵抗し、明治四十二（一九〇九）年まで、中国馬のレースを続けます。日本側は、廃止を求めますが、言うことを聞きません。だが、明治四十一（一九〇八）年十月馬券が禁止され、横浜の競馬も、補助金がなければやっていけなくなります。そうすると、補助金の代わりに中国馬をやめろといって圧力をかけられるんです。中国馬が横浜の競馬に残した功績は大きい。だから、日本の競馬史の上で中国馬を論じないのはよくない。

檜垣 中国馬が入ったほうが競走としてはおもしろくなるわけですね。

立川 そうです。上海なんかの競馬のフィルムが残っているのですが、第二次世界大戦中までもずっと中国馬のレースが実施されています。本当はモンゴル馬なんですけどね。小さい馬なのですけど、結構速いんですよ。

園部 速いですね。

立川 横浜の競馬で、中国馬に在来の日本馬は全然歯が立たない。それで日本馬、というより日本の名誉がかかっているということで、いっときのアラブと一緒で。西洋種と日本馬の雑種馬を日本馬として出走させて中国馬に勝とうとする（笑）。そういうせこいことが、横浜の競馬で行われています。明治十年代、二十年代です。

今、お聞きになったのはそういうことです。それで横浜の競馬を担っていた居留民たちが、そういうインチキを嫌って日本馬を追放するわけです。横浜の競馬からは在来馬の競走をなくして、中国馬のレースとオーストラリアから持ってきたサラ系、いわゆる豪サラのレースだけにする。あとは西洋種と日本馬の雑種のレースですね。日本馬は横浜競馬から追放される。だけど日本人が主導している競馬では、最初から中国馬を除外して、絶対に出走させない。そういう時代がありました。

園部 不思議ですね。

檜垣 何か変な言い方ですが、伝統ということを考えるときにはそういう日本の導入の歴史にまつわるものがあったのだけれど、逆にいうと、戦後競馬の中でそれがブツッと切れたような側面がある。

立川 切れていますね。

檜垣　血統的にももちろんほぼ切れてしまう。母系に僅かに残っているだけですよね。小岩井牧場系とか。まあ、裏に何があるかわからないけど、表面上はとにかく、すべて戦後特定のサラブレッドとアラブになっていった。そのあとでもサンデーサイレンスが入ってきて、そこでまたほとんど切れていますよね。サンデーサイレンスとブライアンズタイムとトニービンが入ってきたときに完全に変わってしまった印象です。

立川　変わっていますね。

檜垣　だってそのあと、要するにサンデーサイレンスの子が種牡馬として機能しているじゃないですか。あれを見ると、要するにシンボリルドルフやミスターシービーが種牡馬として機能しなかったのは何だったのかと思います。

立川　もう切れちゃいますよね。

檜垣　それに対して、ディープインパクトは機能していますし、オルフェーヴルも母父でメジロマックイーンの血を繋げる可能性がある。だからそのあたりは、血統でいうといろいろな種々の段差があると思うんですけどね。だからまずは日本馬の時代があり、そのあとに「種牡馬の墓場」と言われるような形の時代があった。でもどんどん輸入していたのだけど、逆に九十年代からまたいったんストップしてしまった。

立川　返したりなんかするんですよね。

檜垣　変わっちゃいましたよね。それはプロの目からすると、サンデーサイレンスがあまりに偉かったからなのでしょうか。持ってきた馬としても、全然別格の馬が入ってきちゃったということになるんでしょうか。

園部　サンデーサイレンスは、アメリカでそんなに注目されていたかというと、必ずしもそうではなかったのかも知れませんが、それを日本に連れてきて種牡馬として成功を収めたのは本当にすごいことだと思いますね。

日本の競馬ファンの情熱的独自性

檜垣 我々は素人ですけど、プロの目から見ると、素人の競馬ファンってどうですか?

園部 ジャパンカップなどは特に外国人を連れて行くことが多いのですが、あの歓声と拍手にもうみんな本当に鳥肌が立つんです。

檜垣 そういう感じがしますよね。

園部 もう本当にゾクゾクゾクっていうね。海外の競馬関係者は、日本に来るたびに競馬場での人の多さに驚いています。そしてみんなすごく詳しいじゃないですか。研究熱心で（笑）。

檜垣 そうそうそう。いや、独自の理論をもっていますからね、変なおじさんも。

園部 分析もプロなんかよりも全然詳しい。そして、オフシーズンのない日本の競馬。

檜垣 ああ、オフシーズンがないですからね。

園部 ねえ。海外であれば平地競走は冬の間三ヶ月ぐらい空きます。まあ、何とも言えないですね。本当に良いところ悪いところあるけれども、日本のファンには感心します。

檜垣 ファンというか、一般の人の関わりという意味では日本の競馬は凄いですよね。実際。

園部 そう。それから、勝利インタビューはジョッキーにする。外国では、ジョッキーが話すこともありますが、普通はオーナーが話しますよね。馬を所有しているのはオーナーですからね。オーナーに全くインタビューがないじゃないですか。いろいろな方がいるからテレビに出たくない方もいらっしゃるのかもしれませんが（笑）、普通はオーナーにインタビューするべきだと思うんですよ。逆にジョッキーに注目をさせて日本の競馬ファンを盛り上げる。その日本のテクニックはすごいなと思いますね。あとは、日本の馬って長く走るじゃないですか。

檜垣　ああ、そうですよね。

園部　賞金がいいから、馬主さんも長く走らせることを推奨する。ただ、本当に種牡馬にするのがビジネスの主流になってきたじゃないですか。ヨーロッパなんかは特に。そうすると、ダービーに勝った、そして凱旋門に勝ったらまた来年というのが難しく、走ることによって価値が下がらないような時点で種牡馬にするタイミングを見極めなければならないとなると、せっかく出てきた馬でもファンが追う時期が短いんですよね。そうするとスーパースターにはなり上がらない。

檜垣　そうですよね。

園部　フランケルなんか出走回数は多かったと思うんですけど、その次の年もというわけにはいかなくなる。そこはやはり大きい違いかなと思います。

檜垣　フランケルとオルフェーヴルが一回ぶつかってほしかった（笑）。

立川　そうかあ。

檜垣　距離的にも分からないです。

園部　そうですね。

檜垣　日本だと、それこそ有馬記念というゴタ混ぜレースがあるから、あそこでマイルに強い馬も長距離馬も全部出てきて、しかも、みんなもう疲弊しきった状態で出てくる。あの手のものはあったほうが観るほうは楽しいんですよね。

園部　おもしろいと思いますよ。

檜垣　だけど、外国だとそれは完全にないですよね？

園部　馬の適性にあったレースしか走らせないですからね。

檜垣　フランケルだって、結局、二千以上は絶対走らせない。

園部　そうですね。例えば今年キングストンヒルという馬が主人の厩舎にいるのですが、今年二回取り消したんですよ。馬場が馬にとって合わないから。アイルランドダービーのときは固すぎる。アイルランドまで馬も人も行っているのにやめる。ヨークのときも、ジョッキーは検量も終わって、勝負服着てパドックに出ていく準備しているのに取りやめるわけですよ。それは馬のため。その次のレースに不利のないように考える。馬場が固いからとか、安全じゃないからとか、馬主さんにも調教師にもチョイスがたくさんあるんです。だけど日本はそれがなく、その馬に馬場が絶対合わないと思っても走らせなきゃいけないわけでしょ。それでもそれに耐えられる馬といったら変ですけど、すごいなあと思います。いろいろなコンディションがある。特にオルフェーヴルなんか、ダービーのときにぐじゃぐじゃ馬場だったのにすごいなあと思います。

檜垣　うん、すごいですよね。

園部　向こうの競馬ファンよりは日本の競馬ファンのほうが、間違いなく近いし、重いし（笑）。

檜垣　フランスで見ていると、言ってみれば結構数字遊びなんですよね。だからＰＭＵで書いているのは、ロト6とか、ＴＯＴＯとか、あれと似ている。そうでしょう。

園部　そうなんです。

檜垣　だっていろいろな競馬場の実況中継を延々とやっていて、本当に数字をだらだらっと書いて。一攫千金みたいなのはそんなに当たらないから。だいたいそんな感じです。

園部　オーストラリアなどは特にパーティーをしに行くようなものですからね。競馬場に音楽をガンガン鳴らして、競馬のとき以外は完全に若い人のパーティーの場所みたいで、別に馬券を買っている人はいるかいないか。

本当にびっくりするぐらいです。

幻想の凱旋門賞

檜垣　あとは凱旋門賞のことですが…。私が最初に凱旋門賞を観たのはフランスに留学していたときで、九八年でペリエのサガミックスの時でした。パントルセレブルとサガミックスとモンジューがあって、ペリエが三連勝していたときの二回目、三回目を観ているのですが、このときは本当にフランスに留学していて単に観ていた。次の年はエルコンドルパサーです。エルコンドルパサーは次に出る本に書くのですが、本番は怖くて、見られなかった。ロンシャンのバーみたいなところでちょっと飲みながら。

立川　そのときはテレビで観られたんですね。

檜垣　そうそう。ロンシャンにいたのですけど、エルコンドルパサーは本当に勝っていいのかなというのがあった。それと、アグネスワールドが前々のレースで勝っちゃったんです。

立川　千メートルの。

檜垣　そうそう。でも見ていて「あれっ」と思った。武豊騎手も自分が来ていることが分かっているのかなっていうような感じでね。何か知らないけど、武豊もあのときいたんですよね、別に本番は出ないのに。また、ロンシャンというのは本当に特殊ですよね、パドックとの距離が近いでしょ。みんながワサワサっとしているようなところを馬が通っていくじゃないですか。

園部　そうですね。距離が近いから。

檜垣　そうそうそう。あとはディープインパクトです。これは学生ツアーで観に行きました。
立川　ちょっとお書きになっていますが、私も凱旋門賞に幻想を持つ必要はないと思うんです。
檜垣　そうそう。
立川　エルコンドルパサーがあそこで一発で勝っていたら、もう凱旋門賞信仰も終わっていた。
檜垣　いや、私が思うのは、ナカヤマフェスタが勝っていたら（笑）。「あれっ、ナカヤマフェスタが勝つレースなの？」みたいな（笑）。
立川　未だに秋に三千メートルの菊花賞を実施して、三冠の最終戦なんて言っている。そんな馬鹿げたことにとらわれて、ディープインパクトは三歳で凱旋門賞に行かなかった。三歳で行けばよかったって、本当にそのとき思いました。三冠なんて、今、重きをおく意味などはなくなっているでしょう。
檜垣　いや、でもディープインパクトは三冠を取りにいかなかったら、ファンが大変だったですよね。
立川　そうなんです。だから、競馬に高い志を持っていらっしゃる馬主の金子真人さんまでもが「何で三冠なんて幻想を持っているんだ」というふうに、そのときは思ってしまいました。
檜垣　本当に。
園部　でもやっぱりみんな凱旋門賞なんですね。
立川　いや、私は、目指すべきはブリーダーズカップだと思う。
園部　うん、そこだけでなくたっていいと思うんです。
立川　あそこを席巻したらおもしろい（笑）。クラシックもターフも。
檜垣　何で日本人がかくも凱旋門賞に幻想を持っているのかというのは、かなり不思議な感覚だと思います。しかも、競馬関係者が実際に行くじゃないですか。

園部　パドック半分以上が日本人です。

檜垣　そうそう。いや、だって馬を凱旋門に出すじゃないですか。結局ね。ドバイで勝ったってちょっと騒がれるけど、ドバイで勝ってもそんなに記憶には残らないものね。

立川　結局、シンボリルドルフの和田共弘さんとか、騎手の野平祐二さんとか、社台の吉田善哉さんとか、みんなの夢があって、昭和四十年代にフランスで馬を持って、野平さんを乗せていたじゃないですか。そういうことにも繋がっているかも知れませんが、先にもふれたように、日露戦争後、民間の競馬クラブが馬券発売を行って競馬を始める際に、フランスの競馬をモデルにしているのですが、それが無意識のうちにずっと影響しているのではないか。

檜垣　何かあるんですかねえ。

立川　つまり、フランスが陸軍の馬の関係者なんかの憧れだったんですね。

檜垣　あ、そうですね。

立川　だからそれがあって、みんな意識的じゃないのだけど、やっぱりフランスをモデルにした。

檜垣　そうね。モデルにしたというのも何かあるのではないか。

立川　そういうことを裏付ける決定的な資料があるのかと言われると、私もまだ見つけていないのですが、そういう気がします。

園部　イギリスの競馬場に比べたら、ロンシャンは日本の競馬場に似ていますからね。

檜垣　そうですよね。

園部　馬場は絶対似ていますから。

檜垣　やはりイギリスに行ったって無理ですよね。

園部　イギリスで勝った馬はタフだと思いますね、そこまで行くのは。

檜垣　園部さんは、イギリスに本拠を置かれているんですよね。

園部　はい。

檜垣　何で日本人がこんなにフランス好きなのか、ちょっとカチンときませんか。イギリスがオリジンじゃないかって。

園部　そんなことはありませんが、別にフランスじゃなくても大きなレースはありますから。まあ、どちらかというのであれば、芝が日本の馬に合うのだろうと思います。

檜垣　世界最高だとか、ちょっとよくわからないイメージ付けがなされてしまって。実際、ヨーロッパはシーズンの最後のチャンピオンシップだから、まあそれはそうなんでしょうけど。

園部　どっかでね。やっぱりエプソムダービーとかね。この間もコースを歩いたのですけど、もう異常ですよ。斜めで始まって、最後ゴール、直線がまっすぐに見えません。完全に斜めですからね。すごくタフですよね。

檜垣　イギリスの競馬場なんてみんな独特ですよね。

園部　ええ。全部タフで、みんな形状が違うし、勝つのは大変だと思いますね。偶然だけじゃ勝てないと思います。

立川　そういう意味でも、私は決してナショナリストでも何でもないのですけど、やっぱりエプソムのダービーを日本調教馬が勝つことは、とても大きな意味があると思っています。日本にも競馬を持ちこんでくれた、イギリスへの恩返しにもなるし（笑）。

檜垣　イギリス起源なのに、今の世界スタンダードからすると、ロンシャンとかは比較的きれいです。ロンシャンはかなり上がって、こう下ってくるでしょう。だけど、それこそ競馬場の形状から見ると、すごく京都に似ているなと思う。もちろん大きさは京都より全然大きいのですが、すごく京都に似ているなっていつも思うんです。

園部　日本馬や日本人は海外にチャレンジするのに外国馬、外国人には規制がありますからね。今ちょっとずつ開放していますけど、最初は「外国には来るのになんで日本には入れないんだ?」とよく言われました。今回の凱旋門賞には、日本馬を三頭出してますものね。

檜垣　私はフランスの新聞を買いあさって、ちょっと翻訳してツイッターに載せたりするのですが、フランス側の反応は好意的ですよね。

園部　好意的です、本当に。

檜垣　日本人がこうやって凱旋門に来てくれてお金も落としてくれるし。

立川　ありがたがっている。

檜垣　そうそうそう（笑）。だって、人がまたものすごくいっぱい来て。

園部　そうそう。ディープインパクトが負けて泣いている人がいっぱいいるという写真も（笑）。

檜垣　「なんじゃ、これは」みたいな。

園部　そう。どうしてそこまでなのかって。本当に奇異に感じますね。

檜垣　私はシャルルドゴール空港からRERという郊外電車でパリに行くんですが、その車内でも、日本人だと思えばもう話しかけられる。オルフェーブルがどうだとか、でも結局フランス馬が勝つよとか（笑）。

園部　日本語でちゃんと馬券が買えるようになっているんですよね。

立川　ええ、売っていましたね。

檜垣　だから去年は、オートゥイユ門のところからバスで行ったのですが、ちゃんとカタカナで「シャトルバス」と書いてあった（笑）。これはすごい。エルコンドルパサーのときは考えられない話で、ブローニュの森のどこに行ったら競馬場があるんだろうという感じでした。歩いて行くとすごく深いんですよね、ブローニュの森というのは。今は「シャトルバス」と日本語で書いてありますからね。ものすごく時代は変わったなと思います。

園部　ロンシャンもいいのですが、イギリスのダーレーにぜひいらしてください。お待ちしています。

立川健治（たちかわ　けんじ）　一九五〇年佐賀県生まれ。京都大学文学部卒業。現在、富山大学人文学部教授。専攻は日本近代史。著書に、『文明開化に馬券は舞う　日本競馬の誕生』（世織書房）、『地方競馬の戦後史―始まりは闇・富山を中心に』（同）、共著書に、『大阪地方社会労働運動史第一巻・第二巻』（大阪社会運動協会）、編訳書に『図説世界文化地理大百科　日本』（朝倉書店）など。メールマガジン『もきち倶楽部』（http://www.bunkamura.ne.jp/mokichi-club/）に競馬史関係の資料の紹介、解説を連載中。

檜垣立哉（ひがき　たつや）　一九六四年埼玉県生まれ。大阪大学教授。専門は哲学・現代思想。馬とのかかわりはオグリキャップから。著作は哲学からの賭博論として『賭博／偶然の哲学』（河出書房新社）、また純粋な競馬エッセイとして『哲学者、競馬場へ行く』（青土社）。雑誌『Rounders』に平成の競馬名勝負に関する連載を執筆中。主な活動場所は阪神競馬場・ウインズ梅田・京都競馬場。

園部花子（そのべ　はなこ）　一九七六年埼玉県生まれ。中学生のときに乗馬を始め愛馬キャプテンクックに出会う。彼の疝痛をきっかけに馬のことを学ぶために渡英し、大学で馬科学、獣医学を学ぶ。その後（財）競馬国際交流協会の職員を務め、さらに競馬産業を学ぶためにUAE首相シェイク・ムハンマドの主催するダーレー・フライングスタートの研修に参加。現在はイギリス、ニューマーケットに在住し、夫ロジャー・ヴェリアンの厩舎を手伝いながら、レーシング・ディレクターとしてダーレー・ジャパン（株）に在籍する。

喜びの馬

「馬の幸福のエネルギー」

西村　修一（馬術家・彫刻家）
森部　英司（画家）

馬の幸福・人の幸福

森部　よろしくお願いします。私、今年三十六歳になるんですけれども、西村さんは馬に関しても人生に関しても、大先輩なので。

西村　私のほうが年齢が倍ぐらいいっているのではないかと思うのだけど。『喜びの馬』っていうのは、馬が喜ぶということでしょう。

――いや、人が喜ぶでも。

西村　私は七十年間馬に乗ってきたけど、結局、馬が本当にうれしいときといったら、牧場で天気がよくてお腹がいっぱいで、どうやって自分のエネルギーを、若さを発散しようかと思って、尾根をポーンと立てて、パーンと歩いてる姿なんじゃないかと。そんな姿をJ・フィリスという十九世紀のフランス人が見て、作っていったのがパッサージュ（歩幅を詰め非常に収縮した極めて躍動的な速歩）なのね。馬が自分から好んで、本当にうれしいから、自分をどうやって表現しようか、それから始まったのが馬場馬術なの。だからこれが、馬が一番楽しい、うれしいときと思ったね。

それから馬というのは、一歳までお母さんにピッタリくっついて、甘えて甘えて、母親の体温で育つというの。母親にピッタリくっついているときが、おそらく一番、馬は楽しいんじゃないかな。

森部　幸せな。

西村　そう思いますね。もうひとつ言わせてもらうと、ある競馬騎手が新馬に乗って、私が古馬に乗って、併せ馬で走ったことがあるの。そのとき、ひょっとしたら、こいつ本当に楽しんで走っているなあという気がしたことがある。大障害跳んでいても、馬場馬術やっていても、楽しいって、馬は思っていないんじゃないかといつも思っていたんだけどね。

森部　楽しいと思っていない。

西村　思ってないと。だけどそのときはね、十五—十五といって、競馬の基本、一ハロン二百メートルを十五秒で走ったんです。十五秒で走るのはとっても気持ちいいんだよ。だいたい時速四十八〜五十キロぐらい。馬なりで走る。こいつ楽しんで走ってるなと思ったときは何回かある。それ以外はね、この『喜びの馬』ってちょっと考えて、「馬は楽しくないな」と思ったの。どんなに上手いやつが乗っても馬にとって人間はお荷物。

森部　そうですね。

西村　そんな気がしますね。馬を楽しませてなかったら人間の幸福はないの、私らに言わせると。馬の幸福のお余りをもらって、自分で幸福感を味わうより馬乗りの幸福ってあり得ないなと、七十年間乗ってきてそんな気がするね。この『喜びの馬』って、馬が楽しむとしたらね。ただ、ほとんど人間が楽しんでしまっているところがあるけどね。そんなところだと思いますよ。

森部　私も今そのお話を聞いていて、馬が楽しむ、よろこびの馬という部分で、馬ってどういうときによろこんでいるのかなあと、ここに来るまでにいろいろ考えていたんですけど。

私はずっと芸術大学で彫刻の勉強をしていたのですが、卒業してから、たまたま乗馬クラブに勤めることになって。最初は副業として始めたのですけど、毎日馬に乗っているうちに、徐々に惹きつけられていったといいますか。

静岡の御殿場にあるビッグマウンテンランチという外乗専門の乗馬クラブで、子供対象にカウボーイキャンプという名目で野外教育にも取り組んでいたので、アートの子供向けのプログラムをやらないかという話で行ったんですね。当然現場には馬がいる訳で、基本は乗馬クラブなので、馬に乗れないと仕事にならないというところから、馬を覚えていくということになっていったんですよね。ですから、最初は乗りたいと思って乗っていなかったので、全然馬が動かなかった（笑）。でも、乗れるようになりたいと強く思うようになってから、日々練習して、徐々に乗れるようになっていったときに「馬って何なんだろう」という大きいテーマにぶつかりまして、それを美術のひとつのテーマにして、作品を作っていくという今の活動に流れていきました。

そんな制作活動の中で取材に行き、いろいろな馬に出会ったんですが、どこの馬も、人が乗っていないときはのんびりしていますよね。幸せを感じるところがあるのかなあと思います。人が乗ると、辛そうというわけではないのですが、何か仕事モードに入っているように見受けられるといいますか。馬にとって人との関わりは、幸せを生み出す共存なのかもしれませんね。

馬のエネルギーを形にする

西村　私は満六十のとき、バルセロナオリンピックの馬場馬術の最終選考会の試合の最中に心臓の僧帽弁という弁がバスッて吹っ飛んじゃったの。馬の上でね。それで危なく死にそうになっちゃって、馬に乗れなくなってしまってね。そのあと何もすることなくて。

心臓を手術する前に、千葉県の白井にある競馬学校を訪ねたとき、ジョッキーの卵がみんなで粘土で馬の塑像を作っていて。とってもいいものを作るなあと思って見てたの。自分は何もすることがない、それじゃあ、自分も作ってみようと。そうしたら、ちょうど馬事公苑の前苑長の藤家さんが世田谷通りに何かモニュメントを出したいんだと。「俺作ってやるよ」と言ったら、「作れるの」と言うから、「作ってみるよ」と言って作ったのが初めてなの。だから、馬事公苑にあるやつが、僕が作った第一号。最初は何も分からないから、今の藝大の理事をしている北郷さんに「どうやって作るんだよ」って、そこのアトリエを借りて、その人の粘土を借りて作ったの。作ってみたらやっぱり楽しい。それで、注文が続けて十体ぐらい来たので、ガーッと作った。普通の人は、あんた死んじゃうよ、そんなことやったらって。等身大に近いやつだから。

私は馬からエネルギーをもらおうと思ってる。触っていること自体が楽しい。触りたい、その一心でめちゃくちゃに作ったんですよ。それから始まっちゃったの。作っているときが本当に楽しい。大きいやつを作っていると、鼻息がプッとかかってきたような気がしたりね。

森部　等身大の。

西村　等身大じゃないと駄目だね、小さいのは。温かさ、温もりね、それから馬の柔らかさ。

森部　フォルムの中に、等身大なんかですと、肉付きとかあるじゃないですか。粘土を触られているとき、粘土はやはり冷たいですよね。でも、肉を付けていく、量感を足していくときの作業というのは、どういう思いでされましたか。

西村　あのね、骨格は、私ら分かっているんですよ。厩七分に乗り三分と言って、三分乗ったら七分手入れしなきゃならない。なぜ手入れしなければいけないかというと、手入れすることによって、馬が全身マッサージで血行がよくなる。一番大事なのは、どこかに熱があるかないか。それを調べるのに七分。触っている時間のほうが長いから、目をつぶっていても何となく骨格は分かる。骨格が分かったら、例えばこういうところは、ここの中に骨が入っているわけですよ。こっちは入ってないよね。ここに硬い粘土を入れちゃうんだね。こっちは軟らかいのを押し込んでいく。それがブロンズにはちゃんと出てくるような気がしますね。

それから、下手くそが三ヶ月乗ったら、完全に馬の身体の線が変わる。それが私らは分かる。本当に使わなきゃならない筋肉があるわけ。本当に上手いやつが乗って仕込んだ馬は、その筋肉がピシッと発達している。そのいい筋肉を使って動く姿だけが、本物。そういうのを作りたいと思っているから、私は、モデルなしなの。モデル見ると、引っ張られちゃうから。自分の頭の中だけなんですよね。

ご存じだと思うけど、粘土から石膏にすると縮むでしょう。

森部　そうですね。はい。

西村　二%から五%縮むんですよ。全部均一に縮んでくれればいいんだけどね。長いところで肉薄のところは縮みが激しいんですよ。狂っちゃうんだね。僕らが見ていて、本当にいいな、この線でこのき甲でなければ駄目だとか、この繋ぎはここの傾斜じゃなきゃと思っているところが狂ってきちゃう。そうすると直しようがない。

森部　制作されている感覚というのは、どちらかというと、手入れをしているような感覚なんですね。

西村　そう、馬を触って、こいつはいいな。この肉はいいなとかね。この内側、第三頸椎《けいつい》のところへ肉を付けるには、この飛節が、ここまで踏み込んでこれだけ強くなると、それからアバラにジョイントされて、アバラの屈撓《くっとう》というんだけど、屈撓があって、それが背中を伝わって美しい頸の線が形成される。

森部　じゃ、本当に作っている骨格や肉を、ここへこれだけの量を付けていくという感覚は、本当に、西村さんの中で考えられている理想の馬のボディをそこで形成させていっているということなんですね。

西村　そうだと思ってる。だけど、できてくると、違っちゃうことがあるのね。やっぱり縮むところがある。それが原型でしょ。原型から銅像にすると、また三％ぐらい縮むの。

――でも、きっと先生はそれを見込んでおやりになって。

西村　いや、見込めない。肉厚の問題とか、鋳物屋《いものや》さんの上手い下手。それから石膏の原型取りの上手い下手によって、肉厚が違ってしまうと、どうしても違っちゃう。縮むところと縮まないところができちゃうの。

森部　じゃあ作業は粘土のみ？

西村　私は粘土までだから。石膏は作れないですから。

森部　あとは専門の型取り屋さんが。

西村　藝大の型取りに作らせてる。それから鋳物は美術鋳造さん。美術鋳造さんは、私のやつをブロンズの小さいやつから、いっぱい作ってるからよく分かってる。気心知れてるから。でもね、結局自分の思うようにはならない。最後まで。だからおもしろい。

森部　心臓の手術を受けられるまでは、ほとんど作られたことがなくて、馬に乗れない期間に、先ほどの作品を創り出されたわけじゃないですか。そこから二十年以上作られているわけですよね。

西村　そう、もう二十二、二十三年作っていますね。乗馬は、手術をしてから復活して七十七歳まで現役で乗って、ずっと国際大会にも出てたんです。

森部　馬に乗れなくなり、粘土でオブジェを作るようになって、また馬に乗れるようになって、馬に乗っているときの感覚とかは変わったりしましたか。

西村　あのね、心臓がよくなった（笑）。

森部　これで鍛えられた。

西村　そうそうそう。要するにね、心臓の僧帽弁という弁が狂っちゃったから、悪い、酸素の入ってない血が回ってたんですよ。常に頭の上が熱いような感じがしていた。ぼんやりしてた。それが心臓を形成手術で治して、いい血が回り出したら、若返っちゃった。だから国際大会に出て、七十二歳のときに世界ランキング八十二位だったんですよ。キュアって、音楽に合わせて踊るのがよかった。六十から上手くなったの。七回手術しているから、その都度パーツを取り替えては次の車検までもたせてもたせてね（笑）。七十七になったら、どうしようもなくなっちゃって、駄目になりましたね。

《UMACTION》馬は何を与えてくれるのか

――森部さんは、流鏑馬《やぶさめ》のようにして、絵を描かれていますよね。

西村　流鏑馬もやられるんでしょう。

森部　いや、流鏑馬はやってないですね。興味があって取材しますけど。本当に馬と共同で何か作品を生み出したいという強い思いが最初はあったんですね。馬とアクションをかけて、《UMACTION》。僕は二〇〇一年ぐらいから馬に乗り出しまして、《ＵＭＡＣＴＩＯＮ》を始めたのが二〇〇九年で、持参した写真は二〇一二年なんですけど、最初は馬に乗って絵を描くという突拍子もないことがおもしろいなとチャレンジしていったんですけど、実際準備をしていくと、それまで言うことを聞いていた馬が一気に変わってしまうんですよね。やはりキャンバス自体が大きな、その場所にはないものですよね。まずそれに驚きますし、私が持っている刷毛、そこからペンキが滴っていることにも驚くんですね。そういった細かな部分の練習を何度も重ねていって、ようやく描けるというところまでいって、それが達成できたときは、感動があります。障害を跳ぶのと非常に似ているのかなと思います。馬と今後もずっと続いていくであろうライフワークとして、馬が私に今後何を与えてくれるのかなといったところを探っているという感覚ですね。

西村　ウエスタンサドルに乗って描いていたね。

森部　そうです。僕はウエスタンです。ただ、ハミはどうしてもきつくなってしまうのでブリティッシュで。何か美味しいとこ取りのような感じの乗り方なんですけど。

西村　流鏑馬はね、両方狭くして、ぶれないように乗っている。あなたはこんなふうに乗ってないでしょう。これは意外とやりにくいよね。

森部　そうです。逃げるんですよ。

西村　そうでしょ、逃げる。どうしたって逃げるよ。やっぱり一メートルか一メートル五十ぐらいの埒をつくって、逃げないようにして、流鏑馬みたいにしたほうがいい。

森部　いやもう、そうなんです。この馬はそれが大丈夫になったんですけど、去年、横浜・根岸の馬の博物館（以下、「馬博」）でもこれをやらせていただきまして、そのときは、二頭、馬を乗り換えてやったんですが、午後の馬は、練習のときは全然問題なかったんですが、本番になった途端に、左へ左へ。

西村　馬がよれちゃうんだ。

森部　はい。たぶん私の感じている不安感が伝わったのかなと思います。《ＵＭＡＣＴＩＯＮ》に関しては本当に、私も試行錯誤を繰り返していて、《ＵＭＡＣＴＩＯＮ》をやることによって、さらに馬を学ぶことが多いです、特に馬が変わると本当に。

西村　どうしようもないもんな。

森部　美術の世界で例えると、馬が変わると画材が変わるような感覚なんです。油絵であれば、油絵の具とペインティングオイルを使えば良いという基本的なルールがあるのですが、突然それが墨になってしまったりすると、まったく方法が違うわけですよね。だから、まさに馬を乗り換えていくということは、その画材を受け入れていくように馬も受け入れ、自分も馬に受け入れてもらう。それはもう、そこの中で出せるものを《ＵＭＡＣＴＩＯＮ》で表現していくということで、常に苦労の連続なんです。

西村　だけど、鞍はまりが一番いいのは、やっぱりウエスタンサドルよ。スポーンと入るからね。やっぱり一番、こういうのには適しているかもしれない。

――絵の具は何ですか。

森部　アクリル絵の具ですね。

――黒は最初に何か。

森部　黒いパネルを準備して、五枚のベニヤ板を十メートル並べて、右から左に走り抜け流すような感じで描いていくんですけど、それを何回も何回も繰り返すんですよね。

こういうパフォーマンス的なことをするのであれば、やはりアクリルが最適だなと。もちろん墨という方法もあるのですが、油性のものは適さないと思います。もしかしたら馬に付いてしまうこともあるので。あとは匂いですね。あれだけの嗅覚が発達している動物なので、人間はそんなに匂いは感じないですけど、アクリルでも、馬はたぶん感じているかなと思いますし。

あとは、水溜りのしぶきがバーッと飛ぶんですよね。前日にすごい大雨が降りまして、「馬博」の時も、大雨の中でやったんですけど、ペンキが水溜りに垂れて、マーブル調になるんですね。それを一番嫌がって、怖がってしまうんです。常に雨に悩まされているんです。

そのため、「馬博」でやったときは、滴ったらすぐに熊手で消してもらってという作業を行ってもらいました。ただ馬に乗って筆を走らせる以外の部分が本当に多いのです。馬の難しさと芸術の難しさをミックスしたような行動です。

西村　このキャンバスは何なの？　普通の油絵のキャンバス？

森部　キャンバスじゃないです。板です。

西村　板か。板なの。なるほど。

森部　板材、シナベニヤ自体に下地剤を塗っていきまして。

西村　そうすると、下の地の黒は、あらかじめ塗っておくわけね。

森部　はい。自分で全部パネルを組んで作っています。ものによっては小さいキャンバスに描くこともあります。二〇一二年のときは手前に小さいキャンバスを数枚立てかけて、そこに走りながら描いたりもしました。でも、小さい的に向かって描くというのは、それはそれで非常に難しくて。何が難しいかと言いますと、絵の画面に筆が行けばいいのですが、横に筆が入ってしまうと、そのまま絵が倒れてしまうんですね。なぎ倒すような感じになっちゃうんですけど、そういったものも体験しながらやっています。

馬の背景を取材する・現代美術から馬具まで

森部　馬に乗って絵を描くという部分は、まさに馬に乗りながら取材するというような定義でやっているのですが、それ以外で、今、全国のいろいろなところに出向いていって、馬を見たり、取材をさせてもらっています。

――どういう取材なんですか。

森部　お話を聞いたり、そこにいる馬の写真を撮ったり、そこの調教師さんや生産者さんのお話を聞いたりして、そこで、もっとシンプルに言いますと、馬がいる環境が見たいという感じですね。馬がいることによって広がっている伝統や文化を独自の視点で取材しています。

――取材にともなって、制作活動があるのですか。

森部　そうですね。先ほども自分と馬との出会いを話しましたが、御殿場で馬の仕事をすることになり、毎日厩務《きゅうむ》をして、週一日の休みくらいしかない中で、べったり馬に寄り添う時間が五年ぐらいあったのですが、あまりにも馬に近すぎたんですよね。作品は作ってはいたのですけど、発想が出てこなくなってしまって。最初の頃に作っていた作品が《4WD　NATURAL　TURBO》という作品です。馬着（馬衣）を自分で制作して、ガソリンスタンドに馬を連れていくという行為で、一馬力を表現しています。

私の美術表現は、ちょっと変化球のような作品が多いのです。例えばイタリアで活動していた、ヤニス・クネリスというギリシャ人の作家などが参加した、アルテ・ポーヴェラという、油絵を描くとか彫刻を作るという従来の技法ではない方法で表現する、例えば天然の素材を使ったりと、貧乏な作品といったイメージの美術改革の運動が六十年代にありました。ヤニスは、十二頭の馬をギャラリーに連れて行って展示するというような大胆な展制作しています。

示を行いました。その当時の美術にも大きく影響を受けて、本物の馬を使った、美術における素材としての馬、また現代での役割が大きく変わった馬という存在を、いろいろなところに連れていきパフォーマンス作品として制作しています。

あとは、馬具庫に入ることがすごく好きで、鞍や手綱を見ると、すごく造形物に見えてきていたんですね。

西村　造形ですよ。

森部　本当に道具として役割以上のものがそこから発信されているということに、すごく興味を惹かれました。自分でも作ってみたいということで、手綱、ハミ。ハミは既成のものを使っているのですが、頭絡《とうらく》などをビニール製のものを敢えて使って、造形物にしていくというようなことをしたんです。

西村　あのね。エルメスは、最初馬具から始まってるんですよ。だからエルメスの模様は、ハミだとかが多い。私らはね、ハミを自分で作るの。売っているハミでは駄目なんですよ。口の幅が違うでしょ。調教しているときのグッドチューイングの感じが違ってくるんですよ。馬と繋がっているのは、ここだけしかないんです。ぐらついてたり、大きかったり、ハミが太かったりすると、調子が悪いんです。それは自己満足かもしれないんだけど、そのときの調子で、自分で作って、これなら上手くいくぞといったときはすごくうれしい。

森部　それはデザインを起こして発注されるんですか。

西村　作らせるの。馬だって小さいのもあるし、大きいのもあるでしょ。ずれるじゃないですか。ずれないようにするとか、誘導ハミにするとか、そのときの調教の進み具合によってハミを変えるんです。太さも変えるし。要するに口の中でハミを味わう。味わっていくと、ほんの少しで馬が動いてくれる。だけど、馬具っていうのはとにかく装飾になるんですよ、鞍でもね。和鞍《わぐら》なんかきれいじゃない。

森部　きれいですね。

西村　芸術作品ですよ。ただ、あの和鞍じゃ乗れないよね。何回も乗ったことあるけど。二階に乗ったような感じになっちゃう。昔から比べると今の鞍もいいし、道具もすごく進歩してますね。革がよくなってる。とにかく装飾品、芸術品ですよ。

森部　そうですね。何かそういう部分、エルメスとかもそうなんですけど。

西村　だけどね、洒落たものだから、馬の好きな人は、玄関にハミをぶら下げたり、置く人がいるんだ。あれはヨーロッパのことわざで言うと、身上を潰すっていうので、いけないことになってる。

森部　蹄鉄を逆さまにというのと違いますね。

西村　それはお金が入るとかね。

森部　幸せになると言われてますよね。

西村　洒落たもんですよ。

森部　そうか、だからこれは売れないのか（笑）。この馬具の作品に、透明の素材を敢えて使ったのは、なにか人馬一体という言葉で、一種、たてがみだけ持って乗っているというのが、自分の理想であるのですけど、ある意味、ハミ、手綱は必要ないという部分で、見えないようなという思いも入って、こういう作品になっています。

西村　なるほど。

森部　その中で、手綱は革でできているじゃないですか。やはりウエスタンの鞍でもそうなんですけど、落ちたら切れるようにできていたり。

西村　外れるようにできている。

森部　はい。機能美が。ウエスタンの鞍でしたら、後ろにビロビロといっぱい付いているんですけど、それは、旅先で手綱が切れてしまったときの代わりになるように付いていたり、何かそういう、ただただ美しいだけではなく、馬に乗るためだけではない、いろいろな機能が、すごくおもしろいなと。

いい馬には、スイッチが付いている

森部　今日お聞きしたいと思っていたのですが、子供の頃から慶應で乗られていたということで、それは何歳ぐらいの頃だったんですか。

西村　私は、最初は小学校二年ぐらいのときからですね。

森部　その当時というのは、やはり町でも普通に乗られていたわけですか。

西村　乗っていました。多摩川の川っぷちに乗馬クラブがあったの。そこで最初に慶應の馬に乗るのが好きな人たちが同好会をつくって。その乗馬クラブに二頭、馬を預けてね。その乗馬クラブは貸し馬屋だったもんだから、馬場が狭いんだ。そこから十分ぐらい馬で歩くと、私の家があって、家の前に親戚が持っていた七百坪ぐらいの広っぱがあって、そこで乗っていたの。だから、小学校に行く前から、家の庭の前で乗って。そこから、こういう人生を送るように。

森部　そこが一つの大きいターニングポイントみたいなことですね。

西村　そう。だから、戦争中も乗ってたね。戦争中って、馬は、活兵器《かっへいき》っていうの。生きた兵器。

――そうですね。みんな徴兵されて。

西村　だから、勤労奉仕に行かないで、馬の世話ばかりしてたの。だから、一番、戦争中は乗ってましたね。慶應に二十頭以上いたんだけど、上の人は全部戦争に行ってるでしょう。三人で世話してた。馬も栄養失調だから、き甲が痩せちゃって、鞍を付けると鞍傷《あんしょう》を起こしちゃうから、付けられないんですよ。だから裸で乗るでしょう。そうしたら、変な話で、内股のあたりがむちゃくちゃになっちゃったから、二回も三回も手術しているわけ。職業病。だから、オートバイとかの選手がやる病気ですよ。私の病気は。

——七回も手術をしても乗り続けるというのは、乗って、何かを追求してらっしゃるんですかね。

西村　いや、追求じゃないよ。性《さが》だね（笑）。もうそれしかないですね。乗りたくてしょうがないんだけどね、いい馬じゃないと面白くないでしょ。いい馬ってね、スイッチがいっぱい付いてるわけですよ。

森部　スイッチ？

西村　スイッチがいっぱい。こっちを切ってこっちを入れてって無意識にいくつものスイッチを操作しなきゃならないでしょ。いい馬ほど乗れないよね。

森部　でも、ずっと今まで乗ってこられて、その間に彫刻も作られて、本当にずっと馬なわけですね。子供の頃に出会ってから。

西村　だけどね、やっぱり、私がさっき言ったようなことを感じたのは、自分の心臓を壊して、死ぬかなと思っていたとき。心臓の手術は成功率、五分五分だった。それで心臓がよくなったものだから、また乗り出した（笑）。女房子供はまったく呆れて、一切信用なし。

森部　でも、やっぱり馬の存在がモチベーションになったということですよね、本当に。

西村　そうですね。六十になって、心臓の手術してから馬がよく分かってきた。馬は乗って楽しむっていうほうに。手術前は、競技会、要するに勝ち負けにこだわっていたけども、心臓の手術をしてから、本当に馬に楽しんでもらって、そのお余りを受けて満足するという乗り方に変わって、馬がリラクゼーションになった。

星子友宏さんという人がいたんです。この人は一番名人だと思うけど、馬に乗っていてね、馬のリズム、それから脈と鼓動を自然のリズムに合わせて乗れ、ということを言う。その自然のリズムはどういうリズムかというと、太平洋の波が、ドーンドーンと返ってくる。あの自然のリズムを感じて乗るんじゃなきゃいけないと言うんです。

それから尺八のファーとかすれる音を出してみろと言ったりね。特にパッサージュやピアッフェの時にね、またピルエットっていうのがあるんですよ。駈歩《かけあし》のままで、後肢を中心にして回っていくんだけど、そのときに、おまえの片足を地面に突き刺せって。で、おまえの足の周りを馬が巻き付いてくる。それはたとえば、川に入っているときに、麦わらが一本流れてくる。おまえに麦わらが巻き付くだろう。そういう感じで乗ってみろとかね。乗っているときは、そういうふうに感じるときがたまにあるのね。それが楽しい。尺八の音っていうのはちょっと難しくてね（笑）、駄目だったけど。不世出の英雄のような気がするけどね、星子さんって。

馬面《うまづら》の系統図

――森部さんは、《UMAZURA》シリーズなど馬の顔だけの作品も多いですね。明治天皇の愛馬を描いた『金華山号』を奉納されましたが、それも顔だけでしたね。

森部　《UMAZURA》シリーズは二〇〇九年ぐらいからずっと描いています。これもまさに、馬面という言葉が人と馬との関わりで出てきた言葉だというところに興味がありました。走っているフォルムってすごく美しいものなので、そうじゃない馬の奥行きのようなものを描きたいなと思って、敢えて馬面という言葉に着目して、ずっとこれを描いてきています。

平面的調教と私は言っているんですが、私は馬のコンディションを整えるレベルの調教しかしていなかったのですが、その中でも馬と毎朝、「今日はどうだい」みたいな会話をする中で、今日はどういうふうにこの子に色付けしていこうかなというようなことを普段考えていたんです。その想い自体を、この《ＵＭＡＺＵＲＡ》シリーズでは、いろいろな馬に出会った先で、万年筆で一本一本毛を描く事でその子に色を付けていくという作業をしています。

これは何度も何度も描き続けているライフワークで、会ったら描くみたいな感じなんですよね。馬に会ったらその子を描いてあげるというような、その子の生きた証のようなものを残したいというものもあったんです。それから競馬関係の生産牧場をリサーチさせて頂いた中で、私は乗馬関係で働いていたので、競馬の若い馬だけがいるような厩舎にはあまり入ったことがなかったんですね。そこに入ったときに、すごい馬たちの目がらんらんとしていて。一頭何千万といった馬たちじゃないですか。何か、美術館のような感覚に襲われて、顔を出している馬たちが普通に飾ってある美術品に見えてきたんです。

その中で、より美しいもの、それは血統もあるのかなと強く感じて、血統表というものを絵で起こしてみたいと描き出したのが、《Ｇｅｎｅｏｌｏｇｙ》という作品です。実際、たとえばこの子がこの親で、というところを辿って描いているわけではないんですね。自分自身が生産者になったつもりで、僕が出会ってきた馬たちを掛け合わせて、自分のオリジナルの血統を作るみたいな感じで。ゴテゴテゴテと馬がついているので、若干おぞましくも見えるんですけど、それは人間が手を加えたという、人間の関与の下で進化したことも、少し含めてはいます。

でも、一頭一頭見ていけば、かわいらしい目をしていたり、美しいフォルムをしているような馬たちがそこにいて、全体で一つの馬というものが作られてきているというシリーズを描いていたんですね。この延長線上の取材の中で、金華山号も取材したいという流れになっていきました。

——系統樹みたいなね。

森部　そうですね。これも色付けみたいな感じですね。どちらかというと、彫刻的な絵画と自分は思っていて、絵画ってどちらかというと、その奥に行くものが多いんですね。現代絵画というものは、奥行きが何であるのかということで、奥へ奥へ描くものなんですけど、私はどちらかというと彫刻を学んでいたので、上にのせていくという感覚です。まさに色を付けたして、前に出てくるような彫刻的な絵画を描きます。そういった生きた馬ばかりを取材してきた中で、金華山号に関しては、剥製となってそこにずっと留まっている訳ですよね。描くに至るまでの偶然などもいろいろあったのですが。

私の生家は愛知県の旧岐阜街道沿いにありまして、明治十一（一八七八）年の明治天皇の巡幸の際に小休憩所になり、移動中に立ち寄られたという記録が残っております。

西村　金華山に乗って？

森部　いや、金華山号に乗っていらしたかどうかわからないですね。ただ、一緒に同行していたという話もあります。

今は、剥製が神宮外苑の聖徳記念絵画館に所蔵されているのですが、明治神宮に取材の許可を得て、ガラスケースに保管されている金華山号を出していただいて、取材させてもらいました。

——手続きが大変だったわけですね。

森部　そうですね。ガラスケースから出すこと自体もすごく久しぶりだったようで、心なしか剥製の金華山も喜んでいるね、みたいな（笑）。私としては今まで生きた馬を取材して、私は写真を撮るので、ひたすらシャッターを切るタイミングが大変なんですけど、金華山は動かないので、まずそこが、何か違和感があって、「あ、そうか、止まっているからだ」。とそれが最初の感覚でした。

私が金華山号を描こうと思ったきっかけは、「馬博」で展覧会をするということで、エンペラーズカップとの関連性から金華山号というところに辿り着いたのですが、それと自分の生家の歴史の中で、金華山号との絡みがあったのではないかと思ったのと、馬を介して歴史というところに入り込んでいくことに、非常に創作意欲をかき立てられたからですね。今までにない自分のステートメント。

例えば、ナポレオンが乗っていたマレンゴは、エジプトの戦争でナポレオンがフランスに連れて帰りました。その後にワーテルローでイギリスに負けると、イギリスに連れて行かれるのですが、今はイギリスの国立陸軍博物館に骨が保存されている。でも、それはフランスの英雄が乗っていた馬で。一頭の馬を追っていくことによって見えてくる人間の歴史が模様のようにみえてくるのが非常に興味深くて。

金華山号もそういった意味で、明治天皇が剥製にしてまで残したいと思ったということは、どういうことだったんだろうかということも含めて、明治の時代はどういったものだったのかとか、聖徳記念絵画館などは、私らの年代では美術を勉強していてもあまりリサーチしないような場所になってしまっていて、たぶん戦前と戦後の教育の違いであったり、いろいろと考えさせられることが多かったんですね。そういった部分も含めて金華山号を描きたいというものになっていったという感じですね。

ポニー、ロバ、シマウマ

――お二方にお聞きしたかったのですが、ロバとかシマウマとか他のウマを表現するにことに興味はそそられませんか。

西村　ないね。まったくない。僕は馬きちがいですよね。今まで十七頭、新馬から仕込んで競技会、国際大会に出た、その馬だけがかわいいね（笑）。

――偏狭だ（笑）。じゃあ、ロバは、どういうイメージですか。

西村　考えたこともない。申し訳ないけど。

――森部さんは。

森部　前に取材に行ったところで、馬が百頭ぐらいいるような、馬ばかり販売しているところに一頭だけロバがいて。見た目は全然違うわけですけど、そこの厩舎の人が言っていたのですが、「この子は自分のことを馬だと思ってる」って（笑）。あまりにも周りが馬ばかりだったので。でも、そこの中にいると、やたらとロバは存在感があって。そのときの印象が今浮かんできました。

西村　ポニーっていうのは意外と頭がいいんですよね。馬よりも頭いい。

森部　そうか。ポニーはよく展覧会に連れてくるんですよね。馬小屋を先に統一してギャラリーに作ってしまって、そこでポニーを連れてきてというようなことをよくするので使うんですけど。

――では、シマウマは？

西村　シマウマっていうのは凶暴で、一人、あれを調教したやつがいますね。凶暴でなかなか調教できない。なつかないってね。私はしたことないけど。

森部　聞いた話ですが、き甲が発達していなくて、上に物が乗ると、すごい痛みがあるというのを聞いたことがありますね。

《楽土》 西村修一作　2007年

《UMACTION》森部英司　2012 年

一体感と意識的距離感

――製作現場って肉体労働だと思うのですが、肉体労働に伴って繊細な感覚が自分から削ぎ落ちていってしまうようなことはありませんか。反対に研ぎ澄まされていく感覚や、絶対にこだわる部分、手が抜けない部分って、どんなところなんですか。

西村　一番、馬でもって気が抜けないところは、全体のバランスなんですね。馬っていうのはリアエンジンなんです。飛節がエンジンなの。その飛節がよく曲がって、踏み込みがあって、アバラがしなってきて…すべて飛節から始まるんですよ。肩の線につれて出てくる膝ね。その膝がこの飛節でもって、もつかなという。それが一番大事ですね。

――森部さんは、馬の上から描いていらっしゃいますが…。

森部　やはり馬に乗って描いているので、アトリエで絵を描いているのとは違う環境なわけですよね。なので、馬が今何を言わんとしているかというのを、聞こうとしているところは常にありますね。もちろん、ここに何を描くということを、狙ったりはするんです。ただ、馬に乗って駈歩で走り込んでいったときには、それはもうあるがままという部分があります。一体感は自然と一体になったような状態にどう近付けていくか。私も馬も大自然の中でやっていたことなので、そういう部分の空気感のようなものをすごく、《ＵＭＡＣＴＩＯＮ》に関してはこだわっていますね。こだわるというか意識しています。なので、やはり周りが気になってしまったり、動いているものが気になったり。こっち自身もそれに気づいてドキドキしてしまうと馬に伝わってしまうということがあるので、できるだけ無になるといいますか。

西村　あのね、馬の顔の表現というのは、乾燥した顔っていうんですね。サラブレッドね。

――そうですね。岩肌に濡れた和紙を乗せたような。

西村　そうそう。絞った水が出てった、やはり乾燥した顔を作りたいですね。作るとね、この顔だったらこの耳じゃなきゃいけないなというのがある。この顔にこの耳は合わないなっていうね。耳の付け根から何からね。それから、とんがり具合とか。この顔でこの表情でといったときには、この耳はちょっとまずいなっていうね。ちょっとありますね、作っているときね。

人間もそうじゃないかと思うんですけどね。この顔には。これというのがあるような気がするけどね。人間は全然作ったことがないから分からないけどね。馬は七十年間触ってるからね。既七分に乗り三分だからね、七、八年、夜も寝ないで二十四時間、馬を触ってた計算になるんですよ。今、日展に出展される作品七割方、裸婦像でしょ。そんな、夜も寝ないで二十四時間（笑）、嫌になるね。

森部　いや、でも、本当にそうですよね。それってすごい説得力があると思うんですよ。それだけの期間、馬に触れていたという、変な意味じゃなくてですけど。

西村　悪い馬には触ってないんだもの、だいたいいい馬だけ触ってるんだから。

――じゃあ先生は、デッサンとかはされないんですか。

西村　しますよ。今年は馬事公苑四ヶ月程通ったから、馬の絵を二十個ぐらい描いた。すぐ描けるデッサンですよ。それでつくるんだから。

森部　美大卒の多くの方がどちらかというと、空想の世界の中で描いていて、もちろん何かヒントを得て描いていくわけですけど。僕は、取材で生の物に触れるということに九割方時間を割くんですね。たぶん西村さんもそういうことだと思うんですけど、そういった意味では本当の美術家というか、美術史の中でやられている方とはちょっと違うところはあるのかもしれないですし、それはひょっとすると動物をテーマにしているからかもしれないなと思うんですけどね。

結構、ほかにも馬だけじゃなく犬とか猫とかいろいろな動物をテーマに置かれている方もいるとは思うのですが、基本としてたぶん頭だけで考えないといいますか、感覚的な部分が制作する上であるといいますか。やはり、馬と接していると、心で会話するようなところがあるのかなと思うんですよね。きれいごとのような感じにも聞こえるんですが、「ほら、駄目だろう」という言葉は通じないわけですが、どこかでそれを伝える何か、ムチだとか手段やいろいろな方法論はあると思いますが、それ以前に、それを伝えるという方向性を向いていないと伝わらない。だから、ある種、第六感のようなところがすごく発達しているのかなと思うんですよね。そういった部分も、ひょっとすると作品に少なからず影響があったりするのかなと思います。

西村　馬の目がね、私のことをよく見ますよね。ジーッと目で追うでしょう。餌なんかやっているとき。でも、流し眼で見る目と、馬が脳の中から私を見る目とは違うね。脳の中から見るようになってくると、ある程度、話ができるから調教が早く進みますね。

――表面を見ている目とね、中を見ている目と。

西村　そうそうそう。ずっと見ている。そうするとね、調教で、ここでこう足を出すよというのが出てくるような気がする。

もうひとつ、馬はね、つむじがあちこちにあるんですよ。そのつむじの位置によって、毛並みが違うわけ、全部。ブラシをかけていると分かるでしょ。私ほとんど、どこの部分の毛もどっちに向いて生えているかというのが頭に入っているわけね。彫刻もそのように作っていくわけだ。

私、顎の下に髭が生えるでしょ。どうしてもこの毛が残るのよね。顔洗って最後ちゃんと剃っても「おかしいな」

と思ってたの。そしたら、半年ぐらい前に、こっちからこっちに生えているのが分かったの。六十年ぐらい髭剃ってたのに。馬の毛だったら全部分かるのに、自分の髭は（笑）。

森部　はい。毛並みは本当に。

西村　つむじの位置によって違ってくるの。

森部　そうですね。ここでこう入り込んでいるというのがありますよね。私も《UMAZURA》を描くときは、万年筆でつむじの毛を一本一本追っているものですから、どんどんそこに巻き込んでいくんですよね。その予測できないような毛の動き方とか、そういうのも、結構おもしろいなあといつも興味深く馬の身体を見させてもらっていますね。

私は意識的に、敢えて客観的に馬を見られるように日頃から心がけています。ちょっと距離を敢えて置くといいますか。先ほど言っていたこととは逆のことになるかもしれないのですが、何か角度を変えて、多視点で馬を見るという部分、たとえばそこから広がる文化もそうですが、一歩離れたところから、今馬の置かれている立場であったり、更に、馬の今後にある役割は何だろうかとか。芸術でそれを表現するというのはおこがましい話なのですが、ただ、動力が馬車から車へそして新たなイノベーションに変わっていく世の中で、馬が今後どのような役割で人と関わっていくのか、もっと広い目で見ると、馬は誕生したユーラシア大陸の中心から、いろいろな国境や地域を超えて、独自の進化をしてきました。そこの人たちに家畜化されることによって種の保存をしてきたという部分であったり、日本人とアメリカ人で言語や文化は違っていますが、馬への調教や乗り方は変わらなかったり、それは世界共通だと思うと、平和の象徴のようなところもあるのかなと思います。極力、一歩引いて見るようにしたいと、常に思っています。

距離感としての馬旅

——特に戦国期の荒々しい悍馬《かんば》を好むような、日本人の馬の好みに反して、ヨーロッパでは、人に対する従順性を育種選抜において重要視してきたと思います。そのあたり、日本人とヨーロッパ人の、馬に対するあり方の違いはどうでしょう。

西村　まったく違う。これは農耕民族と騎馬民族の違い。乗馬クラブに日本人のお母さんが子供を連れてきたときね、まずムチも買うし乗馬服も買うでしょ。そうすると、子供はムチを見せながら馬に近づく。外国の子供はムチを隠して馬に近づく。だいたい乗馬クラブのお母さんを見ているとね、馬を待合室まで持ってこさせて、そこから乗って馬場へ行って、待合室で降りて馬を返しておしまい。手でさすらない。外国人の女の子は必ず手でさするよ。これは農耕民族と騎馬民族の違い。絶対かなわない。要するに馬に対して家族みたいな感じ。必ず手入れさせる。日本人はそれをさせないですよね。

森部　そういった意味では本当に真逆ですよね。

——でも東北地方では曲り家が発達するなど、反対に、非常に密接な面もありますけれども。

西村　あれはまた家族。それは私らのほうは乗馬だからね、全然違いますね。本当に家族になって。馬は神様だしね。そういう面ではすごくいいんだろうけども。

森部　そういうのが、取材に行ったときに見えたりするのがすごくおもしろいです。その取材した影響もあり、表現方法が多岐にわたってきました。

——取材に行くというのがおもしろいですね。

森部　最近、《UMATABI（馬旅）》というのもやっていまして、単なる普通の風景写真なのですが、馬の地名巡りをしまして、例えば愛知県一宮の馬引焼野《まびきやけの》、馬見塚《まみづか》、馬飼大橋《まかいおおはし》にも行きました。それから愛媛までも行きました。愛媛の展覧会が決まっていたので、旅制作と題して行いました。道中、高速道路を使えばすぐに着くのですが、馬の地名を洗い出し、そこに立ち寄っては写真を撮って、繋いでいって、馬を乗り換えるというような感覚で愛媛まで行きアウトプットして、展覧会を行いました。

――北斎も、馬の地名をまとめて選んで描いたりしていますよね。

西村　北斎が。そうなの。

森部　愛媛には、馬島《うまじま》があるんですよね。しまなみ海道の大島とか大橋の下にいろいろある中に、馬の島というのがありまして。

――何か馬にちなんでいるんですか。

森部　そうです。これは愛媛県のお殿様が、たぶん野間馬《のまうま》だと思うのですが、馬を放牧して飼って、名付けたんです。そこが今でも馬島という名前が残っていまして、最後はそこで取材して展覧会をするという感じでした。美馬市《みまし》とか馬宿《うまやど》とか。あと、馬乗捨川《うまのりすてがわ》というところは、淡路島にあるんですけど。

西村　そういうところがあるの。

森部　これは地図に載っていなくて、その前に馬廻《うままわり》というところに行きたかったんです。馬廻というのは神社とお寺の間のところで、お祭で馬をぐるぐる回していた場所だったらしいんですね。それで、そういう地名がついたという。行った先で現地の人に聞き込みをして、なぜここがこういう名前か聞いたりもするのですが、その中で、たまたまそこに置いてあった地図に、付近に馬乗捨川があるというのを知って、追加で取材して、どれだけ馬を乗り捨てないと渡れないような大きな川なんだろうと思って行ったら小さな川で（笑）、この川沿いには牛舎があって、牛はいたんですけど馬はいませんでした。

こんなようなことを、馬を取材に行くというのと同じ定義のような感じで、馬はいないのですがその地名から、昔は馬がいたのかなと想像するような作品を創りたいと思って、こういうものもやっています。

三重県ですが、馬之上《うまのうえ》というところに行って、馬之上にあった駐車場とホース（笑）を撮りました。ダジャレっぽいんですけど、こんなこともやったりして。これは距離を置くという部分も含んだ試みです。

「満足しない」というモチベーション

西村　実は、ここのところ一年以上、一個だけ作ろうと思っていたものがあるの、それは、白馬を誕生させた海の神ポセイドンでね。馬が白波から出てくるところを、何回か作っているんだけど、レリーフならできるんだけど、波の裏がうまくいかない。葛飾北斎みたいな波ね。彫刻だと裏が見えちゃうでしょ。裏の作り方が分からない。波に翻弄されながら馬が生まれてくるやつを、一応油粘土でいろいろなものを作ってみてるんだけど、ピンとこない。ぜひ白馬誕生を作りたいね。

森部　西村さんから送っていただいたビデオを拝見させていただいたんですけど、そこの中で、彫刻と絵画を融合させるようなことを。

西村　それはね、色を付けてみようと思ったの。

森部　もうそれはされた。

西村　それは作りましたけどね。何かそれをやると、ビデオでも言ったけれど、置物みたいになっちゃって、おもしろくないのね。一つ作ったんだけど。どこかいっちゃって。

――ライティングしたらどうですか。色は付けないで。

西村　ライト。なるほど。

森部　私はできるだけ多くのところを取材したいと思っています。外国をまだ全然取材できていないので、早くしたいなと思っています。その上で何が新しい作品が出てくるのかというのは、そういう取材の中からまた引っ張り出したいと思っていますね。

――ぜひロバやラバも（笑）、取材していただければなと。

森部　馬の顔の中に、シマウマとか描いたことがあるのですが、馬ってかなり特殊な大動物なのかなあと。これだけ人間と関与が深くて、これだけ種を増やした動物も、ほかにはなかなかないと思うんですよね、人が乗って。もちろん、ラクダやゾウも人は乗れると思うんですけど、馬はやっぱり全然違うというふうに。戦争にも使われたりして。

たとえばジャレド・ダイアモンドという生物学者の方が、アフリカの発展が遅れたのは、アフリカ大陸には馬がいなかったからと書いていたのですが、大陸によって、馬のいた地域、運ばれた地域、たとえばアメリカなどはイギリスに馬を持ってこられてというような植民地の歴史があったり、馬がいろいろと左右した部分であったりとか、もっと外に出て行けばいろいろ見えてくるのだろうなと。もちろん本で読んでもそれは分かることなのかもしれないですが、自分の足でそれを取材してみて、自分の表現の中で何か出したいというのが今後の想いです。

西村　我々のやっていることは、自己満足の世界と思いますよ。満足しないから、しかたがないからやってるんでね。あとは色気が少し残っているから、もう少しいいものを創りたいなとか思うから創るので。だから「花深きところ行跡なし」って棟方志功が言ってる。自分の足跡が、桜の花びらが消えた頃、その先を行っている。それもまた消えちゃう。だから、自分のはすべて習作だっていうね。それが本当だと思うね。「守拙求真《しゅせつきゅうしん》」って、彫刻家の平櫛田中《ひらくしでんちゅう》が言った言葉がありますけどね。愚直にね、真実を求めて一所懸命作っていくしかないんだというようなことですけどね、すべて自己満足。だから、女房子供に嫌われるってことでしょう。

森部　そうですね。現実は（笑）。ありがとうございました。

西村　ありがとうございました。

西村修一（にしむら　しゅういち）　一九三〇年東京都生まれ。慶応大学卒業。全日本学生馬術選手権個人優勝。国民体育大会優勝七回。日本スポーツ賞、日本馬術連盟功労賞、日本ウマ科学会功労賞受賞。二〇〇一年馬場馬術世界ランキング八十一位。日本馬術連盟理事、日本馬場馬術選手会会長などを歴任。日本中央競馬会馬事公苑、新潟競馬場、競走馬総合研究所（宇都宮）、馬の博物館などに馬の銅像二十一基を設置。前日本彫刻会会員。日本ペンクラブ会員。

森部英司（もりべ　えいじ）　一九七八年愛知県生まれ。名古屋芸術大学（彫刻・造形科）卒業。イギリスに交換留学後、イタリア・ローマに滞在（作家アシスタント）。帰国後、御殿場の乗馬クラブに勤務。主にインストラクター・調教の仕事に五年間携わる。二〇〇二年より馬や馬具をモチーフに作品を作り始め、実際の馬を使ったアートパフォーマンスや絵画・オブジェの制作を開始。現在は全国の馬の取材を行いながら、人と馬との関わりから現れ出る歴史や文化を多視点でとらえ、作品として表現している。(http://www.eijimoribe.com)

第四章　働く馬

働く馬

「国家を築く馬」

寺島　敏治（元北海道教育大学釧路校非常勤講師）
黒澤　弥悦（東京農業大学教授）
大瀧　真俊（日本学術振興会特別研究員）

軍馬・搬出林業・二輪馬車の時代

大瀧　日本学術振興会の大瀧と申します。よろしくお願いします。私は、戦前の軍馬政策が東北地方の農家経営に与えた影響について研究しています。軍馬政策とは、戦争の際に数十万単位で必要とされる軍馬を平時から用意しておく政策のことです。そうした馬の大部分は農家で飼われており、軍馬として使えるように改良しておく必要がありました。この軍馬を目的とした改良政策が、東北地方で馬を生産・利用していた農家との間にどのような軋轢を生み出していたのかというのが、私の研究テーマです。

今回「とっておきの写真」を一枚持ってくるようにいわれて大分悩みました。専門の農業史分野では、近代の馬に関する大きな出来事として馬耕（馬と犂を用いた田畑の耕起作業）の普及があげられます。その写真も考えたのですが、他の座談会で扱われているそうですので、代わりにこの休憩中の軍馬を選んでみました。

戦前日本の馬には、平時に産業馬として働き、有事に軍馬として動員されるという二つの側面がありました。産業馬の多くは農耕馬でしたので、これを当時の言葉で「農馬即軍馬」と呼んでいます。人の「国民皆兵」に相当するものです。写真はそのうちの軍馬としての側面を写したものです。ただしご覧のように、目を閉じながら草を食べているという実にのんびりとした姿で、とても戦場の風景とは思えません。こうした仕草をみせる軍馬は、兵隊にとってマスコット的な存在、癒しの存在とされていました。軍馬は当時「活兵器」と呼ばれていましたが、単なる兵器とは割り切れない部分もあったわけです。今日はそうした馬の多面的な性格についてお話できればと思います。

寺島　基本的に私は近代の産業史をやっている、つまり歴史学のほうなのです。明治維新以降、わが国の林業資本は東北地方をずっとのぼって北海道に行き、北海道から外延的に樺太のほうに進むのです。三井、三菱を筆頭にいろいろな林業資本が展開します。三井物産というのは鉱山も持っている、造材もやる、何でもやります。そして、北海道の内陸へ鉄道がついてくることによって、九州の果てから東北地方の青森県まで林業労働者が林業資本のもと、請負人によって内陸の造材地帯へ入ってくるのです。そして造材をやる。つまり木を植えるとか何とかではなくて木を切り出す搬出林業なのです。要するに国有林を払い下げる。年期契約ということで大規模に、しかも安く払い下げていく。その場合に馬は絶対に必要なのです。鉄道以外、もちろん人力もありますけれども、馬なくして搬出林業は成り立たないのです、そこで馬を調べるようになった。

もうひとつは、私は釧路生まれです。街の外れが街道になっていまして、そこを都市輓馬《ばんば》が朝晩行き来するのです。札幌の場合は、雪溶け後の五月に吹く風を「馬糞風」というのがあるくらい、根雪中の街路に馬糞をためる。それぐらい大量の馬を使ってあの都市は大きくなってきたのです。都市輓馬といってもいろいろな種類の物を運びます。木材も運べば、水産物も運ぶ、輸出用の昆布や豆類も運ぶ。これが都市輓馬なのです。大瀧先生も指摘しているとおり、秋田の大型馬の場合、第一次世界中から物流量が圧倒的に多くなってくる。そうするとわが国の場合、流通の手段としては鉄道以外、モータリゼーションの面で遅れていましたから、その部分で馬が役割を果たす。この物量を処理するには大型馬を使うしかないのです。本州の場合は四輪馬車でしょう。北海道は二輪馬車ですが。とにかくそんなことで物流に対応する馬車の年間を通した需要が、どんどん増えてきたのです。つまり、内国植民地として北海道は、諸産出物を本州本土に提供するように変わってきたわけです。

黒澤　東京農業大学の黒澤と申します。本学「食と農」の博物館運営に関わっております。正直言いまして、私は家畜の研究をしておりますが、馬を専門に研究しているわけでもありません。家畜の系統とか、「家畜化」つまり野生の動物からなぜ家畜になったかという研究をやっているものですから、お二人の先生方のように今回のテーマである「働く馬」についての研究には取り組んでおらず、それについては素人です。

ただ、私が育ったところは岩手県奥州市というところで、合併前は胆沢郡前沢町という人口一万五千人程の小さな町でした。馬の飼育が盛んな地域で我が家でも二代にわたって祖父、そして父が馬車曳きをやっていました。祖父は馬車曳きのほか、本格的な博労（家畜商）をやろうというところで病死してしまいました。父が母の黒澤のところに養子で入って、そのまま戦地に行き、終戦後、馬車曳きを本格的にやったそうです。

そういう中で私も育ってきたものですから、先生方のような学術的なことを話すことはできませんが、今日は子供の頃に見た父の馬車曳きについて記憶にあることをお話しすることが、何か先生方のご研究にお役に立てればと思っています。父は馬車曳きを戦後すぐ始め、昭和五十一年、私が大学を卒業するまで続けていました。街の中にも数十名の馬車曳きの方がおりました。人口が一万五千人ほどの町で、街の中心から少し離れれば農村地帯が広がっていましたが街中にはお店もたくさんありました。ですから、生活物資などを街の中に運ぶ上では馬車曳きの存在は非常に大きかったわけです。

寺島　二輪馬車ですか。

黒澤　そうです、二輪馬車です。今日はその写真を持ってきました。私の郷里の岩手県は藩政時代には南部藩と伊達藩に分かれており、南部藩は曲り家ですが、伊達藩であった我が家は直家《すごや》で、母屋と厩が真っすぐ繋がっており、台所のある土間の戸を開ければ馬の顔が出てくるような家だったのです。そういうところで常に馬との生活、むしろ馬が中心となって生活していたと言ってもいいぐらいでした。小学校五、六年になりますと、学校から帰ると厩に押し切りで短くした藁を入れておかないと、父に叱られたりしました。

地域には父が長くおつきあいした博労さんが未だご健在です。その方は戦中・戦後、馬の売り買いをやっていて、今では馬から牛に変わった郷里で、東北を代表するブランド牛で知られる「前沢牛」の地盤を作った博労さんです。いろいろ聞いてみますと、やはり博労としての馬の売り買いのための行動を考えてみると、北海道に行ったり、宮崎に行ったりという話を聞くと面白いです。

それ以外にも、この地域からはいろいろな名馬が出ています。例えば、奥州市の水沢では金華山号という明治天皇の愛馬を育成しています。昭和三十年には現在の天皇・皇后両陛下のご成婚に際してお買い上げとなり、パレードに参加した輦豊号《れんぽうごう》ですとか、さらには古い時代には一関市、隣の町ですが、千厩《せんまや》と言う所で太夫黒という源義経の愛馬が育てられたと伝えられています。そういう意味で、改めて東北岩手というのは、馬に関する歴史があるところで、今日はいろいろ楽しいお話ができればと思っています。よろしくお願いします。

馬産地に収斂する軍馬補充部

大瀧　現在、日本国内で馬といいますと、まず北海道が頭に浮かぶと思います。それにも関わらず、なぜ私が東北地方に注目にしたかということについてお話させて下さい。率直に申しますと、東北地方では馬をめぐる農家と軍隊の関係が、他地方よりも密接かつ複雑であったからです。一方、北海道の場合は軍馬がいなくなった戦後も馬産地として残っているように、そうした関係が比較的薄かったといえます。例えば一九三〇年代初頭の東北地方は、昭和恐慌（一九二九年）と二度の冷害（一九三一年、三四年）に見舞われ、「娘の身売り」に象徴される深刻な農村危機に陥りました。他に現金収入がない農家は馬にすがるしかなくなり、この危機を何とかして馬で乗り切ろうと試みます。そこで馬を高く買ってくれるのは誰かというと、陸軍だったわけです。こうした馬を通じた陸軍による救済への期待は北海道でも見られましたが、東北地方ではそれが格段に強かったといえます。

ただし馬を高く買ってくれる陸軍に協力して大型の馬を作りたいのと同時に、自分たちが農耕馬として使うには軍馬のような馬は大き過ぎる、もっと小さくて安いほうが良いとも考えていました。軍馬に対してアンビバレントな感情を持っていたのです。こうした矛盾を抱えた地域であったというのが、東北地方を研究対象としてきた理由です。

戦前の代表的な馬産地帯と言いますと、最初は東北と九州の二強でしたが、九州は早い段階で脱落していきます。それと入れ替わる形で、大正ぐらいから後発馬産地として急激に台頭してきたのが北海道でした。今日は北海道をご専門とする寺島先生がいらっしゃるので、ちょっと変な言い方ですけれども、東北と北海道、どちらの馬のほうが優れていたのかというお話になるのかなと思いました。

寺島　実際のところはよくわからないのですが、一応東北も見てきているのです。青森県はくまなく。七戸にも行ってきましたし、野辺地のほうも回りましたし、津軽半島の方も行って、青森も岩手県沿い、例えば八戸から真っ直ぐ入ったところの名久井村にも行きました。これは名久井馬商と言って有名ですが、北海道に良馬の買い付けに行って、ボンボン買ってくるのです。

日露戦争が終わり、明治三十九（一九〇六）年に馬匹改良三十年計画の実施として同名の計画の二回目が出される。北海道では明治三十三（一九〇〇）年に第七師団という大きな師団が旭川にできるのです。しかし、市町村史では困った書き方をしている。「軍馬補充部条例によって、北海道では初めて軍馬補充部釧路支部が白糠村に開設されました。」そういう書き方なんです。これは困るんです。この書き方は昭和の初めの郷土史の発想なんです。つまり、わが国がやってきた人返し運動の発想となんら変わっていません。何のために、なぜ明治三十三年に、釧路から鉄道を旭川までつけて、その隣の隣接に位置する白糠という太平洋側の村に軍馬補充部釧路支部を作ったか。これは何のためなのか。目的ははっきりしているのです。第七師団への提供のために、わが国はどうしてもこの沿線に軍馬補充部が必要だったから作ったのです。説明を逆にしているのです。つまり、ある段階の県史の内容、あるいは軍史の内容がそのままこちらに転写している。それは明治憲法下のことですから、その当時はそれでよかったのでしょうけれども、現在もはたしてそういう説明・記述でいいのかということですよ。

続けて明治四十（一九〇七）年、日露戦争が終わって二年目に、この白糠の隣に音別派出部ができるのです。これも釧路支部並みの大きなところなんです。川の流域にとにかく開設されます。一帯は国有地の未開地ですから、農民の入植のために原野区画をやるんです。その年にどうするか。釧路集治監の跡地、つまり釧路川の中流域に標茶《しべちゃ》という膨大な用地があるのです。これが網走番外地ではないですけれども、空いているわけです。どうぞ軍馬補充部にしてくれませんかという陳情があるのです。東北地方でもそうなんです。九州でもそうなんです。寄付による広大な土地を持って陳情があるのです。形式上であるかもしれないけれども、やるのです。そこに川上支部を作るのです。これでもまだ足りないのです。

そこで、軍馬補充部十勝出張所を十勝に作るのです。北海道ではなにしろ在馬頭数が十勝はトップです。明治四十年になると、北海道の中の道央地帯、つまり石狩川流域地帯、上川盆地まで上ってくる道央地帯ですが、ここは米作中核地帯です。畑作もやっています。道東・十勝のほうは畑作中核地帯なのです。当時は米も作っていました。ここでは繁殖牝馬を農耕に使って、当然運搬もやる、冬は造材もやる。馬は遊ばせません。一年通しで働きます。そして、小作から自作への脱皮を図っていく。つまり、多量の木材を切り出す冬山造材現場では、春の雪溶け期まで仕事が続きます。馬搬農民も仕事の切り上げ期まで、そばに馬小屋を持つ飯場での生活となります。ここでは普段食べられない白米飯を常食し、馬には牧草と共に馬力のつくエンバク、トウモロコシなどの飼料を多量に与えます。切り上げ期に飯場の帳場さんがこれらの経費を引いた金を現金で渡すのです。例えば、日高に入ってきたキリスト教の団体である赤心社は東北地方と同じ形態です。本州の文化の影響を北海道はみんなまともに受けているのです。そのときは、生活道具の鍋釜を持って、故郷で生産した木綿の着物を着て来るんです。

大瀧　若干補足をしてよろしいですか。今お話にあった軍馬補充部というのは、平時の陸軍が常備軍の軍馬を育成するために作った施設のことです。民間の馬を買ってきても直ぐに軍馬として使えなかったため、こうした施設を作る必要があったわけです。軍馬補充部には東京に置かれた本部と、全国各地に置かれて育成の実務を行なった支部がありましたが、通常、軍馬補充部という場合は支部の方を指すことが多いです。

最初に軍馬補充部が作られたとき（一八九六年、前身の軍馬育成所は一八八七年）、支部は全国分散型に置かれていました。当時は北海道にありませんでしたが、東北には青森県の三本木支部と宮城県の鍛冶谷沢支部の二つがありました。近畿には兵庫県の青野支部があり、九州には鹿児島県の福元支部があるといった具合です。まだ鉄道輸送網ができていなかったので、先ほど寺島先生がおっしゃったように師団の全国配置に合わせて軍馬補充部が設置されたのです。

しかし鉄道輸送網が整って馬の長距離輸送が可能となってくると、軍馬補充部は次第に馬産地に偏っていきます。まず鳥取県にあった大山《だいせん》支部（青野支部の後身）が一九二一年に廃止されました。大山周辺は牛地帯であったため、他地方からの馬の輸送が容易になったことで、ここに軍馬補充部を置く必要がなくなったわけです。九州では鹿児島・宮崎のなかで高原《たかはる》支部（一九〇二年）、高鍋支部（一九一〇年）と移転を繰り返していましたが、敗戦時まで常に一つの支部が置かれていました。

同じころ、東北地方には軍馬補充部が次々に新設されていきます。福島県の白河支部（一八九七年）、先ほどお話にあった岩手県には六原支部（一八九八年）、少し間を空いて青森県の七戸支部（一九〇七年）、山形県の萩野支部（一九一〇年）といった具合です。

——そうそう。

大瀧　軍馬補充部が最も多かったのは一九〇七～二一年の九支部時代ですが、そのうち東北地方には三本木、七戸、六原、萩野、白河と五つが集中していました。大きな転換点となったのが、大正軍縮です。軍馬補充部は削減の主たる対象とされ、先ほどの大山支部と同じ頃に、東北地方では六原、七戸、萩野の三支部が廃止されています。

それ以降の時期には、北海道が東北を上回る馬産地に成長したことや、本州以南への輸送路が確立されたこともあって（青函連絡船の開通、一九〇八年）、北海道へ重点的に設置されていきます。先ほどの寺島先生のお話にあった釧路支部に加えて、十勝支部（一九二五年）、根室支部（一九三八年）の二つが道東部に設置されました。

このように軍馬補充部というのは、馬産地の盛衰や輸送網の確立に応じて、当初の全国分散型から東北集中、さらには北海道集中へという順で配置が推移しています。

寺島　盛岡に種馬育成所を作りますね。全国でただ一カ所、明治四十年に作る。これも馬匹改良三十カ年計画、つまり国家馬政第一次計画によるものである。その中の重要な一ページとしてそのことを位置づけている。奥羽種馬牧場の役割というのはこれまた大きいのです。ものすごいのです。東北はもちろんのこと、北海道にも全部影響している。

アイヌが作った牧の馬

黒澤　ここで確認しておきたいのですが、北海道の馬は最初どこから来たかということですが、東北でよろしいんですね。

寺島　ええ、東北です。

黒澤　それは南部馬ですね。

寺島　ええ、そうです。

黒澤　いつ頃から北海道への導入が始まったのですか。

寺島　江戸期後半の蝦夷地は場所請負時期に馬が一部入るのです。つまり、商人がその場所へ行って完全に独占し、一定の金を藩に払い増してやるのです。松前藩というのは当時は米ができないところですから。商人が一括請負、手っ取り早く南部の馬を連れて、この地にいるアイヌも全部使って、つまりは沿岸漁業をするのです。

大瀧　北海道は専門でありませんが、確か漁業や林業を行なった東北地方からの出稼ぎ民が南部馬を連れて行き、冬に東北へ帰るときにそのまま北海道に残していって野生化したものが、道産子《どさんこ》（北海道和種）の起源だったと思います。

寺島　つまり、野生化するのですね。連れて帰るものもありますし、一カ所に集めておくところもあります。集めるのも馬糧が大変なんです。それなら放牧したほうがいいわけでしょう。馬は利口ですから、太平洋側の場合は夏の海霧がずっと入りますからミネラルがあるわけです。笹を食べてれば死なないんですね、塩分もありますし。ですから、そういうようなあり方で幕末まで代々請負人が、つまり商人が放牧をして、自分のところの和人を番人として全部使って一括支配する。支出された少量の金以上の何倍もの儲けがあるのです。馬の扱いはアイヌはすごいですね。近代になってからもいい馬を作っているのです。今も残る当時の『民有種付産駒台帳』の中にも出てきます。日高の沙流郡民が、いい馬を作るんですね。高く売れるのです。そんな半端なものじゃないですよ。やっぱり経験を積んできたアイヌの人たちが真面目にやったらああなっていくんですね。大正時代もそうです。優れたアイヌ馬産です。

黒澤　そのアイヌの方はどのような形で馬を受け入れて、どう使っていったのでしょう。

寺島　江戸期、場所から場所へ、和人を陸上で運ぶ場合の運搬をする、陸上運搬をする。本州における街道筋の運搬と同じように、当時道路はないですが、海岸筋の波打ち際を歩くわけです。そのときに馬を曳いて歩いているんです。ひとつはそういうことになりますし、漁場でもアイヌの人たちは働きます。わずかなものを得るために働きます。報酬として八升一俵の米を得ている。

そのほかにアイヌ馬産家というものが出てくるんです。明治二十年代からすごいもんですよ。国もこれを買い上げます。軍馬レベルのものじゃなくて、もっと上のものです。

大瀧　そのころアイヌの方がやっていた馬産というのは、一年中放牧して自由に交配させるといった自然に近い形でやっていたのですか。

寺島　いや、近代では違いますね。管理しています。北海道の『畜産雑誌』で明治期、馬泥棒防止のため個人別の馬烙印一覧表が出ていて、それで分かるのです。日高沙流郡の村ではアイヌ馬産家たちが牧をちゃんと作ってやっているんです。これはすごいんですよ。これは日本の漁業経営者は持ち山に放牧して、漁期に浜におろすので、とてもじゃないですね。つまり、早く和人に接触し、轡取りをやる人が学習して成長していくんですね。これで体得していくんです。中世のコシャマインの乱があって、近世のシャクシャインの乱があって、最後は蝦夷の三大反乱として国後騒動が標津でも起こるんです。松前藩のお味方アイヌと、そうでないアイヌの集団があるわけですが、次第に馬を持つようになるんですね。シャクシャインの乱でのアイヌ軍の先端は、弓矢を持つ騎馬軍です。結局、島原の乱後、幕府も応援して日本側の鉄砲力で負けるのです。

黒澤　当然乗馬技術もすごかったのですか。

寺島　すごいですね。まさしく十字軍対モンゴル騎兵馬のあの戦争を彷彿とさせるような。

馬産地のプライド

黒澤　いわば近代の馬市といいましょうか。それはいつ頃からだったんでしょうか。

大瀧　青森県の三本木では文久二（一八六二）年に民間のセリ市場が開設されていますが、多くは法律や規則が整備された明治以降だと思います。それ以前は博労（家畜商）どうしによる取引が中心で、その代表的な市場として日本三大牛馬市というものがありました。まず白河の馬市、白河の関は奥羽（東北）と関東を結ぶ交通の要衝でしたので、ここに東北各地から馬が集められて、関東地方から馬商が買い付けに来ていました。二つめは鳥取県大山の牛馬市、ここは大山寺が直営していたもので、西日本の各地から牛馬が連れて来られたとされています。残る一つは、広島県久井《くい》の牛市です。以上の三つが、近代のセリ市場以前からあった代表的な牛馬市となります。

寺島　明治初期の開拓使新冠牧馬場に端を発する新冠御料牧場下では、明治二十二（一八八九）年には日高馬市株式会社をたちあげて、そこでヨーロッパ式の馬市を始めるのです、取引も。結果的には明治の末には完全に銀行取引、銀行為替を扱うようになります。これまた面白いのですが、安田銀行がやるのです。これはどういう格好で始めたかというと、北海道の東のはずれに根室という町があるのですが、明治初期開拓使の根室支庁が開庁し、ここに安田は根室銀行を興すのです。それが道央のほうにも来るのです。それが根室銀行の担当です。日高の馬市にどういう関係であの権利を取っているのか。西ヨーロッパの馬産を三年近く視察してきた宮内省の侍従・藤波言忠と同伴した新山荘介が帰国後、馬市を開設した。とにかくヨーロッパ式なんです。馬市をやる場合に事前にカタログを作り、買い入れ先にこれを配ります。日高にはカタログが残っています。

――セリ方式ですね。

寺島　そうそう。事前にカタログがあって、なんという馬は何歳馬で、どういう種類で、どういう性格で、予定価格も出す。希望価格はこれだけだ。それで、パンフレットを作って、そういうものが全部付いてくるんです。下総御料牧場の場合は御料牧場の馬を売るための馬市をやり、また日高新冠御料牧場の馬を売るために、日高馬市株式会社を設立するのです。下総の場合は、牧場大改革で新冠より遅れますが、もう一つ競馬会社を作ります。この競馬会社で引き取ってもらって、それを売ってもらう。つまり売馬会社です。

大瀧　セリにかけるというのは、東北でも北海道でも明け二歳の夏から秋です。しかし実際に農耕馬として使えるようになるのは五歳ぐらいからになります。三歳から四歳ぐらいの間には、鞍を載せたり、犂を引かせたりといった農耕馬としての育成や調教を施さなければいけません。そうした役割を担っていた地域を育成地と呼んでいて、北海道では空知地方、東北地方では秋田県雄勝郡・平鹿郡、岩手県稗貫郡・胆沢郡などが代表的です。この育成を挟んだ生産から利用までのルートは実に様々で、北海道で育成まで済まされて東北で使われる場合もありましたし、北海道の二歳馬が東北地方で育成され、その後に関東の方に流れていくといった場合もみられます。

寺島　大正九（一九二〇）年に馬が売れなくなった。これを救うためにどうしたか。日高では日高種馬牧場での種付産馬が一番売れる。道内での消費も入れてですけども。ここで東北地方の馬商たちが買っていくんですね。

釧路の大楽毛家畜市場の馬も全部出身はどこだというのが名簿に書いてあるんです。どういう馬が一番ニーズに合っているのか。つまり、経済の実情に合っていたのかと、資料を集めたんですが、それを見ると、ああ、なるほどと。つまり、東北と北海道とが一体的になる時期があるんですね。それは相対的に東北の力が勝っているような印象はあるのだけれど、勢いがなくなると、東北からも盛んに種牡馬を北海道に買いに来るんです。

大瀧　確かに生産頭数という量の点では北海道に追い抜かれてしまったのですが、それでも東北地方には馬の質についての自負が残っていました、昔からの馬産地としての。

寺島　そのとおり。

大瀧　種牡馬を作れるということと軍馬、特に将校用の乗馬を作れるということ。東北はこうした優等馬を作れることについて、ずっと強いプライドを持っていました。

寺島　そうです、そうです。何と言っても、それはそうなんです。私は秋田には行っていません。秋田には行っていないから、なおさら先生の『軍馬と農民』（京都大学学術出版会、二〇一三）を読んで、むべなるかなと思った。あそこの大型馬を持って行って、大都市の物流対応用の都市輓馬にした。

大瀧　ペルシュロン種ですね。

寺島　荷馬車をあれで運びます。要するに巨大な荷量を運びますよ。これはさすがだと思った。北海道でも十勝種馬牧場にイレーネというペルシュロンが、フランスより輸入され、種牡馬になってどんどん子供を作るんです。これは雑種も含め改良馬のもとになってますでしょう。

大瀧　東北の馬と軍馬との関わりを示すエピソードとして、次のようなものがあります。一九〇五年に柳田國男（当時は法制局参事官）が福島県を訪れた際、これからの福島県の県是について、県の官吏と議論しています。その際、柳田が「馬なんて儲からないから養蚕をやれ」と言ったのに対し、県の官吏の方は、日露戦争の直後で軍国主義が高揚していたこともあって、「これからは儲からなくてもお国のために馬をやらなければいけない」と反論しています。中央から来た柳田が地方や農家の利益を優先しているのに、地方の官吏の方は反対に国益を優先しているのです。

北海道は「内国植民地」、「国内植民地」といった呼び方をされることがありますが、東北地方もまた植民地的な性格をもっていたことが、東日本大震災(特に福島原発事故)以降に改めて指摘されています。東北地方は、明治に入って初めて中央国家の管理下に入りましたし、民衆は国民(皇民)として扱われるようになりました。そうした政治や社会の変動の中で馬、特に軍馬は、東北地方の民衆と国家をとり結ぶ役割を果たしていたのではないかと思います。

黒澤　おもしろいですね。

馬喰《ばく》る博労《ばくろう》

――博労たちの実態の記録をあまり目にすることがないのですが、その辺をもう少しお聞きしたいのですが。
大瀧　最近、松林要樹さんが『馬喰』(河出書房新社、二〇一三)という本で、現在の肥育馬取引をとり上げています。また戦前の牛の「馬喰」については板垣貴志さんが『牛と農村の近代史―家畜預託慣行の研究―』(思文閣出版、二〇一四)を出しています。牛の「馬喰」というと、ちょっと変な日本語ですけれども(笑)。
黒澤　新潟地方ではかつて鶏博労もあったといいます。私の郷里の前沢には、今は牛の博労をやっていますが、それ以前には馬の博労をやっていた人です。その博労さんによると新潟のほうにもちょくちょく行っていて、鶏博労の話を聞いたと言います。家畜を扱う人たちをみな博労と言っていたのでしょうか。

大瀧　「博労」という漢字を当てるとあらゆる家畜に使えそうですが、「馬喰」と書くと馬専門のイメージがありますね。どちらも口語の「バクロウ」に漢字を当てはめているので、使い分けは難しいと思います。日本の牛についてはだいぶ実態が明らかにされていますが、東日本の馬については全く分かりません。畜産史の中でも農業史の中でも、依然としてブラックボックス的な存在となっています。

黒澤　先ほども紹介したのですが、いまは専門に牛を扱っている、所謂その家畜商ですね。かつては馬を買いにたびたび北海道に行ったと言います。「年間を通して百頭は扱ったもんだ」と言っておりました。そして、一番遠いところでは宮崎まで持って行き、また地元で生まれた馬も北海道や宮崎にも持って行ったとも言います。いったい博労の人たちはどれぐらいの距離を移動し、売り買いをやっているのか。私もちょっと興味があるのですが。

寺島　国の『民有種付産駒台帳』、これは国がどこでも残しているものです。あれはあまりたいしたことはないと言われたのですが、とにかく浦河の郷土博物館に日高のものがあるわけです。それから、北海道帯広の隣町、音更町ですが、ここに家畜改良センター十勝牧場というのがあり、ここにも現存しているのです。これらをみますと、博労たちはすごい動きですね。九州のほうからも来ますから。その資料が『台帳』に記録されて出てくるんです。今まで馬のほうも政治・経済的な分野の研究をやっている人や、私のように産業史的な部分でやってきているところから見れば、ビジネスですから、商売ですから、博労さんと言い、家畜商とも言い、馬商と称します。とにかく九州からも買いに来るのです。鹿児島種馬所というのは、九州種馬牧場を馬政局がぶっつぶすわけでしょう。そして、種馬所にしてしまうわけです。効率が悪いということなんです。

馬の取引は民間では袋に手を突っ込んでやると言いますでしょう。あれは家畜市場法の施行規則では、だめだと言われているのです。要するに取引は市場でやってください。それに従ったのは軍馬補充部の購買官が軍刀を杖に軍隊を背景に、「よし、購入」という具合でやるのが一番便利であり、家畜市場法に基づく市場でのやり取りはそうなのです。多くの若駒を購入したい軍馬補充部では一軒一軒庭先回りをやる。こんな非効率的なことはないですね。というのは、北海道は一軒一軒の距離が長いから。それで、どうしても農商務省ではああいう方式を取って、「だめですよ」となった。だから、取引は袋に手を突っ込んで、何が何だかわからないけれども両方でやる。それがずっと慣習で残っている。

大瀧　他の地方でも同じです。そうした不透明な取引によって、家畜商が農家から馬を買う場合には馬の価格を不当に低く、反対に売る場合には高くすることがまかり通っていたとされています。またこのことから、家畜商は酒商、肥料商と並んで戦前の農家を苦しめた三大商人であったといわれています。

寺島　肥料商はそのとおり。

大瀧　そうした不透明な馬の取引の問題を排除するために、北海道でも東北でもセリ市場化が進められていきます。馬産地の場合には産馬組合、後の畜産組合の組合員が生産した馬のうち、少なくとも牡馬はすべて上場しなければならないという取り決めが各地で作られていきます。ただし馬を生産する方はセリだけでも良いのですが、馬を利用する方としてはセリの時期を待てない場合もありますし、求める馬がどこの市場に出されるのか分からないことも多くありました。こうしたニーズに応える存在として家畜商は必要であり、セリだけではうまくいかなかったわけです。

また一口に博労といっても、先ほど黒澤先生がおっしゃったような長距離間の取引を担当する博労もいれば、地域の中での取引を担当する者もいる、さらに博労とはいかないまでも、村の馬好きがちょっと取引に立ち会ってやるといった場合もあります。馬の流通はこのように重層的に成り立っていましたので、セリ市場以外の取引をすべて排除するということが正しかったとは思えません。特に市場では扱われない使役馬の交換に関しては、

戦場の軍馬　『支那事変写真帳』防衛研究所 戦史研究センター所蔵（支那 - 写真 -44）

大楽毛の馬市　寺島敏治著『馬産王国・釧路　釧路馬の時代』（釧路新書 19）

二輪馬車で収穫の稲束を運ぶ　昭和 40（1965）年頃

家畜商の存在が不可欠であったと言えます。

黒澤　戦時中は農家の馬を徴用するとき、家畜商を介したのか、直接軍が行っていたのか。その両方あったのでしょうか。

大瀧　馬を軍馬として動員する方法には、徴発と購買の二つがありました。どちらの場合も、基本的には農家と軍との直接取引です。軍が日時と場所を指定して、そこに集められた馬の中から徴発したり、購買したりするという形です。二つの違いは、徴発の場合には馬の招集と売却が強制であったのに対し、購買の場合はそれらが一応、任意であったことにあります。もっとも戦時中には拒否することが難しく、実態は徴発と同じであったとされます。購買の場合には、家畜商が軍馬として高く売れそうな馬を農家から事前に買い集めて、それを上場することがあったそうです。

寺島　有料徴発馬と、日露戦期から一部、無料徴発馬があるんです。

大瀧　無料はなかったと思います。

寺島　無料はあるんです。ある。特に、日中戦争から太平洋戦争期に北海道では増えるのです。

大瀧　徴発馬には必ず徴発代金が支払われていたはずです。（※民間の馬産家が軍馬を献納した場合、あるいは市町村を経由して支払われた徴発代金が農家の元に届かなかった場合と思われる。）

寺島　いや、もらっていないですね。太平洋戦争などの場合は、要するに馬の出征としてやっていますから。馬車屋さん、都市輓馬さんは大変なんです。

大瀧　そうした運搬業の馬を徴発された場合が、一番大変だったようですね。

寺島　馬が四頭いた。そのうち三頭持っていかれたら商売になりません。

大瀧　それはそうですね。一番徴発が多かったのは一九三七年の秋のことで、全国で二十万頭ぐらいが動員されています。このとき、どのように馬を補充するのかが大きな問題となりました。農家の場合は翌年の春にある程度使えるようになっていれば良いので、国が輸送費などを補助して二歳馬を補充させていきました。しかし運送業者の場合はそうはいきません。徴発された後、すぐに代わりの馬がいないと仕事にならないわけですから。

寺島　困るんですよ。成馬ですから。

大瀧　そうした働き盛りの馬は日本中で徴発されてしまったので、補充できなかったわけです。

寺島　種類によって成馬を持っていくんです。仔馬じゃないんですよ。本州の馬商さんも成馬を欲しがる場合があるんです。若駒で買っていく場合もある。それから、すごいなと思ったのは、本州の人たちは北海道の道内馬商なんていうレベルではないですよ。動物学を習得しているんですよ。馬商の親方というのは、子方を連れて、つまり使用人を連れて、使用人も相当熟達しているんです。そういう者を養成して、北海道に渡ってくるんです。

ですから、忍者集団ではないけれども、一人の親方がいて、幕末の志士、龍馬が長崎商人と接触して金を借りるときに、長崎商人はどうやったかといったら、あそこに女の商人を入れてマージャンやっているわけです。あれは遊びではなくて、商売情報の交換であり、探り合いなんです。北海道に来ても花札《トッパ》をやるんです、親方が集まって。釧路大楽毛なんていうのは家畜市場法ができてから。その翌年にできたんです、北海道で初めて。それこそ北海道で初めてなんです。ここでやっている姿を旅館の人たちが見てて、名前は言いませんけれども、本当に遊んで歩いている。遊んで博打をやる。金を賭ける。それはそうですよ。金を賭けなかったら何だって真剣味が出ないんじゃないですか。馬券だってそうじゃないですか。

大瀧　馬に関することは何事も、ある意味で博打ですからね。

寺島　青森の奥羽種馬牧場のあの台帳に出てくるんですよ。本州馬商というのは一人では来ていないじゃないですか。集団で来るか、親戚の者、仲間うちを連れてくる。しかも、彼らはにわかに雇ってきて、何だかわからないけれども付いてくるなんていうものじゃないですよ。広島の馬商が来てもそうですが、彼らは地元で学習してくるのでしょうね。軍馬補充部なり、種馬所のお偉いさんたちとの交流があるんじゃないですか、馬の情報をめぐって。かつての場所請負商人が藩の役人といろいろ接触して利益をはかったように、かれらも情報交流の場を設けてから来るのでしょう。すごいもんだと思います。

黒澤 そういう閉じた情報の流れの中でですね。

寺島 もっと下っ端の博労さんも来ているかもしれませんよ。奥地まで入っていけないで、函館で買って帰る。そして、持って行って、すぐ売る。何しろ手持ちの金が寂しければそうなるわけです。一方では、よく金を作るもんだと。これは摩訶不思議ですね。日高の馬産家などもそうですが、必ず買ってきて、そしてばくるんですね。信用のバロメーターはそのばくってきた馬が必ずいい産駒を得られるようでなくては、もう取引中止。すごいもんだ。そういう部分で見てくると、そういう文化度が高い人たちが家畜商になって、集団で来て、手分けをして買っていく。そしてばくり方も見事ですよね。下手なやつはやっぱりだめなんですよ。修行が足りないんですね。ばくってドロンする。これは、にわか馬商です。

――ばくるとは、どういうことですか。

大瀧 ばくる(馬喰る)だから、ばくる。博労の動詞形ですね。

寺島 持ってきた馬と交換するんですよ。いかにも身体は大きいけれどもだめなやつということがわかっていて持ってきて、相手の馬と交換する。つまり安く仕入れてきた馬を持ってきて、間違いなく高く売れる馬と交換する。これはよくある手なんです。これをばくると言う。まあでも、必ずしもそういう人たちばかりではないですよ。買い上げて、馬宿からまとめて持っていきますから。

関東大震災の救援をした馬車屋

黒澤　今日は働く馬ということがテーマなのですが、これは父が昭和四十年頃に使っていた二輪車です。秋の収穫期のときはいろいろなところに出向き稲を運んだりしていた写真です。こちらは、戦後二十二〜三年頃だったと思いますが、地域の馬力大会で優勝したときの写真ですね。みんな凛として。

寺島　ゲートルを巻いて、乗馬ズボンですね。ゲートルのほか、ズックで脚絆の場合もある。

大瀧　これはいつ頃のものですか。

黒澤　これは昭和四十年後半から五十年前後ですね。

大瀧　脚の太さからすると、ペルシュロンなどの重種の血統が入っているのではないでしょうか。

寺島　つまりペルの雑種というやつですね。

大瀧　明治の初めには、とにかく日本の馬を大型化することに重点が置かれていたため、ありとあらゆる欧米の馬種がとり入れられました。その結果として、戦後に入ってもこうした日本在来馬とは大きくかけ離れた馬も残ることとなったわけです。写真を見ただけでは分かりませんが、これは荷車でしょうか?

黒澤　荷車ですね。

大瀧　専用の荷馬車を持たなくても、大八車に少し手を加えると馬が曳けるようになったそうです。

黒澤　ゴムタイヤですね。タイヤを履かせています。

寺島　それは〝舗道車〟ですよ。それはずっと後です。中古の大中小のトラックのタイヤつきでシャフト部分から作ります。

黒澤　そうですね。昭和三十年以降でしょうか。

寺島　それまでは金輪木製馬車です。車輪の回りに金具をつけた。

黒澤　大八車をちょっと丈夫に改良したものですか。

寺島　車大工さんというところで店をやっていて、これを作っているんですよ。ふいごでザーッとおこしまして、子供の頃、釧路でも盛んにやっていました。金輪を真っ赤に焼くんです。こっちに木で作った輪がありますね。車、それは木ですから、そこに真っ赤になったやつをどうするかと言えば、一回チュッと水につけるんです。大きい輪ですから、熱いんですよ。それをこっちにある金輪に、職人さんが二人ではさみで持って、置いてある地面の木の輪っぱの上にジューッとやるんです。これで完全に付くんですよ。

大瀧　蹄鉄と同じですね。

寺島　本州のほうにあった四輪馬車もそうですが、あれに匹敵するぐらい、つまりタイヤを大きくして、大きいシャフトのものを使えば、大きい荷馬車になるわけです。ですから、それに米を何十俵積むとか。それは大型の馬を使えばいいわけでしょう。そのかわり大型馬具も特注し、馬糧も食いますよ。大型馬というのは食べる量も大変なんです。

黒澤　父の馬車曳きですが、一日で帰ってくる行程は隣町まで朝早く行って戻ってくる。こういう馬車曳きの場合、荷物を運搬して隣町に行くと一日がかりですね。さらに、泊まりがけでどこか遠方に行ったという情報はお持ちでないでしょうか。

大瀧　具体的にはどのようなものを運ばれていたのですか。

黒澤　例えば材木を隣の町から運んでくる、製材所に運んでいくというのは一日がかりなんですね。今度は遠方に持っていく場合は、当時はまだ十分なトラック輸送が発達していなかったでしょうから、遠方の町に泊まりながら運ぶという。そういう形での馬車曳きというのはあったんですか。

大瀧　戦後のことは詳しくありませんが、そうしたことも十分にあり得たと思います。その場合、まだ宿泊施設に馬を繋ぐところが残っていたということになりますね。

黒澤　昔は当然馬車が発達していなかったから、背中に積んで運んで行ったんですね。私がなぜこんなことを質問したかというと、関東大震災があったときに各地から馬車曳き屋さんが集まって、被災で生じた瓦礫の後片付けの応援に行ったということが言われていますが。

寺島　当然本土であれば、そういうことは優に可能ですから。馬車を持ってお国のために。もう日露戦争がお国のためですから。

黒澤　岩手からもそういう馬車が行ったということを聞きました。

寺島　もちろん北海道の市町から人も応援に行きます。先生はどう見ているかわかりませんが、日露戦争が終わって新聞発行部数も増えますし、国民国家の意識形成、これが見事に達成されますから、そういう面では大正十二（一九二三）年の関東大震災、救援をしていくという面は馬車屋さんにはあったのではないですかね。

黒澤　私の郷里からも行ったということを聞いたものですから。

大瀧　そういうこともあったようですね。

黒澤　それは事実なんですね。

大瀧　はい、事実です。

黒澤　もちろん関東周辺の馬車屋さんでは足りなかったわけですね、あれだけの片付けをするのは。

寺島　とてもとても。あれだけの地震があったところですしね。

大瀧　東日本大震災の時とは反対に、東北の方が関東の方を心配しているという状態で、確かに援助に行ったという記録を見た覚えがあります。

黒澤　正式に書かれた記録は残っていないのでしょうか。

大瀧　公式な記録ではありませんが、雑誌記事の中で見かけました。当時、『馬之友』という月刊誌があったのですが、関東大震災で原稿が焼失してしまって一時的に出版できなくなり、その後はしばらくの間、手書きの謄写版で出されています。その中に、東北から助けに行ったというのが載っていたはずです（『馬之友』第七巻第九号一九二三年一〇月「大震災号」）。

寺島　関東大震災であれは版止めになったんですか。

大瀧　そうですね。一時的に休号になっています。

寺島　なるほどね。あれをいろいろ読んでいると、神八三郎という馬産家がいるんですけれども、それが日中戦争期、華北の戦地近くまで、大陸の冬期軍まで視察に行く。軍の機密情報を担っていることをつい忘れて、彼は自分の信じているところを悠々と東京で報告するんです。場所も全部示して、これこれしかじかの馬だと。そばに特高がいて、待てということになって、それでも彼は悠々と。年を取っていろいろ経験を積んだ馬産家ですから、自分の信念を持っている人は全部しゃべってしまうんですね。活字は全部伏せ字になって出てきますけれども。ですから、やっぱりすごいなと思います。全国区では『牧畜雑誌』（一八八九～一九一四年）がありますね。それから、北海道は『畜産雑誌』というのがあります。

大瀧　どちらも見たことがあります。

寺島　『牧畜雑誌』は北海道のより具体的な部分を出していますね。あの種のものは東北でもあるんじゃないですか。

大瀧　『畜産雑誌』のように、長期間発行されていた雑誌はなかったと思います。

寺島　東北をモデルにしているのかなと思ったんです。

大瀧　県の畜産組合連合会による雑誌として、例えば秋田県では『秋田之畜産』（一九二二〜二五年）というものがありましたが、これは数年で廃刊となっています。

寺島　北海道の『畜産雑誌』はずっと続いているんです。

大瀧　北海道大学で見たことがあります。

黒澤　ところで当時の馬車曳きの人たちの社会的な地位というと、どうだったのか。私の父についての記憶としては、常に現金収入があるわけですね。当時の田舎の男の職業としては華やかな職業だったのではと思うのですが。家は専業農家で、米作りは母が主体でやっており、父は馬を持っていますから、もちろん農繁期の忙しいときは家の田畑を耕す。農閑期のときは馬を使ってよその仕事をしており、現金収入がありますから、町の馬車曳き屋さんは仕事が終わると飲み屋街で、馬を店の前に繋いで仲間と一杯やるんですね。ですから、馬車で居眠りしながら家路に向かう馬車曳きの方もいたようです。今でいう馬車による飲酒運転とでも言いましょうか。父もそんなことがあったようです。馬はいつも通る道ですので夜道でも間違いなく戻っていたようです。

寺島　そうです。日銭を稼ぎますからね。日銭というのは強いですよ。

黒澤　そうですね。ちゃんと馬車曳き組合があって、年末には馬車曳きの奥さんたちが組合員の家に集まって料理を作って、宴会が始まるんですね。

寺島　そこではサクラ肉は食わないですね。

黒澤　父の組合では食べなかったと思います。そういう馬車曳き組合のような活動はあちこちにあったわけですね。

近代国家を支えた馬のこれから

——地域における馬産や流通を通しての日本における馬と人との関係で、特におもしろいと思っていらっしゃることがありましたら、お話いただいて、それをまとめに代えさせていただければと思います。

寺島　「食」との関係で、ブロークンな見方かもしれませんが、果たして今日なぜ馬なのかという部分で見れば、フランスでは牛肉を食べ続けてきたわけですが、その結果大人も子供にもメタボ体質の人が増えてしまった。愛馬の精神ももちろんあるのですが、保険料をいかに抑えるか。そこでせめて成長期の子供にはサクラ肉を食べさせるべきだと政府は決断をして、それを実践している。その国がフランスなんです。そのことは「ペルシュロン協会」で出している専門の雑誌があるのですが、それでつくづく分かりました。

今日、わが国も保険料が膨大にかかる。それはうまい肉をたくさん食べ過ぎた結果、年寄りは高血圧にならないまでも、いろいろな意味での病気を抱える病人になっている。それで、サクラ肉を食べるフランスはうまく軌道に乗ったのかというと、フランスは国内だけでは調達できないので、ポーランドやアメリカから冷凍肉でもどんどん入れている。つまり、馬肉の今日的な活用法を実践しているわけです。

もう一点は、それとリンクする北海道におけるエゾ鹿肉、これはいみじくも開高健が元気な時期に言ったんです。ドーンと一発で撃ったエゾ鹿肉は最高、世界で最高ですと彼は太鼓判を押したんです。彼は死んだのですが、エゾ鹿肉と合わせてサクラ肉を食べて、日本の保険料を減らして元気な老人をつくり、子供たちを元気にするという意味では、高度経済成長期の食に溺れたわが国民をうまく舵取りする方法になるのかもしれない。このままだったら保険財政は間違いなくつぶれますから。東北合わせて北海道はこういうような点から見れば意味があるのではないかと思うんです。以上です。先生が総合的なことを言われたら、私は言う出番はないですから。

大瀧　私はこれまで東北地方の馬が軍馬になっていった過程について、産業的・経済的な側面を中心にみてきました。その一方で、馬が東北の民衆にとって家族のような存在であったことなど、社会的・文化的な側面については十分に触れられてこなかったと反省しています。日本の農業は家族経営であるとよくいわれますが、その中で馬もまた家族の一員だった様子が、多くの文献や伝承から非常によく伝わってきます。

また「活兵器」と呼ばれた軍馬についても、それが決して殺傷の道具であったわけでなく、冒頭でお話ししたように戦場では兵隊に可愛がられる対象となっていました。さらに軍馬を扱った戦争経験者の方の多くが、どんなに空腹となっても自分の担当馬だけは食べることができなかったと語っています。これらのことは、軍馬が単なる兵器とはいいがたい、特別な存在であったことを表わしています。農業現場でも戦場でも、馬は単に経済や軍事といった観点のみでは割り切れない存在であったといえるでしょう。

黒澤先生がおっしゃったように、戦前の日本ではこうした馬だけでなく、人が動物と接する機会が身近に溢れていましたが、現在はそうした機会が非常に減っています。その結果、動物と接することを通じて命の尊さを知るという経験が少なくなり、他者への思いやりを欠く出来事や事件が多くなっているのではないか、と感じています。

黒澤　今日はいろいろお話を聞かせていただいてありがとうございました。私は父が馬車曳きをやっていたこともありまして、どうしても父の仕事をずっと気にかけていました。たまたま数年前に息子がフランスへ留学して、農家でしばらく農場実習をやっていて、そのときに「おやじ、フランスでは今でも牧場で生産したミルクとかバターやチーズを村の市場に売りに行くとき馬車で行くんだ。うちのおじいちゃんもそういうことをやっていたのか」と聞かれたことがありました。いま大瀧先生が言われたように、今の日本の社会には、家族の一員としての働く家畜はまずいなくなったわけです。ところが、我々が子供の頃は普通に馬や牛が身近にいたわけです。そういう中で今日の話を通して、また今回こういう父の写真を見まして、子供の頃、馬と接していたからこそ、今の自分は今回の様な話もできただろうし、現在では家畜に関わる仕事もできたのではないかと思いました。

今では家畜を見るには北海道や特別な地方に行かないと見られなくなった。場合によっては、我が国の在来家畜で天然記念物の馬とか牛などは動物園でしか見られない。今回の鼎談を通してこういう話をもっと、例えば教育現場等にも広げていったらいいのではないかと思いました。

明治を迎えて、日本の国力として、馬が農業をはじめとするいろいろな産業の中で重要視され、こんなにも日本の近代国家を底辺で支えてきた。そのことをもっと広げて教えていく必要があるのではないかと思います。

寺島 そうなんでしょうね。高校生は受験勉強が勉強ですから。そういう中でどうしていくかという面では、貴大学のようなところで組織的にどう進めるかという問題もあると思うんです。本当に、馬の存在はこうも身の回りからいなくなった。私は今、帯広に住んでいるのですが、帯広に畜産大学がありまして、あそこに実験動物としているんです。乗馬クラブがあって、学生が来て身障者の人たちの癒しの動物として、馬を使っている。

大瀧 ヒポセラピーのことですね。

寺島 この分野で活用するようにシフトしてきていますでしょう。遅きに失するぐらいなのでしょうけれども、ようやく社会的なニーズがそこまで来た。都市化が成熟した日本の国は馬の活用面ではまだ後進性があると思うんです。

黒澤 私も大学の授業や博物館でも機会あるごとにいろいろ取り上げるのですが、日本の近代化を支え、成長していく過程で馬がこれだけ関わってきたということはほとんど触れられる機会がなかったと思っています。

寺島 そういう意味で昔の人はすごいなと思っていることは、馬に関係ない人たちが馬市を見学に行っていることです。
　私の父は祖父と一家で明治十年代に西南戦争へ参戦した士族たちの保障として、営業で北海道釧路国の海岸域へ集団移住します。大正初期、その国衆をたより釧路へ移住します。父は結局、職人の道を歩みますが、その父が仕事の合間によく大楽毛馬市へ見学に行った話では、多くの人が集まり、馬市ぐらいおもしろいものはないという。駅から馬市会場まで縁日や神社祭の比ではなく、出店ひとつを見ても実に賑やかなこと。広い馬市会場には出番を待つ馬たちがずらりと揃う、その姿の壮観なこと。ずっと向こうまで見える限り馬、馬なのだ。更にセリ場では緊張した空気の中で、あのやり取りの豪快なこと、普段は全く見ることのできない世界がそこにあるのだよと、熱い視線で語るのです。

大瀧　お祭りですからね。

黒澤　私は在来家畜の研究をしていますが、我が国では在来馬が残っているのは木曽地方や沖縄県の離島とか本当に辺境の地域です。これだけ南部馬などが東北や北海道で活躍したにもかかわらず、東北には一頭も残っていないというのはどういうことかとよく聞かれるんです。在来馬が残っているのは辺境地だから、改良が進まなかった。だから、残ったんだと。でも、南部馬もとうにいなくなったというのは、それだけ改良に相当な力が入れられたということですかね。

寺島　東北はやっぱり埒のうちですもの。徹底的に改良されてしまった。現在、家畜改良センター十勝牧場に日本の在来馬が何種か飼われていますが…。

大瀧　山の奥の方で隠して飼っていれば分からなかったはずですが、東北の人は立派な「国民」であろうとして、在来馬を改良し尽くしてしまったのだと思います。

黒澤　東北人は真面目にやったというか。

寺島　お国のためにやったんですよ。国策による操作で、出来秋の作物より高額ですから。

大瀧　馬を通して。

寺島　お国のために戦っているんですよ。

黒澤　そういうところで終わりますか。ありがとうございました。

寺島敏治（てらしま　としはる）　一九三四年北海道生まれ。現教育大学釧路校卒業（日本史）。現場教師から二十年余り、二度にわたる釧路市史編集事業に専任で関わる。前北海道教育大学釧路校、釧路短大非常勤講師。釧路の市街地春採街道沿いに育った関係で、四百メートルほどの街道沿いに蹄鉄屋さん一軒と、馬車屋さん七軒があり、その一軒の友人宅で子供の頃から馬に接し、馬車や牧草積場を遊び場とする。著書に、『馬産王国釧路』（釧路新書19　釧路市刊）、『釧路の産業史』（釧路叢書26　同）など。

黒澤弥悦（くろさわ　やえつ）　一九五三年岩手県生まれ。東京農業大学農学部畜産学科卒。農学博士。同大家畜血清学研究所助手を経て、牛の博物館の建設準備室研究員として開設に関わり、同館学芸員となる。現在、同大教職・学術情報課程、「食と農」の博物館教授。専門分野は博物館学、家畜資源学。共著書に、『世界家畜品種事典』（東洋書林）、『アジアの在来家畜—家畜の起源と系統史』（名古屋大学出版会）、『地球環境学事典』（弘文堂）など。

大瀧真俊（おおたき　まさとし）　一九七六年静岡県生まれ。京都大学農学部生産環境科学科卒業、京都大学博士（農学）。日本学術振興会特別研究員ＰＤ（東京大学大学院農学生命科学研究科）、著書に『軍馬と農民』（京都大学学術出版会）、共著書に、「日満間における馬資源移動—満洲移植馬事業一九三九～四四年」野田公夫編『日本帝国圏の農林資源開発—「資源化」と総力戦体制の東アジア—』農林資源開発史論Ⅱ（京都大学学術出版会）、「軍馬補充部大山支部と周辺農村・農民」坂根嘉弘編『西の軍隊と軍港都市』地域のなかの軍隊五、中国・四国（吉川弘文館）など。

働く馬

「知識は馬の背に乗って」

識名朝三郎（馬産家）
入福浜　賢（元与那国馬保存会長）
小島　摩文（鹿児島純心女子大学大学院教授）
川嶋　舟（東京農業大学准教授）

棒締頭絡と在来馬

小　島　私は今、石垣島でウムイとよばれている馬具の調査をしています。棒締頭絡《ぼうじめとうらく》と名付けているのですが、沖縄奄美ではごく普通にみられる道具です。縄で結んだ二本の棒を鼻梁部から掛け、下端に手綱を通したものです。南西諸島では今でも多くの方がこの一本手綱の制御具で馬を扱っています。沖縄では沖縄独自の馬具だと考えられているのですが、北海道の函館・松前にもあり、またかつては日本中にあったようです。さらに海外でも中国、タイ、ラオスの山岳部、イギリスのシェットランド諸島、イタリアのサルディニア島、デンマークなどで同様の馬具が使われていたことが分かってきています。

棒締頭絡は主に駄馬（荷馬：Pack Horse）に使われており、そういった意味でこの棒締頭絡から、騎乗の文化とは別の荷馬の世界がみえてくるのではないかと考えています。写真は、中国四川省の涼山彝族《りょうざんいぞく》自治州の山道で出会った馬が着けていた棒締頭絡です。一九九五年の調査でしたが、国外で見つけた初めての棒締頭絡で、思い出深い写真です。

川　嶋　私の日本在来馬との初めての出会いは、中学一年生の冬休みに、父と吐噶喇列島中之島（鹿児島県十島村）に行った時でした。島中央部にある牧場にいるトカラ馬を見て、かわいらしい馬と思うとともに、なぜこのような離島にいるのだろうと不思議に思ったことを覚えています。大学院で日本人と馬との関わり方を探るために、日本在来馬の起源を探る研究を始めたのが、在来馬と深く関わるようになったきっかけです。既に役用としての役割はなくなり、保存のために飼育されている馬がほとんどでした。これらの馬が保存されるだけでなく、何か役割を持てないだろうかと考え、その中で、私の専門とするホースセラピーの分野でも使える可能性を感じました。

二〇一〇年頃に、写真の北海道和種馬と出会いました。彼は、性格も良く体型もホースセラピーに適したものであり、今はホースセラピーで使える馬となりました。日本在来馬は、このようにホースセラピーやトレッキング、触れ合いなど、新しい分野で活躍できる可能性を十分に秘めていると思います。

今日は、在来の馬がどのように人と関わってきたのか、その一端を知ることができることを楽しみにしています。

小　島　識名さんは今、馬は何頭ぐらい飼われているのですか。

識　名　とりあえず四頭ですね。牡二頭は今、完全に乗用でやっています。

川　嶋　いい馬をお持ちですよね。

識　名　私は世界一だと思っていますよ（笑）。これが戦国馬で、昔の軍馬だと信じて、私は養っています。

鞍

小島　どんな鞍を使っていますか。

識名　和鞍で全て自分の手作りです。この地区のものにこだわっています。

小島　和鞍の作り方は、どなたかから習ったのですか。

識名　いえ。あの当時作っていた人はもういません。あった物を見て作ったというだけです。鞍を作る若い方がいますが、そう言うと悪いけれど、鞍は馬にばっちり合うのが一番大事で、これは、縮尺で線を引いて作れるものではありません。あくまで目測で、全て斜めになっている鞍骨の四つの部分をいかに組み合わせることができるかどうか、なのです。木目の曲がった特殊な材料を採ってこないと駄目です。

小島　その曲がった材はどこから探してくるのですか。

識名　山の中で探すんですが、やはり直の大木をえぐって使っても駄目なんです。木目がちゃんと回っているものでないと、少しショックを与えるだけで割れてしまう。戦後、農業が盛んなころでは、どんぴしゃり木目が当たって馬に合うような鞍は、馬一頭分や三頭分の値段のものもありました。これも馬と同じで名が売れました。どこの誰のうちの鞍が一番いいと。

小島　識名さんが考える一番の鞍作りの名人は誰ですか。

識名　ここで作れるのは私しかいません。

小島　いえ、今ではなくて昔の。

識名　昔は、宮良カマジャという人が大浜部落にいたらしいですが、もうそういう鞍はないでしょうね。車の時代になったものだから、もういらないと考えたのでしょう。逆に内地、本土あたりの畜産関係の人がぱっと見て、「おお、これは」と言って、年寄りなんかに「これ、売ってくれませんか」と言うと、「もう、いらないよ」と。そうやって売ったのがほとんどです。その後、残していこうと思って探そうとしたけれど、そのときにはもうなかった。

小島　与那国も鞍は自分たちで作るのですか。

入福浜　そう。作るけれど、もうないですね。以前も獣医さんに頼まれて作ったけれど、その獣医さんが転勤するときに持って帰ってしまった。何万したかな。五〜六万ぐらいしたでしょう。

識名　そうですね。この和鞍なども内地の流鏑馬で使っているもので、我々が見る限り、全てのものに兼用して使えるのはここの鞍が一番です。

小島　同じ鞍で荷物も運べ、馬車も掛けられるのですか。

識名　荷物も運べるし、馬車もこれに掛けて引っ張るのです。

小島　その場合は、真ん中の居木のところにロープを渡して？

識名　そうです。ロープをこうして掛けて、鞍の上に付けます。馬車を引くためにはただこれだけの溝を彫ってこれで使った。隣の宮古島は乗用に使わないため鞍がないのです。

入福浜　もともと宮古では、駄載用の鞍は使っていないのですか。

識名　そうです。馬に物を載せるということはあまりない。草を刈っても束ねて載せるということではなく、草同士を寄り集めてしばって馬に掛けて、それが落ちないように人間が乗って行く。

川嶋　それが宮古島での乗り方ですね。

識名　そうなんです。

小島　人間が乗るのは、楽をしようと思って乗っているのではなくて、荷物が落ちないように乗っているわけですね。

識名　そう、そう。

川嶋　なるほど。こちらの石垣島や与那国島の鞍は両方使えるのですね。

入福浜　人が乗る鞍と農業用の鞍の違いはありましたか。

識名　そうですね。鞍の質によって、ここでは牧場の作業に行くとか、遠いところの農村地域から市街地に用事で来る場合というように、我々が作業着と背広を着替えるような形で、農家には鞍がいくつもありました。だから、山に薪を取りに行くとか、畑に芋を掘りに行くとかというのは、いい鞍を使ったらおやじに怒られる。

川嶋　町に出て行く鞍を使ったときには怒られるということですね。

識名　そうです。

川嶋　角度とか、大きさも違いますか。

識名　いや、大きさはほとんど同じですが値段は先ほど言ったように、違います。ちょっと安いのは牝馬の農耕用で、女が畑に芋を掘りに行くとか、薪を取りに行くとかに使うものですね。

ここは昔から風土病のマラリアがありました。内地のように耕地整理をした田んぼではなく、自然のままの地域の、水のあるところに田んぼを作っていた。十数キロ離れた、山のふもとです。そうした場所にはマラリアが発生し、そこに集落を置くことはできない。だから市街地は海岸沿いとか、水のないところに置いて、そこから農作業に行くために通った。そのため達者な馬が大変必要だった。

小島　それに乗って行くわけですね。

馬の利用　1

川　嶋　荷物を集めることなどは馬でしていたのですか。
識　名　そうですね。物を積んで運ぶのはほとんど馬です。
川　嶋　例えば、毎日畑に通うこと、収穫した物を村まで持って移動することも馬ですか。
識　名　はい。全て馬です。
川　嶋　そうすると、田んぼや畑で何か作業をするのは牛で、その牛は畑のそばに飼っていたのですか。
識　名　いいえ、家から連れてきました。馬は乗って、牛は自分の農具を積んで。馬の後ろに牛がついてくる。これはちゃんと連携して歩くようになっていました。
小　島　与那国も、昔は結構、馬に乗りましたか。沖縄本島などは、農業する人は馬を使ってもいいけれども乗らないとよく言われますよね。
入福浜　沖縄本島はほとんど馬車ですよね。与那国では、畑、田んぼに通うために使っていました。
小　島　馬車も荷物は載せるけれど、人は一緒に歩くみたいなね。
入福浜　与那国馬は小さいので馬車は曳きません。人が乗って荷物も積んでいました。車のない時代は、大きい馬に馬車を付けていました。
川　嶋　当時、農民の方が馬に乗ってはいけないということではなかったわけですね。
識　名　乗っていけないということはおそらくないでしょう。どこの国に行っても人馬一体で、馬の背に頼って人間はこれまで生きてきたのではないでしょうか。

小島　例えば沖縄本島では、士族は乗っていいのですが、農民は馬に乗ってはいけないというのがありましたので。日本全体がそうですけれど。

識名　ここでは、聞いたことがありません。

小島　だから珍しいと思います。農民階層も含めて馬は乗るものだと考えている。

識名　馬はどういうものということよりも、いい馬を持つことが農村の若い者の夢なんですよ。ここでは医者を呼ぶにも急用も全て馬でした。普通の、のろのろしている馬では急用はできません。医者を乗せて来ることもできません。だからそういう、いい馬に憧れたのです。たとえば石垣の町に夜用事に来る人もいるのですが、友達の家に馬を預けて、用事を終えて帰ってくると、青年たちが集まっていることがあります。ほとんど牧場組合員で互いに知っている連中です。あそこの、いい馬が今日はここに来ているよ、と一人が、夜遊びしている青年たちに言うと、馬を預けた人が、夜十一～十二時頃家に帰るときに、みんな集まってきます。

小島　見に来ているわけですね。

識名　もちろんあのときは電気も十時までで終夜灯ではないですから、真っ暗な中をトコトコ馬が歩いてくるのが見えるわけです。部落から出るとすぐに走らせるのですが、その時、はり馬（※速歩《はやあし》）や側対歩で走るので、その蹄の音を聞くために青年は集まるのです。昔は各部落にこういった名の売れた馬が必ず二～三頭はいたものです。

小島　馬にはそれぞれ名前がついていますか。

識名　いえ、名前は特になかったと思います。ただ、持ち主の名前がついて、川嶋さんだったら川嶋の馬。小島さんだったら小島の馬とか。家柄をそのまま馬が名乗ったというような感じです。

川嶋　それだけ必要な馬であったのですね。家に何頭ぐらいいたのですか。

識名　あの当時の農村では一家に最低二頭はいました。馬が二頭、農耕用の牛が一頭いて、だいたいおじいさんが牛を管理して、おやじは用事しだい、若い者は田んぼでもどこへ行くのにも全部馬です。また、白保や宮良という部落は、繁殖用と農耕用の馬が半々の生活ですが、仔馬が、農作物を荒らしてもあまり怒りませんでしたね、動物なら当たり前だと。人間の青年が、集落で夜に集まって道で三線を弾いて遊ぶのですが、人間もそうなら仔馬もそうで、道でみんな一緒に遊んでいる。

川　嶋　白保や宮良では、牡と繁殖用の牝を飼っていたのですか。

識　名　そうですね、白保や宮良は、ほとんど繁殖牝馬を持っていましたね。子供を産んでも一週間しか家に置かなくて、そのあとは鞍をかけてお母さんの後ろからついてきて仕事に行きます。畑に芋掘りなどに行くわけです。

川　嶋　他の地域では、牡だけ飼っているというところがほとんどですが、新しい馬を飼うためにはどうされたのですか。

識　名　やはり、白保、宮良あたりの繁殖農家から買ってくるわけです。放牧場から取り出してきた馬を、家畜商に渡し、それが博労をして歩くわけです。

川　嶋　なるほど。つまり白保や宮良あたりでは、馬を繁殖することがひとつの収入源なのですね。

識　名　そうです。名が売れた名馬はものすごく高いので、相応の経済力がある人でないと買えません。

川　嶋　良い馬を持つと、畑仕事を始め、さらに仕事ができるようになるのですね。

識　名　そうです。名のある家には良い馬がいました。今でも高い家柄というのは、素晴らしい馬や牛がいた家です。

宮良の部落にはマイバラウマというのがいて、戦後名を残しました。各部落にそうした名馬がいました。大浜ではツブラヤマコウシロウが有名でした。どこそこの馬が八重山一だ、牧場で牛、馬を捕獲するのにあの馬ができないのをこの馬がやった、そういうことが若い者の自慢でもありました。つまり馬の評価によって価値がまったく違ったのです。

川　嶋　シビアですね。少しでも良い馬を作ろうとするわけですね。

入福浜　与那国でも石垣あたりに買いに行きました。

小　島　与那国から石垣にですか。

入福浜　与那国馬は小さいから、石垣の大きい馬を買い付けたのです。農作業に使うためにね。

貿易・売買

識　名　入福浜さんは何歳ですか。

入福浜　六十七歳です。

識　名　それなら与那国の戦後の大景気時代、台湾ヤミ船貿易時代を知っていますね。

入福浜　幼なかったので記憶にはないけど、大景気時代の話はよく聞きました。

識　名　知らないですか。あのころに台湾と与那国とのヤミ船貿易があったのです。ヤミ船からの荷物運びなどは担ぎ屋がやりました。ちょうどそのころ、石垣に戦地や疎開先から人々が帰ってきて建築ブームが興りました。

そのときに在来の小型の馬では山から材木を曳けないので、宮古などでは大島の喜界島あたりから大型馬を入れました。そのときに石垣で在来のいいものを博労が全部集めて倍の値段で与那国へみんな持っていったのです。今残っている、これが与那国の馬です。品種としてはここの馬だと思います。

入福浜　与那国競馬もあったので、走る馬をみんなで探しに行ったりしました。

小　島　その競馬は与那国の言葉では何と言うのですか。

入福浜　「ムヌン」と言います。寒い時期と田植えをして穂が出る時期とにありますが、穂が出る時期にナンタ浜で組別対抗の競馬がありました。

川　嶋　ナンタ浜を走らせるのですね。石垣でも浜を走らせていますよね。

識　名　ここは、競馬はものすごく盛んです。

入福浜　白保でやるのですか。

識　名　いえ、各部落全部です。競馬が始まったのは、「カタバル馬」というのを聞いたことがあるでしょう。あれが競馬大会の発祥だと思います。稲作行事の縁起をかついで、男の人は田んぼに苗代を作りに行くのですが、その間に女のほうは馬を飛ばして名蔵の浜や大星《おおぼし》の海に行き、ここの方言ではキガジョウという大きな貝を採ります。男の人が種を蒔き終わって帰ってくるまでに貝の料理を準備する。貝が割れるように、稲の種もすぐ割れて発芽するようにという縁起をかついだのです。この貝を採りにいく女の人たちの競争があって、名蔵の浜で草競馬をやったのが流れになり、一連の稲作行事の始まり、つまり種を蒔くとき、各部落でカタバル馬をやるようになったのです。

識　名　今、石垣でも、大きい部落でカタバル馬は盛んですが、ハナウマ（花馬）といって最初に乗るのは女性なのです。ハナウマ、花笠をかぶってね。馬の背に籠がありますよね、八重山の方言で「アンツク」というのですが、あれに貝を入れたものをお宮の前に奉納してから始まるのです。

小　島　それは一人でやるのですか。ハナウマは一頭だけですか。

識　名　いや、一頭だけ御宮に上げますが、馬は二〜三頭並んできます。昔は女性で馬乗りの達者な人がいたのです。

入福浜　与那国でも女性は乗ります。

川　嶋　そのハナウマは女性が面倒を見るのですか。家では基本的に誰が馬の面倒を見ていたのですか。

識　名　全部が女性ではなく、家族全員で世話をしました。男性が家に戻るまでに、馬の餌も世話も女性がやり、子供は学校から帰ってくると草刈など、馬の餌を準備するのが当たり前でした。

馬を運ぶ

小　島　先ほど、馬を石垣で買ってというお話でしたが、馬を石垣で買ったとき、与那国へ連れていくにはどうするのですか。船に載せるのですか。

入福浜　船にそのまま載せます。

小　島　それはどんな船ですか。

識　名　木造船です。十トンクラスぐらいの船です。

川　嶋　漁船と大して変わりませんね。

入福浜　馬は二頭ぐらいまで載せます。買った人も一緒に乗っていきます。

小　島　昔、木の船だったとき、その船に屋根はあるのですか。

識　名　ありません。

小　島　そのまま乗って。

川嶋　馬は引き綱やウムイをつけて繋いでおくだけですか。
小島　馬は海の上で暴れたりしませんか。
入福浜　初めは暴れるけど、だんだん慣れますよ。途中で疲れておとなしくなります。
小島　そんなに危険なことではないのですか。
識名　そんなこといってたら運べませんからね。でも、その時期だったら保険も何もないし、死んだらもうしょうがないし、落ちてもしょうがない。そういう覚悟はあったかもしれません。
小島　買った人も一緒に乗っていくわけですよね。その船で与那国まで、どれぐらいで着くのですか。
入福浜　十二時間位で着きます。
識名　よく分かりませんが話に聞くと、だいたい夜中の二時頃に船が出ました。時間になるまではここの飲み屋で飲んで、夜明けに潮時を合わせて行ったようです。与那国の港に入るには満潮を利用して。
小島　その船は木船ですか。
識名　木造ですよ、
入福浜　そうです。
識名　昔は石垣で艀《はしけ》に積みかえました。本島あたりから荷物を積んでくると、港には接岸できなくて沖泊まりです。ポンポン船といってエンジンのついている船がダンベエという、中ががら空きの荷物を積む船を二艘か三艘ぐらい、引っ張ってくるわけです。
川嶋　船の横につけて、艀にどんどん荷物を載せかえていく…。
識名　そうです。クレーンも何もないですから、こういう幅の厚い板を港の桟橋に架けて、みんな担いで運ぶわけです。

ホースセラピー用に仕上げた北海道和種馬

中国四川省の涼山彝族自治州の山道で出会った馬が棒締頭絡を着けていた（1995 年）

川嶋　そうすると、馬もその細い渡し板を歩くのですね。
識名　いえ。みんな海に落とすのです。馬も牛も落としたら泳ぎます。動物の勘でどこから浅瀬があって上れるかが分かるのです。
川嶋　沖に行ってしまうのはいないのですね。
識名　はい。馬は船から落とすと、ぐるぐる船の周囲を回って、どこが浅瀬かをすぐに理解します。
小島　落とすときはどうやるのですか。
入福浜　マストで海へ降ろして、泳がせて陸に上げます。
識名　昔はマストがありましたね。あれで、滑車を使って上げて、足が船の底から上がったときに、向こうから引きずり下ろして海へ落とすわけです。
川嶋　乗せるときはどうするのですか。
入福浜　マストで吊り上げます。
識名　浅瀬まで持ってきて、滑車で。
川嶋　なるほど。泳いでいるところを吊り上げる。
識名　そう、そう。
川嶋　それはダイナミックですね。でも、確かに楽ですよね。安全だし。波照間でそれをやるのを見てみたいですね。
小島　その船の名前というか、方言で何か呼び方はありますか。昔だったらマーラン船とかヤンバル船とか、いろいろありましたよね。
識名　艀でエンジンが付いていますから、ほとんどポンポン船と言っていました。

小島　マストがあって滑車で吊るのはその船ですね。

識名　そうです。昔の焼玉エンジンです。

入福浜　ポンポンという音がそうだからポンポン船と呼んだのかな。

川嶋　マストも付いていて、その船で与那国まで行ってしまうのですか。

入福浜　そうです。台湾とも貿易したそうですから。与那国から台湾へ。

識名　いや、もう、台湾どころではなくて南方あたりどこでも、戦後はヤミ船ブローカーのようないろいろな商いがありましたからね。

川嶋　昔から台湾とか中国南部、ベトナムなどとは交流が密にあったと聞きますね。

識名　ここは台湾とは大変近いし、若い者も稼ぎにはほとんど台湾に行きました。それは、家を作って借金ができたり…。これは本土の田舎も同じでしょう。女の子はみんな稼ぎに行って家の手伝いをし、男の子は上の学校に行くとか。その仕送りをするために女の子はみんな犠牲になります。おそらく女の子で学校を出たというのはよほど経済力のある昔の士族などの家柄の子供です。だから、女の人の教員は少なかったです。昔の娘は非常にかわいそうでした。みんな家の犠牲になりました。

川嶋　その中で、ハナウマは女性が活躍できる数少ない場所だったのですね。

識名　そうと聞いています。縁起をかついで。誰が考えたかは分かりませんが、貝を拾いに行くために一人がやって、みんながまねをしたのではないでしょうか。そこへ女の連中が集まって、走る勝負をしたらしい、それが始まりだといわれています。

ウムイ

小島 その競馬のときに、馬をコントロールするために顔に付けるのはどんな装具ですか。

識名 手綱は、ここでは木のウムイというものがあります。

小島 その手綱は一本だけなのですか。

識名 いいえ、又にして二本付けます。ウムイは木の棒で作ったものです。内地のハミは両方から来ていますよね。ここのものは木でこう来ているから、ウムイのほうが今の内地のハミより扱いやすいです。

小島 馬に乗るとおっしゃっていましたが、今はどうですか。今、識名さんが乗るときにはハミを使いますか、ウムイを使いますか。

識名 ウムイを使います。ハミはここでは全然使いません。私はあくまでもここのものにこだわっています。

入福浜 与那国では、ウムイしか使っていません。

識名 そうです。乗馬するときには二つかけますけれど。ここの馬はその教育を受けているから、手綱一本で、打てば右に曲がる、引っ張ったら左に曲がる、ちゃんと分かります。

小島 かけ声はありますか。

入福浜 馬は「ホイ、ホイ」と声をかけると歩きだし、「ダーダー」と言うと止まります。

識名 統一している言い方があるわけではありません。主と馬との意思の疎通ができていれば、一声出すだけで止まります。ここは火山灰ではなくサンゴ礁ですから全体に石があって、無理やりやると道具が折れてしまいます。馬は鋤を曳いているから、主が感じないうちに石があるのが分かるのです。だから、馬の歩き方が少しでも変われば、アーと言って止まらせます。それで鋤を持ち上げて石をよけて、また歩かせます。そのくらいは、馬は能力がありますよ。

小島　先に石の上を歩いているから、鋤がひっかかる前に止まるということですか。

川嶋　馬は犂がひっかかることが分かっているのですね。

識名　そうです。馬をなめて無茶したら、バチをかぶりますよ。人間、大昔から馬の背に頼って今日に至っているわけですから。これを忘れてはいけません。

小島　ウムイは自分で作るのですか。

識名　全て自分です。

小島　ウムイに適した木というのはありますか。何の木がいいのですか。

識名　桑の木です。鞍も桑の木です。木材などは、昔の人がいろいろなもので研究して作ったから間違いがありません。樫の木は一番強い木です。だから大工道具、ノミやカンナはみんな樫の木で作ります。馬の鞍でも桑の木でないと駄目だ、何をするにも、何の木でないと駄目だ、臼を作るにも何の木でないと駄目だというのがある。これは昔の人が何百年かけて研究して残されたものだと思います。

小島　鞍やウムイにするのに桑のいい点は何ですか。

入福浜　堅くて強くて丈夫ですから、よく使われています。

識名　先ほども言いましたが、馬の鞍で十万するものもあれば一万のものもあるというのはそこなんです。ウムイも多少弓型に曲がっているのですが、その木目がぴしゃっときている木を探してきて、両方合わせて作れば、どんな強い馬がきてもこれを折ることができません。真っすぐなものを使ったら、もう木目が先へ繋がっていないですから折れるときが多い。

入福浜　そこから欠ける。割れていくわけさ。折れはしないけど。
小　島　ウムイは与那国でもウムイと言いますか。
入福浜　ウブガイと言います。
小　島　ウブガイ。なぜ石垣や与那国はハミではなくてウムイなのですか。
識　名　私も分かりませんが、大昔からそういう使い方です。戦時中、内地からの雑種が来たのですが、あれがハミを使っていて、それをクチバといっていました。クチバをかけている馬が来ているというので珍しく思っていました。ここではほとんどそういうものは使われていません。
小　島　ウムイは手綱を引いたら締まるようになっていますが、普段、右に行かせたり左に行かせたりするときは締めるのですか。
入福浜　そうですね。
識　名　ウムイも馬の大きさによって作り方が違います。ハミもそうですが、馬に合うようにピシャッと作りきればすごく扱いがいい。しかし普通の人では馬に合わせきれません。ここからここは何寸と決めてつくるから、それぞれの馬に合うようにはならない。
小　島　歯のところに当たるのがいいのですか。
識　名　そうですね、引っ張ると馬は動きれません。内地のハミは、私たちが使ってみると、乗ってから上に引くときしか効きません。
小　島　はい、前では効きませんよね。
識　名　野原に繋いでいるときは、ハミだと横にすべって何も効かないです。だから種馬なんか使うときにはハミをかけていても、ここから手綱はハミの輪から通して下顎が締まるようにかけるようにしています。

小　島　手綱を頤《おとがい》の下に通してということですか。

識　名　そうですね。ハミの場合はここに輪がありますよね、だから顎の下を通してかけるようにしないと扱いにくい。特にブルトンなどの大型はこれをしないと絶対扱えないです。牝馬を見たらそのままでは絶対に引っ張れない。結局、ウムイというのは、どこから引っ張っても締まるようになっているわけです。

川　嶋　一本だけで作業するときも、引っ張れば締まるから扱いやすいのですね。

識　名　そうです。

小　島　締めるのは止めるときですか。暴れたときにするのですか。

識　名　必ずしも馬が全部暴れるわけではありませんから。自分の作業に適当に誘導するにはこれが必要なのです。

小　島　そのときも締まらないといけないのですか。

識　名　そうです。だから、牧場から連れて来る馬には、最初は普通のウムイは付けません。やったことがないですから。ウムイの中央の刃を尖らせておくと、顎に穴が開くぐらい引っ張ることになるわけです。牧場から取り寄せてくる馬は、棒ウムイといって、この刃のないやつ、真っすぐのものを付けてきます。けがをしないように、また、扱いやすいようにということです。

小　島　その棒ウムイに対して、普通のものは別の呼び方があるのですか。

識　名　いえ、ありません。ここでは桑で作りますが、宮古あたりではケーズという木を使います。沖縄本島のものは短くて、ウムイの刃の先が尖って、二本の棒を結ぶ上の穴も二つ通っています。ほとんど農耕馬、馬車曳き馬に使うような感じですね。

入福浜　宮古も二つ穴が開いていますが、八重山群島は穴が一つです。

小　島　形も独特ですよね。頭が大きくて細くなっていて。

識名　作る人の腕の問題です。
入福浜　だれが作ったか形を見ればだいたい仲間どうしの間では分かります。
小島　喉のところに道具が一つありますが、何か名前はついていませんか。
入福浜　クミングと言います。
識名　全てに名前はありますよ。これはクビンゴと言います。
小島　クビンゴは何のために付いているのですか（図5参照）。
識名　例えば、この結んでいる全体はタチナーと呼びます。これからこの木のウムイに繋ぐのがサイタチナー、下げるタチナーです。
入福浜　調整するのに使います。
識名　あんた方がそういうことを聞きたいなら、私、見本を持ってきたのに。
小島　今日は、模型を持ってきましたよ。そのウムイに直接繋がっているところがサゲタチナーで、この全体がタチナーですね。顎のところに付いている、これがクビンゴですか。
識名　この一本がクビンゴといいます。そしてこれはクビンゴのミグヤー（端綱の撚り戻し）です。回るやつが、繋ぎ。これだけでは馬が暴れると抜けます。だから抜かせないようにするためには、顎の下から何もかからない軽いひもを通します。これはンナンガキといいます。ンナンガキというのは、何も役目をしないただの綱という意味です。
川嶋　それがないと抜けてしまうんですね。

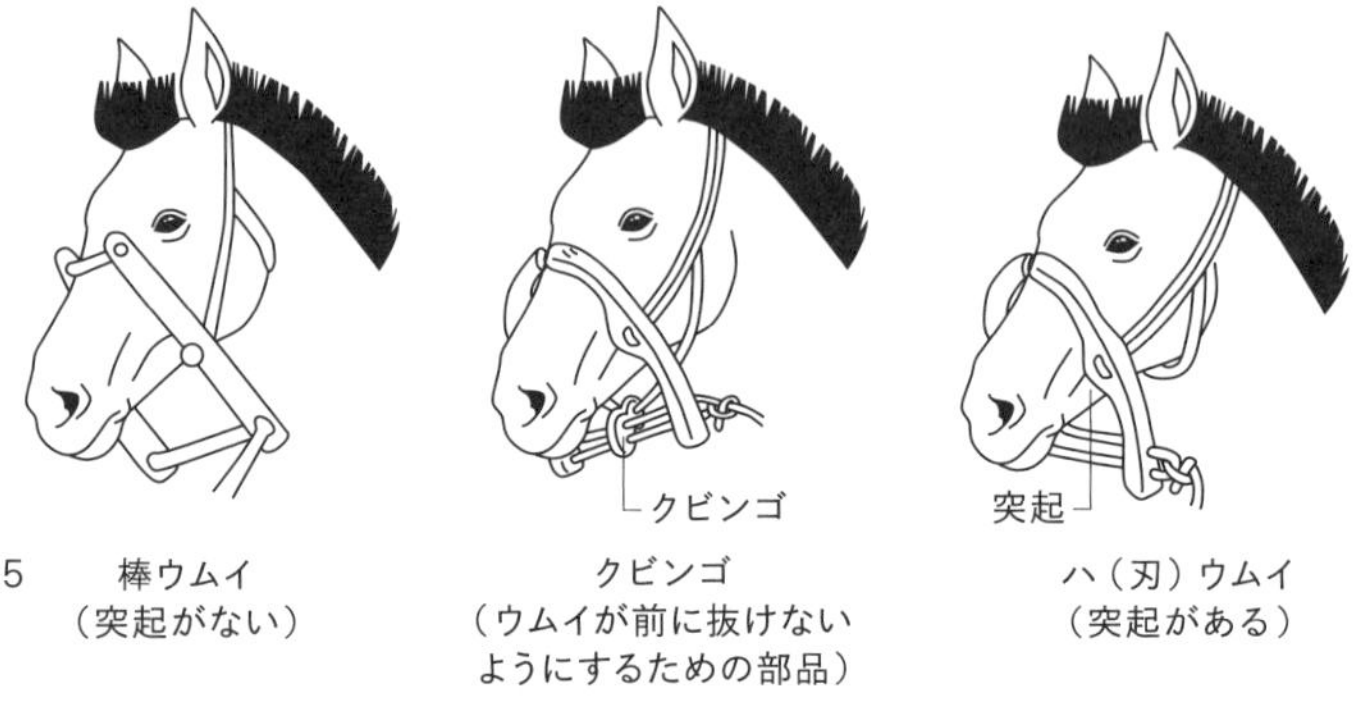

図5　棒ウムイ（突起がない）　クビンゴ（ウムイが前に抜けないようにするための部品）　ハ（刃）ウムイ（突起がある）

識名　そう、これがないと抜けてしまう。頸筋からの紐は、馬が掻いたりしても、抜けてしまうのですよ。抜かせないようにするために顎の下からンナンガキをかけます。頸にピタッと締めます。昔はアダンの根っこが出ているアザナシというものがありました。このアダンの根っこで作ったのがロープです。山に行ってアダンの生えているところに行くと、あるものをみんな切って持っていってしまう。だからなかなか育たなかった。ほかにそれ以上強いものとしては、ヤシ科のフガラというのがあります。あれは、昔は船を港に縛るのに使いました。

小島　それがタチナーとかクビンゴなどに使われるのですか。

識名　このアザナシでは駄目なのです。水牛や牛を湿地帯で繋ぐ場合でも、ひと突きで切れてしまいます。そこで、フガラというヤシ科の繊維質でシュロの大きいものを使います。黒っぽいものです。しかし材料を集めるのが大変なのです。私は今でも自分の牧場でフガラの繊維を取って置いています。シュロもちゃんと馬の材料を作るために植えてあります。

小島　ミグヤーは何で作りますか。

識名　あれも桑の木で作ります。

小島　ときどき水牛の角みたいなので作ったものがありますね。必ずしもそれではないですか。

識名　水牛は大きすぎるから、牛の角で作ったりしました。今はビニールパイプがあるから。木の場合は芯を使ったら駄目です。割ってから使わないと。中の真っすぐの芯、髄がありますが、あれを中に入れていろいろなものを作ると、将来、割れます。だからどんなに小さくても大きくても、真ん中から割って、髄を離してからいろいろなものを作ります。

小島　それは鞍でもそうなのですね。

識名　そうです。こういった曲がりのものを二つにするのに、昔は帯ノコがなくて山師の木挽きという大きな三角のノコで、専門家に割ってもらったんです。それで二つ割って、前の鞍、後ろの鞍に分けて使うようにしました。

入福浜　今は作るのは簡単だけど、材料が問題ですね。

川　嶋　馬のことから植物の話まで広がることはおもしろいですね。

識　名　馬の話はこれで終わりにして…（笑）。

馬の利用　2

小　島　馬に荷物を載せるときに、どれぐらい積めるものですか。

識　名　ここから運んだ物は、ヤシ科の繊維で作った、たわしです。戦後、ここにはたわしを作る工場があって、於茂登岳《オモトダケ》から一番遠いところまでで、十四～十五キロぐらいあるでしょうか。三百二十斤ですから、二百数十キロぐらいですか、そのくらい積んできた馬が何頭かいました。山から傾斜道を下りてここまで来ましたが、あのときの馬は与那国馬よりも一回りちょっと大きいぐらいの馬でした。

入福浜　与那国馬だとこんなに持てません。百斤、六十キロぐらいでしょうか。

小　島　けがはしますか。

識　名　けがはします。生き物、命あるものは、けがをしますよ。裸足で歩くから、ぬかるみの山道でけがをすることもあります。平坦地では穴ぼこで。深さ三十センチもあると入ってしまいます。

小　島　そのけがをした馬は、もうその場に置いていくのですか。それとも後ろからついていかせますか。

識　名　けがの度合いもあります。死ぬほどのけがなのか、かすり傷なのかということです。穴ぼこから出した後、荷物を積んで来られるぐらいなら連れていきます。でも一番怖いのは、馬には肩を抜かす癖があるということです。穴に落ちると抜けることもあります。ここの方言ではバスヌゲータ、バスをうたしたと言います。皆さんが「田の馬」というのを書いていますが、ここでは田んぼには馬を絶対使わない。ぬかるみでのめると、肩を抜かすおそれがあったからです。だから田んぼはほとんど牛なんです。

川　嶋　与那国ではどうですか。

入福浜　与那国では田んぼによって、浅いところでは使っていたそうです。

川　嶋　深いところへは入れないのですね。

識　名　与那国の馬ぐらいのものでは田んぼはおそらくできないでしょう。二回りも三回りも大きな脚の長い馬でないと、水のたまっているぬかるみでは、動けないでしょう。

入福浜　与那国では車の代用で、物を積んだり乗ったりそれぐらいです。だから篤農家は大きな馬を買ってきます。

川　嶋　それで深いところでも、浅いところでも対応できるのですね。

識　名　石垣には馬に関わる農作業が、ほかのところではないようなものも、たくさんあるんです。そういう馬文化をなくしたくないのですが、若い者がついてきません。

川　嶋　今、それはまだ残っていますか。それとも識名さんだけがご存じなのでしょうか。

識　名　もう私たちぐらいまでしか分からないでしょうね。道具の名前を言っても、形も何もないものは描いたり作ったりで教えないといけないのですが。来てくれる者がいればいいですが、馬に荷物を積む積み方でも、米俵はどう積むか、薪はどのように積むか、長尺ものはどのように積むか。米俵と、脱穀機などをこうしてひっつけてする場合には、バランス的にどのようにして載せるのか。そういういろいろの作業もあるのです。僕らは牧場で教えようと、馬も準備していたのですが、誰も来ませんでした。

薪も束にしてこうして置いて、最初はこうして載せるんだよということで教えますが、今の若い者は山に行っても木の名前さえ分かりません。昔のことというのは生活の知恵ですから、何百年と先祖が残してきたものです。これは大変大事だと思って、私は昔の古風なものにこだわっているのですが。絶対に忘れてはいけないと思います。

植物による治療

川嶋　馬を飼っているといっても、例えば牧草のことをあまり知らないまま馬に関わる人もいます。何を馬が食べるのか、何を好むのかとかいったことを本来は知っておいていたほうがいいはずですが、配合飼糧など便利な餌があると学ぶ機会が少ないです。馬だけではなくて馬に関わる周りのことも知っているとよりいいのですが、今は馬を飼うことだけにこだわってしまうことが少なくありません。今日は馬の鞍からウムイの話、また植物の話までできました。これはまさしく私たちが日常生活の中で使っていた馬であった、生活そのものであったということが実感できますね。

識名　馬は都会でも田舎でもどこでもいます。しかし植物は田舎に行かないとありません。生き物と植物とは必ず通じていないと駄目です。じゃあ川嶋先生に聞きますが、馬が下痢をしたら自然の植物なら何をやって治しますか。

川嶋　それは難しいですね。自然の植物…。

識名　馬はなかなか下痢をしません。馬が下痢をしたら要注意です。今のように豊富に薬がなかった時代、自然のもので治そうとする場合は何を使ったか。

川嶋　難しいですね。何を与えたのですか。

識名　これは宿題にしておきます（笑）。

入福浜　私も昔、馬がけがをしたときさっき言ったフロイのヤマナッテ、あれに火をつけて焼いた記憶があります。

識名　あれを燃やしてから焼いたのですか。

小島　それは植物ですか。

入福浜　そうです。それから、目にくまが出ると、ヤマブドウの木を切って吹くと、あぶくが出るのですが、それを目につけると取れるといいます。中学校一年頃やりましたか。大人がしているのを見て、自分で馬を柱に繋いでやってみたら柱が抜けてしまって馬が暴れ出した（笑）。

蹄の中に傷ができたときや、石が入ったりしたら、フガラを束ねて松明のように作って、それに火をつけて爪の傷口にたばこみたいに煙をかけます。ばい菌を殺しているのかどうか分かりませんが…。

小島　他に何かありますか。他に馬に与える薬、薬草は。

入福浜　川嶋先生分かりますか。

識名　専門家だから聞いているのです。

川嶋　私たちは普段定石通りに薬を使ってしまうので、知らないところかもしれません。

小島　馬に薬を飲ませる道具は何かありますか。

識名　いや、道具はほとんど昔から、酒瓶の小さいものを使って飲ましていたけれど、今はプラスチック製などです。割れないからといって使いますが、少し噛んだりします。でも、ガラス瓶のほうは噛みません。

小島　鹿児島だと、馬に薬をやるのに竹筒の細いのを使いますが、ああいうものはありますか。

識名　そうですね。ここでも少しそういうものを使いましたよ。

小島　獣医さんがいなかった頃、馬の具合が悪いときは皆さん、自分でしたのですか。それとも上手な人がいたりとか。

識　名　そうですね、みんなもう藪治療みたいなもので勝手な考え方をしていました。戦後はまだ軍医さんや獣医さんもいたので、残って治療をしてもらいました。あの頃は農業が盛んで、戦地や疎開から帰ってきて人も多くなり、馬の事故も増えて病気も多かった。鼓腸症を起こしたりしても、ここでは分からないわけです。それで獣医さんが来て針で大腸からガスを抜いていということもありました。それまでは、馬が病気になって腹痛を起こして倒れると、稲わらを燃やしてその煙を吸わせるような治療もしていました。

入福浜　それと、与那国では馬が事故にあったときはザルみたいなものに入れて吊っていました。馬は座ったら駄目だということで。仔馬などはよく事故を起こしますが吊らないと駄目です。そのまま置いておいたら暴れて、皮膚が弱いからあちこち傷だらけになっていくので、いくら薬を塗っても駄目です。ウムイのあたる頬の部分も傷つくのが多いですよね。

識　名　これも、顎の強い馬と弱いのがいます。弱い馬には尖っている部分を少し滑らかに削ってやらないといけない。ここを傷つけてしまったら次は使えなくなります。

入福浜　また治すのが大変です。

識　名　このことに気が付かずに使って穴が開き、水を飲んでもここから垂れるぐらいの状況でも、無頓着な人間もいました。

川　嶋　ところで、下痢のときは、人間ではドクダミを使いますね。

識　名　ドクダミというのは何ですか。

川　嶋　ドクダミ…。ゲンノショウコがありますよね。もう一つあるのは、葛根湯の原料だからクズ。どっちかなと思うのですが。

識　名　今日は答えを出しません（笑）。
川　嶋　身近にないと使えないですよね。身近にあるものと思ったのですが。
入福浜　畑の畦などにいっぱいあります。
川　嶋　いろいろおもしろい話をありがとうございます。宿題までいただいたので、やはりまた来なくてはいけない。また来なさいということなのかと思います。

名馬赤馬

川　嶋　今も石垣の山に向かう途中にあった、前に伺ったところで馬を飼われていらっしゃるのですか。
識　名　馬は私だけが飼っています。息子が牛をやっていますが馬は飼いません。私はどうしても馬からは離れきれないので、死ぬまで馬と一緒に生きると決めています。
川　嶋　識名さんが育てている馬は、よく考えて生産と調教がされていると思います。
識　名　いや、私の馬は、昔の石垣の馬ですが、本当の昔の日本馬がどういうものか。戦国時代に使われた馬はどういう馬だったのか。琉球王朝時代に名をはせた赤馬という馬はどういう馬だったのかを考え、できればその子孫に近いようなものを飼って残したいというのが私の思いです。現在私が持っているのが近いだろうと私は思っています。だから、その系統のものをずっと保存していこうと思っています。
入福浜　なかなかできるものではないです。
識　名　そうですよ。この石垣で生まれた赤馬という馬はいろいろ聞いてみると、馬だったのかと思うぐらいの能力です。

入福浜　それは、宮良の赤馬のことですね。

識　名　赤馬です。この系統の馬は他の馬とは能力が違います。大正の終わりごろか昭和の初めごろだと思うのですが平得部落で、第二の赤馬だと言われるような馬がいたらしいです。ナカヤの馬というのが有名でした。あれは年を取って白髪も生えてそれでも伊原間集落、部落で食料を運ぶのに若い者が使っていたらしいです。あんまり年を取っていてかわいそうだからもう使わないで、連れてこいということになった。馬の群れの中から追う馬を放して追いかけさせたら、馬がちゃんとここは狭いところだと分かっていて、自分から追い込まれてきてすぐに縛られる。これは有名な話です。

小　島　やはり体力とかスピードだけではなくて知恵がある。

識　名　知恵がすごいんです。老衰状態の馬ですが地形を知っているから、追い込んでこの狭いところへ突っ込ませてすぐに縛った。

小　島　追う馬には人が乗るのではなくて、二頭の裸馬が追いかけっこしてですか。

識　名　いや人は上に乗って竿を持ちます。牧場でこういう達者な馬は手綱がいらないです。

小　島　命令はしないということですね。

識　名　そうです。馬の何かがあるときの話題には、必ずこの馬の話が出ます。天才的な、神の馬、神馬というものが生まれてくるときがあるらしいですね。

小　島　すごいですね。でも、その捕まらなかった馬も名馬なのですね。

識　名　いや、あれは牧場で放牧されたまま捕まえられないものだから、みんな困っていたのです。おそらくこの馬だから赤馬という馬が生まれた。私が考えるには、やはり特殊な品種、血統の馬ではないかと思います。

戦後に伊原間のノソコという家にいた馬は、イノシシが出てきた時に前足で踏んでイノシシをつぶしてしまったといいます。おそらく世界でも珍しいことだと思います。馬は絶対に物を踏まないですから。これも有名な話です。

入福浜　毎日声がけをすると動作を覚えるし、馬は知能があると思う。基本的に、人間が落ちても踏まないですからね。

識　名　馬の知能の問題だと思います。どういう作業をやるんだということをちゃんと分かっているのだと思います。名馬だった赤馬もそうですが、あの当時は調教するということはおそらくやらなかったはずです。しかし馬の動作、態度があまりにも際立っているものだから、王朝時代に発見されて、王様に献上されたが、この上何もすることはないと戻ってきたのです。そういうものは神から授かったとしか言いようがないです。

川　嶋　いろいろ興味深い話がどんどん出てきますね。本当に久しぶりにお話を伺えました。

入福浜　皆が元気なうちに聞いておいたほうがいいよ。私も色々研究しながら飼ってみたいです。

川　嶋　どれだけ馬が身近であったのかということと、馬を使うために、いろいろなことが関わっていることが改めて分かり、非常に有意義な時間でした。

農学とか生活の中での馬の見方、本来の見方というか本質的な見方を、識名さんはずっとされているところが素晴らしく思います。与那国や石垣で、馬を飼っていた方はそういうところまで含めて広く知っていて馬を飼っていたことが伝わるといいのではないかと。

識　名　はい。今はいろいろなものが進歩し、学問が発達し、宇宙にも行く。また、ネットの時代になっていますから、家にいて世界中のことが分かります。しかし昔の何も分からない時代というのは、全て人間の生活は馬に頼ってきたんだなと。私は、その馬に対する感謝の気持ちは忘れません。

川　嶋　皆さん、自分の信念をお持ちの方は、年を取られないようにみえる方が多いですね。識名様もお目にかかるたびに若くなっているように感じます。

識　名　生きているもの、形あるものはいつかなくなるのだから、そこまでやりたいことをやればいいんだよ。

川　嶋　なるほど。

座談会後記

琉球列島の中でも石垣島は独特な馬文化が育まれてきたところであると改めて感じました。特に、武士階級以外の人々の間に乗馬の風習が古くから定着している文化は、日本でも他の南西諸島でも例がないでしょう。乗馬が常民の間にも定着した背景には石垣島の土地利用のあり方が大きく反映されていると思います。牧場や田畑が住居と離れており、効率的に仕事をするためには乗馬が必要であったということでしょう。そして牧場の文化が石垣島の馬文化を特徴付けているように思います。島の東北部は長く伸びる半島になっていますが、大半が水持ちの悪い岩場で古くから牧場として利用されてきました。この半島への交通手段、牧場内での牛の管理に馬が使われ、乗馬の文化が育まれてきたのです。石垣流カウボーイ文化。そして、識名さんのような方がかたくなに島の馬の文化を守ろうとしている。守るだけの独自性に富んだ馬文化が石垣島にはあることを、世界中に知って欲しいと思った座談会でした。（小島）

今日は、在来馬を長く扱われてきた識名様そして入福浜様、そして小島先生とこのようなお話ができとても貴重な機会となりました。いかに沖縄の島で馬が身近な存在として飼われ育てられてきたかということがよく分かります。日常生活の中で必要であったからこそ、良い馬を育てようとし、手に入れようとし、大切に育てていたのです。一方、生活に密着していたために、馬が車などに置き換えられ始めると、記録が残らないまま、一瞬のうちにその文化が廃れてしまったのではないかと思います。今日、馬を飼う際にも役に立つ知識や技術が失われてしまうことが大変に危惧される状況です。この対談をきっかけに日本人が、昔は馬と密接に係わってきたことを忘れないようにするためにも、改めて昔の馬に関わる物事を、記録に残す作業を始めなければならないと痛感しました。また、昔の日本のように馬が身近な存在となるように、在来馬の新しい活躍の場を作っていくことも必要であると感じた時間でした。（川嶋）

識名朝三郎（しきな　ちょうさぶろう）　一九三四年生まれ、石垣島育ち。幼少のころから馬が身近であり、馬に興味と親しみをもって育った。島内の馬の改良が進み、在来の馬が少なくなって行く中で、素晴らしい能力を持つアカウマの系統を維持したいと思いたち、四十代初めより馬を飼いはじめた。現在もアカウマの系統を維持するために馬を島内で飼養している。

入福浜賢（いりふくはま　けん）　一九四八年与那国生まれ。入福運送を営む畳職人。元与那国馬保存会会長。動物好きで、馬や牛を飼って社会との交流を楽しんでいる。特技は空手。

小島摩文（こじま　まぶみ）　一九六五年東京都生まれ、沖縄育ち。鹿児島純心女子大学大学院教授。物質文化研究の立場から南西諸島、中国、タイ、ラオスの荷馬の馬具、とくにハミを用いない制御具に関する調査・研究に取り組んでいる。主な論文は、「東アジアひょうし図譜」『民具マンスリー』（第二九巻一号）、「薩摩の馬文化」『新薩摩学』（南方新社）、「馬具の種類と名称について―データベース化のための標準名を考える」『神奈川大学国際常民文化研究機構年報五』など。

川嶋舟（かわしま　しゅう）　一九七三年静岡県生まれ、東京育ち。東京農業大学農学部バイオセラピー学科動物介在療法学研究室・准教授、博士（獣医学）・獣医師。大学院では日本在来馬の現状と起源についての調査・研究を行った。現在は、社会で生きることに様々な困難を持つ人が、動物を関わることにより社会参加できるようになるきっかけをつくるプログラムを中心とした動物介在療法の実践と普及および教育研究に携っている。特に馬を用いるホースセラピーを行い、その後の就労支援を含め、対象者にアプローチしている。

働く馬

「記録される馬」

香月洋一郎（元神奈川大学教授）
村井　文彦（馬の博物館学芸員）
木村李花子（東京農業大学教授）

使役馬の終焉

木村　今日は大変お忙しい中、お越しいただきまして有難うございます。では、最初にそれぞれ軽く自己紹介と、今、興味を持っていらっしゃるところを、少しお話いただけますか。

香月　テーマを馬ということで括ってすくうというのが、私の発想の中ではあまりなじみがなかったものですから、話自体がお二人とスイングするかどうか、すごく不安なんです。私の専攻は民俗学で、学生時代から宮本常一という先生にその晩年の十二～十三年間、教えを受けました。まず、目の詰んだ民俗誌を書けということを言われていて、何を軸としてそれをやるかというと、私の場合は、ひとつは人文景観といいますか村の景観です。もうひとつは生産技術。それからライフヒストリー、これは前もって質問要項を用意していくような聞き書きではなくて、相手にまず話したいことを話していただくという形ですすめていくもの、そうしたことを軸にしてひとつの集落を見ていく。

そんな中で農業技術のことはどうしても避けて通れないのですね。そこで犂の問題に突き当たりました。そして、近代になって犂を広めた人にたまたまぶつかったものですから、それでその人たち―馬耕教師《ばこうきょうし》―のレポートを書いたのが（『馬耕教師の旅　「耕す」ことの近代』法政大学出版局、二〇一一年）、多分、本日この場に参加させていただいているご縁になったのだと思います。ですから特に馬をテーマにしていたというわけではなく、土地を耕すその技術のあり方に関心を持っていたということになります。

馬耕教師というのは、明治以降に犂を使っての耕起技術を広めていった人たちのことで、特に西日本の人たちが東日本に普及に歩いています。その多くは犂の製作者でもありました。当初は個人レベルの犂製造所だったり、鋳物業を営んでいた人たちだったんですが、次第に農具の製作・普及の会社組織になっていきます。で、「牛馬耕」という言葉はありますが、「牛耕」という言葉はそう一般的ではないようです。よく使われる用語としては「牛馬耕」か「馬耕」なのです。そして「馬耕」は上に「乾田」という語をつけて、「乾田馬耕」という表現で用いられることがしばしばあります。これはある時代性をおびた言葉です。その意味では、「馬耕」という言葉には歴史的な色あいもあるのだと思います。

木村　では村井さんお願いします。

村井　私は日本史を表向き専攻しておりまして、江戸近郊の農村の近世文書をめくったりするのですが、こと江戸の周辺に限ってみると文書に残る動物はほぼ馬に尽きます。

「御触」や「御達」ですと、将軍家の狩猟の絡みで犬が問題になるとか、将軍の処から鳥が逃げたといったことがありますが、その他の動物は、野生動物も家畜も、日常とりあげられることはほとんどないと思います。牛は江戸の高輪の牛町に飼われていて、文書もあり研究もありますが、こうした牛は江戸近郊に広がらない。では、馬はどうか。文書を繰っていると「仕事で馬を曳いて来ましたが、酔って馬を逃がしました、申し訳ありません」とあったりして、そこいらにいる感じがする。そして、三十年くらい前、埼玉県入間郡の三芳町の町史編纂のお手伝いをして、お話を伺うと「昔馬を使っていた」。そのころの馬車の車輪がまだ納屋にあったということがありました。その方は、立木を車に載せて、馬を曳いて川越街道をずっと運んだ。制限があって昼間は行けない、夜中に立場《たてば》に着いて、板橋辺りに立場があって、そこで一休みして塩をあげて、そういう風に、昔の人は馬の話をなさいます。それと、馬にからかわれたという話。多いけれども、悪くはいわないです。からかわれたことが、楽しかったみたいな。

私の母も、馬がそのあたりにいたという実体験のある人でした。けれども私がもの心ついた頃になると、もう馬はいない。ちなみに私が初めて馬を見たのは、幼稚園に上がった頃。皇居の一般参賀の時でした。騎馬警官の乗った馬を後ろから見た覚えがあります。そうすると連綿と繋がっていた「馬の文化」が我々の前で終わったなという、それを逆に私らが、それを今どう拾っていくかという問題意識があります。

もう一つ、香月先生が馬耕教師の調査で明らかになさったように、近代化の過程で馬をたくさん使っているのではないか。近代化で馬の活躍の場が増えたのではないか。

クライスデールという巨大な馬がいます。あれは産業革命の後、重い荷物を運ぶのでスコットランドで作った馬だそうです。その後、現代になったら逆にアメリカン・ミニチュアホースのような小さい馬を品種改良で作る。愛玩用でしょう。ところで、このアメリカン・ミニチュアホースは盲導犬の仕事ができます。「盲導馬」ですね。アレルギーなどで盲導犬には触れられないという人のために、アメリカ合衆国で試みられています。さらに、稀なことではあると思いますが、犬はだめだけれど馬なら部屋に入れてもいいという、西アジアや南アジアの、犬を大事にできない文化の影響が強いアメリカ人の家にも、「盲導馬」が必要とされる。ちょっと我々の発想の逆を行かれているなという感じもします。そんなことで目の詰んだのと逆に幅広く取り組んでまいりました。

木村　私はもともと生物としての、生き物としての馬に興味があったので、特に野生状態にある馬、野生化した馬、そして自然放牧下にある馬を見てきました。つまり、家畜馬、シマウマ、ノロバを対象に、観察を通じて、さまざまな状況下にある馬の、社会、行動、生態を解析してきました。

その後インドに八年ぐらいいたものですから、フィールドが少し変わって、遊牧民や移牧民の馬とか、遊牧民とノロバとの共生関係など、またヤギ、ヒツジ、ヤクなど馬に限らず家畜の放牧方法なども調査していました。実際に彼らの伝統的な暮らしが持っている知恵・知識を使って、どうやって実際に放牧をしているのか。往々にして保護区では遊牧民たちを排斥するような傾向にあるので、彼らがいかに実はうまく放牧をやっているのだというところを、少し科学的な視点から証明してみせるというようなこともやったりしています。

ただ、最近一番興味があるのは家畜化というところでしょうか。馬がどうやって家畜化されたのか、いろいろ説はあります。遺伝的にもある程度たどれますけれども、実際の方法については意外と埋まってきていないというところがあって、いまはそのあたりに興味があります。けれども博物館に長くいたこともあって、やはり馬を包括的に捉えるというような癖みたいなものが、いい癖だとは思うのですがありまして、民俗学的な視点から見るということもとてもおもしろく、いつも挑んでいるような状態です。

追い風にのる馬耕教師

木村　私は香月先生の本を読んで、本当に感銘を受けたのです。馬耕教師というのは話に聞いていて、馬の博物館にも最後の馬耕教師の藤野徳雄さんの残していった幾つかの道具があり、またビデオもありました。なんですが、どうも私の中であの時代の馬耕教師群像というものが、像を結ばなかったのです。ですが香月先生の本によって、非常にクリアな像が本当に目の前にできあがりました。それで今日は是非お話を伺いたいと思ったのです。

特に私などは、馬耕教師がいわゆる犂耕の技術者であると同時に、特に初期の頃は馬の調教師であるという側面に、とても魅力を感じています。初期の頃は農家のちょっと腕の立つお兄さんたちが派遣されて行くというような状況だと思うのですが、彼らにどの程度、自分たちが近代化を背負っているという意識があったのかとか、その辺もぜひお聞きしたいと思っている次第です。

香月　いや、派遣されるのは当初からきわめて優秀な技術者です。でないと伝導者、宣伝者としての説得力がありません。そして犂を広めた人たちもそれを受け入れた人たちも、まず農業の中に自分たちの未来を信じていました。それがまず大もとにあって農業生産の増大を求める国策と自分たちの農業の振興、発展への意欲が一致していた。そうでないと、あの技術が力強く広がることはあり得ません。そしてまた馬耕の技術だけが普及するのではなくて、特に湿田地帯では暗渠《あんきょ》排水（※乾田化するために、排水路と地中管を設置する方策）と耕地整理が同時に進むことが前提になります。単に新しい農具がひとつ伝わってきたということではなくて、地域全体の社会経済史的な動きの中の不可欠な要素としての馬耕の普及です。そんな状況の中での動きです。

木村　馬耕教師になる人はやはり次男、三男が多かったのですか。

香月　いや、そうとは限りません。

木村　そうですか。ではもう自分のところは手放して？

香月　地域農業のリーダー的存在の人も多かったのです。馬耕を教えに歩くのは主に農閑期ですし、腕のいい馬耕教師の報酬は高かったのです。その人たちの多くは、自分の家の農業もちろんきちんとやっている。それは自分がやれない場合は周りに頼んだり、小作に出したりということはありますが、大きな地主が馬耕教師になってあちこち歩くという事例もあって。そこに見えてくるのは、まず、技術指導者としての誇りと使命感です。

また、地区ごとの犂の技術を競う競犂会《きょうりかい》の熱気のすごさというのは、あちこちで記憶されていて、「もうオリンピックみたいなものだったよ」という表現でふり返られる催しです。競犂会で優勝した男といえば、縁談の時の強い武器になったという話はよく聞きました。

木村　そこだ（笑）。

香月　最近、女性の馬耕教師の本も出ていますよね（石川咲枝『馬と土に生きる』文芸社、二〇〇三年）。

木村　そうでしたか、女性馬耕の写真はよく見る機会がありますが。

香月　優勝して家に帰ろうとしたら、後ろから若い男がたくさんついてきて、おとうさんが両手を広げて遮って追っ払ったとかいう記述があります（笑）。でも今、そうした熱気は、それを知っているわずかの人以外は、そんなことあったの、という感じですから。地力を増して収穫を上げるということに、どれだけ強い時代の追い風が吹いていたのかというのは、今、想像できないかもしれません。

木村　本当に。もうあの時代しかあり得なかった、ひとつの姿ですよね。

香月　でも馬耕教師の活躍がそんなに目立たなかった地域もあるんです、東日本で穀倉地帯といわれている新潟平野とか、仙台平野、庄内平野は、あの時期に目覚ましく馬耕が普及したのですが、それほどまではない地域もあって、普及のありように地域性と時代性のトーンがある動きだと思います。西日本でも、かなり昔から古い形の犂が普及していたところでは、新しい犂が入ってきても、単によそからいろいろと新しく入ってきたもののひとつ、という受け取られ方で記憶されているところもありますから。馬耕教師の動きが輝く時代と地域には、ある傾向性がみられます。でも馬耕が今の日本の穀倉地帯とされているところでの足跡の強烈なありかたと重なってひとつのイメージを作ってもいる。

それから戦後になってもしばらくは、食糧増産ということはすごく切実ですから、基本的にはその熱気自体は続いて、それが「馬耕」に関しては昭和三十年を過ぎるとガタッと衰えてしまうのです。機械が入りますから、馬が不要になるわけです。暗渠排水と耕地整理は機械が入るためにもこれは必要条件だったわけで、馬だけがそこで外されてしまうのです。つまり社会経済史的な意味が、馬に関してはそこで消えて、この消え方が急です。

木村 古農具や畜力といった、手作業の終焉がいきなりきたというのは、昭和三十五年の池田内閣の所得倍増計画で、やはり農村にどっと機械化の予算が入ったということもある訳ですよね。

香月 それもあるでしょうが、多くの馬耕教師自身が、普及し始めた耕耘機を見た時、次の時代はこれだと思ったのです。見切ってしまうのです。そのことを皆さん異口同音に話されます。

木村 へえ、意外です。

香月 もう次はこれだな、と。そこで、いや、やはり馬で頑張るぞ、という方がほとんどおられなかった。技術というのはひょっとしたらそのような一面を持つものなのかもしれません。

木村 なるほど、ある意味非常に実証的で、情緒的にならずに割り切れるわけですね。

香月 ええ。すでに戦前に静岡で初期の耕耘機を目にされた福岡県の馬耕教師の方が、もう次はこの時代がくると感じたそうですから。普及に熱意を注いでいた人たち自身の見切りはあざやかです。そこで馬耕教師が見ていた本質は「馬」ではなかったわけですから。そうすると今からふり返って、そうした場で馬のことを追おうとすると難しいのです。では馬が不要になったからといって、それ以前の元いた位置に馬が戻れるかというと、もう社会状況が大きく変わっているからその場所もなくなっている。本当にすっと消えていくという感じで。馬耕に限らず牛や馬の存在自体も、なにか社会からすっと姿を消していったという感じを持つことは多いんです。

どの家も二〜三頭牛や馬を飼っていたという村を何ヶ所かを調べたことがあるのですが、そこではある時代まで共同性が強く残るのです。というのは放牧しなければいけないので。私が行ったのは馬の場合は佐渡で、牛の場合は五島列島なのですが、自由に放っておくと作物を荒らしたりするから、放牧の時期になると村の人たちが、耕地と山の境に基本的にほぼ一直線に馬よけの柵を作ります。その棚のラインは個々の山の所有境には全然関係なく山の斜面を走ります。そして耕地と山の境に柵を作るときは、その周りの山の木は材として自由に取って使っていい。放牧地の境の向うはその時期は共有にする。棚作りは村の大切な行事でした。これは佐渡での例ですが、五島ではある場所から先の私有地を放牧の時だけ共有地扱いにする。その境に小屋を設ける。

木村　その時期はいつぐらいになるのですか。

香月　基本的に夏場中心です。柵つくりは田植えが終わってからですね。五島の場合は佐渡よりは暖かいからもう少し長いのですが、こうした共同性は崩れ始めると消えるのは早いのです。数軒がやめ始めると、残っている人の負担が多くなるでしょう。だから村落の中で放牧に関わることが共同性的要素のひとつの大きな軸として働いているけれども、あるときすっとなくなっていく。

移動する人々・伝達される情報

香月　馬耕教師に話を戻しますがもうひとつ、これはたぶん大事なことなんだろうなと思うのは、馬耕教師の多くは、片方で自分の農地を作っていた農民で、その人たちが犂を普及する製作所や会社から雇われて農閑期に広めに行くという、そのことの意味です。

木村　農閑期に？

香月　ええ。そうすると、教える側、習う側といっても、農民同士ですから、結果としてそこでいろんな観察とか交流があるわけです。犂を広めるという体験や時間のなかで。おそらく教えに行った人は行った土地の農業のありかたを見て、自分たちの農業や風土条件と比較するなり、何か自分たちの暮らし方を相対化して、自分のことを見つめ直しもしたのではないかと。そんな契機を生んだのではないのかなと思います。農具の普及を介して農民どうしが交流するというのはそれまであまりなかった、そんな形で普及した農具はあまりなかったはずです。ただこれは、それがその後どんな意味を持つに至ったのか、どんな影響を及ぼしたのかというのは形としては見えづらいのですが。

例えば佐渡の人はかつて福岡に馬耕を習いに来ていました。福岡の人は雨の日や夜、雑談の場で佐渡の人から向うの農業の様子を聞いていたそうです。それで自分たちの農業のありかたや暮らしかたを少し視点を変えて見つめ直す。佐渡の人も犂の技術だけを吸収するのではなくて、九州の風土ではこんな農業が展開しているのかと、そこまで体感して戻って行きますから。習いに来るというケースは少なくて、教えに行く例がはるかに多いんですが、大きな農具メーカーは何十人と嘱託的な形で農民を馬耕教師として雇っていますから、これは目に見えないところでじわっと農民の知見や意識に変化をもたらしたのではないかなと思います。

木村　博労さんなんかも、それこそ九州の方から東北の方まで移動しますよね。だから自分たちの地域や、あるいは訪れる先々の地域も含め、様々な地域の文化をしょって村々をわたり歩く。つまり情報の伝達者のような機能を、無意識のうちに果たしていたのかなと思っていたのですが、馬耕教師も、農業面においてそのような機能を果たしたのでしょうね。移動する人々の宿命のような気もします。

香月　私が話を伺ったのは、全国を股にかけてといった方でなく、ある地域の中でゆるやかななわばりをもっていた博労さんになるんですが、私が聞いた限りでは、博労さんたちの話は逆に農民からあまり信用されていないですよね。博労口《ばくろうぐち》という言葉があって、これは口から出まかせや、巧妙なかけ引きというニュアンスが強いんですが、むしろ博労さんのほうが「農民って偉いな」と。自分らが口八丁で売りつけたあんな悪い馬を、あそこまで立派に育ててと（笑）、そういう話をよく聞きます。

木村　では博労さんの取材とかも。

香月　そういう人たちばかりではないのでしょうけれども。で、馬耕教師が活動していた時期というのは馬匹の改良が進んだ時期ですよね。農家も軍馬を出すことがひとつの稼ぎになったし、名誉にもなったような時代で。だからそれ以前の馬と人とのありようというのが、いまひとつ分かりにくい。江戸時代は公的には農民があまり馬に乗ってはいけない。旅するときは馬子の曳いた馬に乗るかもしれませんけれども、乗馬は禁じられていたというように聞くのですが、草競馬レベルのことはけっこうやっていたのではないのか。これは多分直線の馬場が多かったでしょうね。明治中期から大正にかけて活躍した馬耕教師の人って、すごく馬好きで馬小屋に寝て、草競馬もよくやっていたというような話を聞くんです。ただ私が話を聞けた時代というのは、馬匹改良が加速的に進んで扱いやすい馬がどんどん増えていって、草競馬もより盛んになっていった時代で、そこでの話で、どこまで一般化して、また全体的な動向としてそれ以前を推しはかっていいものか。

馬匹改良以前の馬

香月　宮本常一という人は、猿まわしの復興にも尽力した人で、私自身はその動きをそばでいろいろ見聞きさせてもらったというだけの立場なんですが、徳川家お抱えの猿まわしの聞き書きが明治時代の雑誌に掲載されていて、それを読んだ霊長類の研究者の長老――ニホンザルの習性ついて通暁されていますから――が、その調教レベルや猿まわしと猿との繋がりについてその記録の行間を読みこんで、大変深い洞察をされたというエピソードを聞いたことがあります。江戸時代の猿まわしのほうが技のレベルは高くこまやかだったようですね。

人が動物とどのような交流をし得たのか、そのことについて文化論としてのアプローチということになります。つまり「調教」あるいは「馴致」と表現されている世界の中に在る文化的なものですね。馬と仲の良い方が、近世の馬の文献を読んでそうしたことがどんなふうにできるかというと、江戸時代までの馬と馬匹改良後の馬はたぶん違いますから、ニホンザルのようにはいかないかもしれません。

木村　やはりひとつは、馬匹改良前と後ということでしょうね、たぶん。

香月　そうでしょうね。どうもそこに大きな問題を見てしまう。

木村　ほぼ在来種だった時代に、洋種が入ってきて馬匹改良が進んだ明治時代が、ひとつの分かれ目にはなるのかなという気はするんですね。実際、昔は馬耕教師もかなり癖馬で手こずったようですし、藤野徳雄さんらも、耳や口を結ぶ癖馬用の紐や、急所をつつくものなどを持ち歩いたときもあったようです。やはり馬匹改良によって、馬体が農用には大きくなりすぎるといった傾向はあるけれども、誤解を恐れずに言えば、性格は概ね従順になると思う。どうしても。もちろん家畜馬の中の話で、野生馬と家畜馬とのような大差はありませんけれど。

香月　そうですね。

村井　そのあたりが議論のしどころになると思うのですが、前近代の馬はどれくらい扱いにくかったのか。それを史料で裏付けられるか。戦国合戦で敵陣に牝馬を放ち、向うの馬を興奮させて混乱させるという話があるけれど、あれは単発ですよね。有効な作戦ならみんなやるだろうし、その備えもするのではないか。そんな疑問があります。

江戸時代の場合、新宿の都庁の北、甲州街道と青梅街道を通って一日に何千頭も馬が江戸市中へ入る。中には何頭もの馬を連れた馬子もいる。一人で数頭の馬を扱うのです。そんなところで馬のトラブルは起きないのか。

江戸時代は何かあると文書にまとめます。例えば犬の子を捨てて見とがめられて、申し訳ありませんという文書を武家奉公人が農民に書かせられるということがある。馬で実害が生じたら、先ず一筆とられるだろう。そういう文書はどれぐらいあるのか。

それから、猫で有名な井伊の殿様、その猫にゆかりの豪徳寺は世田谷区にあります。世田谷には井伊家の領地があって、その村方に井伊の殿様の馬、彦根藩の江戸屋敷で飼っていた馬を、下げ渡すことがありました。最近まで侍が乗っていた馬を農家はどうするのだろう、馬糞を取るためだけに飼う可能性もなくはありませんが、どうなんだろう。他にも普通に村の名主が尾張藩に頼まれ、名古屋まで馬を引いて行きましたとか、農家の娘さんが馬引いて来るということもあります。

いずれも、それなりの馬の取り扱いの技能が村方にあることを前提にしないと、できないことです。そのあたりを文献から押さえて行かねばならないと思います。もうひとつ、明治の初めに庶民も馬に乗っていいということになりますが、近世の絵では庶民が荷鞍にまたがって、引き綱を一本手綱にして馬に乗っている。これは繰り返し禁令が出るわけです、危ないからやめろといって、結局やめない。やめろといわれても、そういう乗り方で道を行く腕前がある。そういう流れもあることですし。

木村　そうですよね。だから改良前をひと括りにして、扱いにくかったというのは、それはもう本当に乱暴な言い方だと思うし、いうことを聞く素直な馬もいたはずです。でも例えば堆肥を取るようなところの農家では、冬の間ずっと馬屋に入れっ放しでしょう。そうすると、あれは本当に妖怪じみてくるのです。本当に筋肉も張ってしまうし。そんなのを久しぶりに外に出したら、それは跳ねるわ、暴れるわ、になるわけで、それはしょうがないです。だから飼い方、管理のされ方でもかなり違う。牡馬が牝馬をみて暴れるというのも、牝が発情していることが、第一条件です。発情していない牝だったら、牡だってそんなに騒がないはずです。嗅覚情報としての性フェロモンが出ていないのですから。

あと西洋の品種として確立される馬においては、人間に対する不従順さを、選抜淘汰してきた育種史があるわけです。それが育種の重要な目標項目みたいにもなっているし。でも日本は近代の馬匹改良の前は、性質を育種の過程で整えていくというような観念はほとんどなかった。恐ろしく気性の荒いのもいるし、非常におとなしいのもいたと思う。当然農家にはそれなりの調教技術はあったと思うけれども、馬の個体差はそうとうなばらつきがあったはずです。

村井 そのばらつきがあった場合、その馬を使う側にどう届けるか。博労さんとか、あるいは馬を作っている人はどう扱うか。逆に噛んだり踏んだりする馬を産地でどうしちゃったんだろう。お侍に押し付けて、「これ、乗りこなせば立派なものですね」みたいなこともあったのではないか。

香月 馬耕教師が手を焼いたのは、ひとつは、村が新しい技術を受け入れることができるかどうかを試すわけですから、迎える村人の側は、犂ですきにくい土質や形状の田で、言うことを聞かない牛馬でまず試みさせるんですよね。

木村 一番の癖馬を出してくるみたいな。

香月 馬にとっても、やったことのない作業をいきなりそこで押し付けられるでしょう。少々おとなしい馬だったとしても、その制御には手を焼いたと思います。だからその村の側の切実な姿勢と、馬耕教師側の技のアピールという要素がシビアに交錯すると思うのです。

木村 だからますます劇的な展開になっていくわけですね。

貸す馬、借りる馬——所有しないシステム

香月　九州の馬耕教師の方の話を聞くと、東北では馬を田んぼに入れるなんてとんでもないということで犂の普及が進まなかった地域が昭和二十年代まであったそうですし、「馬使いが来る」みたいなポスターを貼られて、サーカスまがいの宣伝されたよという話を聞いたことあります。それは一面で、その土地の馬の文化がずっと色濃く残っていたということでもあると思います。こまやかに見ていくと馬耕の普及ってまだら状の分布でもあります。大まかに一括りにしてまとめるか、逆にケース・スタディとして示すか、どちらかになりがちで、もうひとつ先に進みたいんですけど。

村井　私の先生の荒野泰典さんのお話だと、先生は安芸の、広島県呉市の出身ですが馬と牛で使う人が違った、馬は木材の搬出等で使っていて、牛は日常の輸送で使っていた。やはり牛方より馬方のほうが格好いい感じしたということです。

香月　足場がしっかりしていれば、馬のほうが効率がいいのは明らかでしょう。

村井　馬と牛を比べると、「牛は力がある、それに、いうことを聞く、馬は疲れ切ったら動かなくなるけれど、牛は膝を付いてでも…。」という話を三芳町で聞きました。それで、昭和の初めに朝鮮牛が来たので、もう馬はやめたみたいな話になるんですね。

香月　朝鮮牛の影響は大きいですよね。この牛は大量にそして広い地域に普及しています。

木村　よく馬鍬をこれは牛が曳いていたとか、これは馬が曳いていたとかというのですが、あれは見ただけでこれは馬用だったとか、牛用だったとか分かるものですか。

香月　いや少なくとも近代以降の、馬鍬の場合はほとんど分からないと思いますよ。私が知る限りでは、作る側では大きく作り分けての製造はなかったように思います。特に西日本の場合、牛馬の混在地帯ってすごく多いですし、その混在のありようやそうなっていった時期もひと色ではないようですし。

木村　牛馬兼用と考えていいわけですね。

香月　馬鍬って、馬という語が付いていますが、田ごしらえの時に田を耕起したあとに水をためた田をこなしていく道具ですから、底土《そこつち》がしっかりしていれば馬で十分だったと思いますが、その前の荒起こしは犂です。これは乾田でないと馬には難しかったと思います。でも、乾田だったら逆に効率は牛の三割ぐらい上でなかったかと思います。でも馬鍬は馬鍬でおもしろい問題を潜ませているんですよ。

木村　絵でも写真でも、圧倒的に残っているのは犂を曳いているものよりも、馬鍬を曳く代掻きのほうですよね。やはり犂はそうとう特殊な技術が要ったのかなと。

香月　もとから犂をつかっていたところでは、村の若い男が成人していくにつれて身につけていく技術のひとつだったでしょう。もちろん上手、下手はありますが。でも、それまで犂のなかった地域の人たちにとっては、難しかったはずです。それに馬耕教師による普及時代には、あるレベルで使いこなすべし、という形で普及していきましたから。すき残しなく、しかも一定の深さでずっと行くように、と。そして犂ってだいたい改良されていくにつれて本体の重さがどんどん重くなっていきますし。

村井　田うない（※田を耕すこと）のときに馬を借りてくる。貸し馬を連れて来ます。

香月　村井さんのレポート（「村の馬持―江戸時代の馬と人をめぐる覚書」『馬の博物館研究紀要』第十号、馬事文化財団、一九九七）で貸馬に触れられていましたよね。あのような慣行は、いろいろな地方でみられますね。

木村　新潟の方も、盛んでしたよね。

香月　私は東京の府中でも聞きました。田植えが終わったらもう痩せてボロボロになった馬が、背にお札の穀物を載せられて、もとの村に帰っていく風景を覚えているお年寄りが、僕が学生の頃まではかなりおられましたから。

木村　ああいうのを見ると、貸したり借りたりできるということは、相当馬も扱いやすい馬になっていたのだろうなという気がしますよね。

村井　近畿大学の野本寛一さん。あの方の聞き取りにあるのですが、甲州の郡内の馬を御殿場へ貸し馬に出す。

香月　それは、御殿場の隣の小山町というところで私も聞いています。山中湖のほうから借りてくるんですね。四国だったら牛で、カリコ牛（借耕牛）かな。徳島の牛を香川のほうで借りるという。この場合、牛馬という括りで考えるということもあるのですが、自分が所有していない道具とか家畜が、いわばレンタルで動くことで、かつての村がどのように支えられていたのかという問題にも繋がりますね。

少し荒っぽい言い方になりますが、近代の資本主義下では排他的独占的所有権、いわゆる近代的所有権をきちんと成立させないと自由な市場経済が展開しないという社会状況からの要請があって、研究面ではその逆の照り返しとして、また前近代のあり方を咀嚼、確認する意味でもいろいろな占有形態とか小作権とか入会権とかが研究されてきたと思うのですが、そうなると近代的所有でないと遅れているみたいな位置付けがでてきます。でも貸し借りのネットワークのあり方や意味はもっと深いものがあったようにも思います。

そうした世界のことを見ていくと、その中に牛も出てくる、馬も出てくるみたいな視点で考えてきたものですから、最初に申し上げたように「馬」というテーマで改めて括ると私はあまり話が広がりません。申し訳ないんですが。

木村　鍛冶屋さんが?

例えば、今でも新潟県には貸し鍬の慣行があります。鍛冶屋さんが農家に鍬を貸すのです。

香月　鍛冶屋さんが二百～三百軒の農家に鍬を貸しつけて、雪の季節になると農家が鍬を返しにきて、冬の間に鍛冶屋さんがそれをまた修理したりして、春になったら貸しだす。もう大ざっぱに話を広げてしまうと、かつて大阪の町には、髭剃りのレンタルがありましたし、街場では戦前までは貸し家住まいってすごく多かったはずです。「庭付き一戸建て」への希求って強くなったのは戦後でしょう。いくらでも貸し借りの上で動いていた世界がありましたから、日本の社会はかつて所有感覚、所有規範以外のものでも支えられ動いていて、その機能のありようを遅れているものとのみ位置づけないで、そっちの側から逆に近代的な所有権を一度見つめ直せないかと思うほどです。

村井　先の野本さんが聞いた話だと、郡内と御殿場の標高差で、馬を使う時期がうまくずれていくとか…。

香月　私が聞いた例では、山梨側のほうが田植えが早いということでした。

村井　早いんですか。早いので移動している。

香月　そうです。

村井　で、峠まで連れて行くと、あと馬が自分で行った。

木村　そうでしょうね（笑）。

村井　覚えて、ちゃんと去年の家に行く。その貸し馬がなくなるタイミングが微妙で、戦後に陸軍が手放した馬を手に入れたので馬を借りる必要がなくなった。「戦後日本で馬を一番たくさんまとめて持っているのは日本通運である」といったことを誇らしげに日本通運が言っているのですが、逆にそういう側面もあったのか、敗戦を契機に、馬が軍を離れることで、そこであった馬の貸し借りの文化が、その馬のお礼に穀物などが高いところへ上がっていく文化というのが、そこでなくなった。

人と馬の連帯の記念写真

木村　村井さん、今日は写真持ってきてくださいましたね。
村井　「馬水槽」というのがありまして、新宿駅の東口の駅前に今でもあるのですが。
木村　新宿の東口。
村井　東口のルミネの地下のＢＥＲＧから上がって出たあたり。
木村　馬の水飲み場ですね。
村井　馬用に、これは明治四十年ぐらいかな。東京市役所の前に置かれたというのですが、作業をする馬のために水槽を用意しましたと。それをいつしか新宿の駅前に持ってきて、いまだに置いてある。
木村　これ、立派ですね。
村井　立派です。正面に馬の水飲みがあります。馬の口の高さですね。下が犬、猫。裏側は人間用。三カ所付いている。ロンドン水槽協会寄贈とあって、ロンドンでは町中を馬車が通り、そのためにこういうものがあります、感心して日本に導入したとのことで、今、新宿区の指定有形文化財になっています。
木村　ずいぶんメンテナンスもされているみたいだし。今も水が出ているのですか。
村井　さすがにそれは。いろいろ苦労があるそうです。こういう町中に馬のモニュメント的なもの、探すとまだまだあるでしょう。名古屋の今池、元は「馬池」とのことで馬の像が建っています。

ちなみにこの馬水槽、新宿駅にほど近いところに住んでいた母が私に仕込んだものです。「あれは馬の水飲み」「そうなんだ」。

それと、たまたまご老人から聞いた話ですが、新宿駅の大ガードが踏切だった頃。踏切が閉まると、馬車が一斉に止まる。止まるとボロをする。そうすると踏切の脇にちりとりとほうきを持った若い衆が控えていて、さっと集める。それを売って大学を出た人がいる。

香月　牛糞と違って、馬糞は即効性があるんですよね。だから狙うんです。

村井　江戸時代は馬がこんなにいっぱいいましたよと言うと、「ボロがたくさん出て大変だったんじゃないか、迷惑じゃないか」と聞かれて、「いやいや正反対です」。

木村　では私も。どれにしようかと思ったのですが、この写真は私の昔のフィールドだったところですが、北海道のユルリ島といって根室の沖にあります。そこにかつてコンブを干すために馬が島に入って、漁師さんたちもそこに住んでいた頃があったんです。コンブというのはその日に干さなければならないということで、当時は手漕ぎだったから戻って来る時間がないということでその島に。でもこの島は崖っぷちの上のところが干場なので、やぐらを作って、採ったコンブを滑車で上げて、そして干すということをしていたの。

しかし、昭和三十年代にエンジン付きの船が導入されて、その日に採ったコンブは干すことができるようになったので、そういう海に浮かぶ干場に住む必要もなくなって、自分の家の近くで干すようになったわけです。その島に当時使っていた馬たちだけが残されて、野生化するというか、自然放牧状態で繁殖しています。

同時に、ここに残された馬というのは日本が馬匹改良を行っていた最後の頃のブランド、日本釧路種や奏上釧路種に、血統的にも近いのです。国も最初は大きな馬を作ろうとしていたわけですけれども、だんだんと小格馬という比較的小型の輓馬や駄馬も軍は必要になってきて、その頃に積極的に北海道で作られたタイプの馬の末裔が島に残されているというわけです。

つまり、馬の行動を見るのにおもしろいだけでなく、日本の馬政史もずっと追えるような島で、いろいろな残骸というか、残滓が留まっているのです。そういう意味で、私には非常に思い出深い島なのでこの写真を持ってきました。冬、海に出ない間、漁師さんが断崖絶壁に船を上げるための巻き上げ機、車輪みたいなものがみえます。そこも残された馬もいて、時代の残滓が積み重なっている。また、馬というと、どうしても農耕と関連されるものが多いのだけれども、漁師さんと馬という関係も、この頃はとても新しい発見でした。カメラマンの石山勝敏さんが撮ってくださいました。

それと、このように遺棄された馬たちというのは世界中にいて、特に開拓地や炭鉱などで使われた馬が、結局そこにそのまま産業廃棄物化する場合が多い。特にオーストラリアとかアメリカが多いのですが、こうした再野生馬（Feral Horse）は、野生原種の絶滅した馬にとって、生態、行動をみるのにちょうどよい対象で、動物行動学者たちが目をつけたためそれなりに学術的にも貢献しているのです。そうした世界史的な流れの中にもある島なのです。ま、でも実際、当時はそんなことは考えずに、ただ馬の社会が見れるのがおもしろくて、夢中で通った島でした。

聞き書き——人は過去をどう把握するか

木村　最近、遊牧民や移牧民の方たちに聞き取り調査をすることが多いのですが、そもそも通訳を介すことが多いので、本当の理解というのには、ほど遠いのでしょう。特に、痛感するのは、身体感覚が全く違うということ。そうすると結局、到底理解できていないことに気付いて茫然としてしまう。

香月　そうでしょうね。

木村　体を鍛え直して、山棲みでも続けなければ鋭い感覚は戻らないと思う反面、それこそ、馬の話になると急に意気投合してしまったりもするのですが、先生は聞き書きが多くていらっしゃる。

香月　話題が馬から離れてしまうから、はしょって言ってしまいますが、聞き書きという作業の本質は何かというと、私の場合はいくつかあるんです。単に知らないことを尋ねるという行為を越えて。ひとつは、ある一人の方から九十分のテープで百二十〜百三十本ほどの話を伺った方が、私には二人います。テープ以外にノートにも控えていますから、話の量はそれ以上になるんですが。一人は四国の焼畑の村の明治三十八年生まれのおじいさんです。話す内容に重複が一回も出てこないのです。それで言ったことが雑談を迂回しても戻ってくるのです。

木村　戻ってくるというと？

香月　例えば焼畑の話を聞いていて、途中で「お茶でも飲みましょう」となって、そうしたらたまたま外からアブが入ってくる。話は自然に目の前に飛んでいるアブのことになるでしょう。そしてアブの話に添いつつまた焼畑の話に戻っていくのです。その村のいろいろな虫への認識というようなことを介して。だからこのおじいさんは完全に体系的な文化を内に持っているんです。繰り返すことなくて全部違う話、ダブらない話でずっと語りとして繋がりをもっている回路が日常の認識の中にある。だから私も、ではじいちゃんがこんなふうに言ったら、こんな質問ぶつけようと考えるでしょう。そして、こちらの質問発想とかその前提になっている体系性からはなれた形で向うが応じてくださると、逆に私自身の持っている山の文化の見方やイメージを再検討させられるということになりますね。

木村　相手に自分の発想体系を押し付けなくて済むというのは、理想的だと思います。

香月　自分はこんなふうに山の文化を見ようとしていたのだけれど、それではズレるんだなということに大もとから気づかせられていくんです。こちらが完全に生徒になってしまうんですよね。それは聞き書きのひとつの大きな力のような気がします。それからもうひとつ、話す方の多くは、自分の経験をどこかでなにかに位置付けして話してしまうのです。近代の歴史教育ってのは、位置付けをしないと歴史教育にならないのですよね。

木村　確かに。

香月　「事実」をゴロッと出したのではだめなのです。どんな意味を持っているかというのを提示してこそ、というわけで。歴史の教科書の記述みんなそうですから。

木村　あと、必ず時系列に置かなければならないとか、そういうのもあるかもしれないですね。

香月　そうですね。昔のお祭りの楽しかった話をしてくださって、一番最後にふと素に戻って、「今とは違って、昔は娯楽が少なかったからね」みたいな総括をされるんです。

ところが時々、それをまったくしない方に出会うんです。もういかに楽しかったかそれだけ。その体験が今の自分を支えている。時代が変わろうが周りがどう見ようが関係ない、世間の評価はまた別のことという感じの語りです。近代教育的ではない何かに触れたなと感じるのは、その家の玄関を出るときで、きょうの聞き書き何か違ってたなって衝動のような手ごたえが来るんです。あとから効いてくるんです。そういう人に出会えるというのはすごくおもしろいですね。それも自分自身の視点や立ち位置を一度見つめ直すことになりますから。

木村　文化人類学者の保苅実さんが、アボリジニの神話の中には、彼らにとってはそれが歴史というか、史実になっていることがある。それを、神話ではなくて歴史として共に体験する、受け取るというやり方で、オーラルヒストリー研究に取り組んでいらっしゃるのを読んで、そういう聞き方もあり得るのかと、興味を持ちました。

香月　もとの職場の神奈川大学で、中世史の網野善彦先生としばらくご一緒していましたが、昭和天皇が亡くなるときに網野先生が私に頻繁に言われたのは、「今こそ民俗学者は全国に散って、天皇が亡くなったときにみんながどんなふうに感じているかを聞かなければだめだよ」ということでした。

でもこれはまさにそのとき、その場所に居る人間の歴史証言の記録なのです。つまり話を歴史的な資料としてすくって、それをたくさん集め体系的に分析しようとする作業の基礎資料。私が興味を持っていることのひとつは、日々を支えてきたものを人はどんなふうに振り返るのか、どう把握しているのかということですから、その聞き書きへの期待は自分がやってきた聞き書きの発想とは違うな、と感じました。網野先生は民俗学にすごく造詣が深い方なのだけれども、あくまで歴史学者から見た民俗学への期待なのだろうなと。焼畑の文化を九十分のテープで百何十本みたいな聞き書きとは違うのでしょう。だから聞き書きという言葉は、生身の人間が生身の人間に話を聞くという状況を示す、ごく形式的な表現にすぎない。実態はその先です。各々の問題意識を反映した様々な聞き書きがあり、それに基づく聞き書き資料への評価が生じる。どれがいいとかすぐれているとかではなく。

村井　民俗と歴史の間に、フィールドでの生態観察と、標本でやるみたいな差があるということでしょうか。

香月　「抽出」ということ自体は変わらないんです。それでわりと大学院生が陥るのは、例えばマスター課程だと二年後には論文書いて提出しなければ、となるでしょう。そしてそこから逆算してフィールドワークを組み立てます。そうすると、調査の場で一種のさもしさが出てしまうことがある。そのさもしさは相手に伝わることがあるのです。

木村　身にしみます。データが欲しくて、がっついちゃうというのがあるんですよね。

香月　自分はどんな人間でどんなことをどんなふうに知りたくて、ここに来ているのかということは、もちろん先方に伝えなきゃいけないんですが、どこかで聞く側の都合や視点を押しつけてしまう。だから聞き書きというのは本当に難しい。それから話し手と聞き手の間に相性っていうのもあるみたいですしね。

村井　林英夫先生のご縁で、林先生のお家は愛知県の尾西の、今、尾西といわないのですけど、一宮市の起《おこし》の脇本陣だったので聞き取り調査を手伝った時、とあるお家で明治頃の話のようでしたが、「うちの先祖は馬極道で、馬が好きで、馬を乗り回していて、馬で遠出して帰ってこなかった」と…。

木村　格好いい（笑）。馬極道。いい言葉ですね。

香月　はまってしまう魅力があるのでしょうね、馬って。

木村　帰ってこなかったって、何していたんでしょうね。

村井　どこかで事故に遭ったのではないかということでしたね。

木村　ああ、そういう意味？

香月　でも、出かけてしまった衝動自体はなにか納得できますね。

木村　そういえば宮本常一先生の「土佐源氏」（『忘れられた日本人』岩波書店、一九八四）という話がありますよね。昔、確か村井さんに勧められて読んだ、大好きな話のひとつですが、それこそ馬耕教師で土佐源氏のようなこと（多くの未亡人を慰める）はあったのでしょうか。何となくちょっとイメージがダブらなくもないのですが。

香月　馬耕教師の場合は、多くは地域が半ば公的な手続きを経て招いた農業技術指導者ですから、村にふらりと入ってくる人たちとは違ったでしょうし、彼等も使命感と衿恃を持って歩いていたと言うしかないんですが、そのスケジュールはタイトでクリアでした。もっとも明治期の馬耕教師の中には十年間ぐらいその土地に住みついたような人もいて、動き方はさまざまです。それでもあの本で述べられている世界のほうに大きく外れるということは、あまりなかったと思います。でも馬耕に限らず、外の世界からすぐれた技を持ち来る人って、村の人にとってその存在は鮮やかだし格好いいんですよ。

木村　それはそうでしょうね。国の未来を背負っているのですものね。

西と東の馬取扱い

木村　藤野徳夫さんなどは、結局、指竿《させざお》（※犂耕や代掻きの際に、人が誘導するため牛馬の頭絡やハミあるいは鼻環等に紐で取り付ける竿）を使うからまともな馬耕ができない、指竿は馬耕がまともにできていない証拠だから、あれを廃止するのが自分の使命でもあるということを書いていらっしゃいました。竿で誘導しなければ、つまり人一人では馬が真っ直ぐ歩かず、きちんと曲がることもできないということなのでしょう。でも結構子供が鼻取り（※竿で誘導すること）の手伝いをしていたりしましたよね。私は風景としてはなかなかいいなと思うのですが、確かに犂耕の調教状況のひとつの指標となっているのでしょう（図6参照）。

　でも考えると、日本だと狭い田んぼが多いから、行っては帰って、行っては帰ってと、狭いところをしょっちゅう方向転換しなければならないじゃないですか。

村井　切り返し、切り返し…。

木村　するとやはりあの指竿というのがなかったら、なかなか厳しかったのかなとも思うのですが…。

香月　でも、西日本は最初から使っていないですよね。いわゆる鼻取りとか

図6 鼻取り（代掻き）風景

口取りとかいう人はいなかった。だからあれは西日本の馬耕教師が東日本に行ってびっくりすることのひとつですね。あの制御方法、調教技術の差は何だろうな、まだよく分からない。

木村 そうか。西日本には鼻取りの習慣がないのですね。

香月 私が見聞きする限りないです。

木村 ええ、それはちょっとショックです。

村井 後ろからの操作だけですか。

香月 後ろで犂をあやつる人一人だけの制御ですね。

木村 手綱の操作以外では、音声による指示なんですよね。例えば乗馬だったら、ちょっとした膝や腰の押し方で、馬にサインを送るわけだけれども、犂耕の場合は、確かそのための、掛け声が教科書などにも載って、統一されましたよね。右に回転が「セー」とか、左が「ハー」とか言って。つまり、人と馬間の音声コミュニケーションが求められ、それが統一された。画期的なことですよね。この音声は、熊本などでも、使っていたようですね。でも、指竿は、東だけか。

香月 何か違うんですね。

木村 日本の代表的な馬産地のひとつ岩手に、昭和三十年代ぐらいまで指竿が残るわけじゃないですか。じゃあ、あれは何なんでしょうか。

香月 すごく丁寧に誘導しているわけでしょう。

木村 調教うんぬんではなくて、お馬さんを導いている。馬を丁寧に扱おうという精神が、ああいう形として残っていったのでしょうか。

香月 でも、作業としては人手が二倍要るわけですからね。東北の場合は、犂が広まる前から馬鍬が使われていたところも多いんですが、その場合でも馬鍬には鼻取りをつけていますよね。その「丁寧さ」っていったい何でしょう。

村井 お地蔵さんが馬の鼻を取ってくれたというのがある。

木村 ああ、お地蔵さん。鼻取り地蔵。

村井 農繁期の、鼻取り地蔵。

木村 あれは何でしたっけ？

村井 東京都府中市是政の昔話で、知らない子供が来て、落ち着かない馬の鼻を取ると、馬がおとなしくいうことを聞いた…。

木村 あ、そうか。お手伝いなんですね。

村井 どこの子供だろうと思ったら、お地蔵さんのお堂まで泥足が続いていたという。

木村 ということは、一概に調教が下手ということではなくて、もっと違う要素が考えられる。やはり馬産地においては、大事なお馬さんと一緒に働いているという姿なんでしょうか。現金収入にもなるお馬さんを、厳しく調教して人のコントロール下に置くという発想は、東北の馬産農家では育たなかったのでしょうか、勉強になります。

香月 熊本の馬耕教師の人がこちらに初めて来たときにびっくりしたことのひとつが、田の中で馬をあやつるのに鼻取りを一人付けているということです。それから東日本で犂が使われているところでも、その形がすごく古くて機能が低いということなんです。そうしたことを書いている馬耕教師の紀行文も残っています。そうなると私は、「馬」という問題ではなくて、耕す道具とか、そのあり方のほうに関心が行ってしまうんです。それに東日本、西日本という地域概念も、少し話を詰めてくると、もう少し時代性とか実態的な正確さが求められてくるはずです。

木村 明治以降、牧場や軍の関連施設が東に厚くなっていくこともあって、東が馬に関しては優れているように思いがちですけれども、そこはもう少し、丁寧にみていくべきなんでしょうね。日本馬の牧は全国にあったわけですしね。

村井　体系的な調教のシステムがあって、それでピシッとこうしろと言えばそう動けるように、馬を仕込めるかどうかという話なのかな。

木村　東北の人たちは、本当にある意味、馬と人の距離が近くて、馬べったりになるところがあると思います。ああいう環境では調教をしきれないというか、そこまで調教することに意味がみいだせないというか、そんな感もありますね。

香月　東北の場合は馬と人との繋がりは濃いですよね。濃いというか独特の位置を占めているというか。

木村　濃いというか、近いですし、下に置かない。だから徹底的に調教して「役畜」を動かしてやるみたいな、そういうセンスは意外と薄いかもしれない。「伴侶動物」として、家族と一緒に皆でやろうといった、そういう甘さというか、情がある。

香月　田に馬を入れること自体がとんでもないという地域に、いかに効率よく馬を使って耕そうかという技術者が行くわけでしょう。少し大仰に言えば、一枚の田の中での、ある農作業という絵面《えづら》の中に、文化の摩擦というか、農業における「近代」と、それまでの文化的感覚の衝突があらわれているみたいなことなのでしょうけれど。

暗渠排水と土人形

木村　馬文化の近代化なのですね。東北ではそういうインパクトは大きかったのでしょう。でも山形あたりは、馬耕教師の絵馬とか、たくさん残っていますよね。

香月　積極的に地主層が動きましたからね。大地主が動いて、それが成功したら地域としてのモデルケースになっていきますから。それ以前の東北は、湿田が今よりはるかに多かったり、品種が向いていなかったりみたいな状況があったと思います。少なくとも庄内平野はそういった状況を見事に変えていった。馬耕の普及、暗渠排水、耕地整理、そうしたことと並んで品種の改良もあったはずですし、あとは肥料をたくさん入れる農法の普及とか、そういう動きを通して、それまでのイメージを一新した、一掃したように振り返られていますよね。

木村　そう。東北の水田といったら、胸までつかるわけでしょ。その中での作業っていうのは、本当に想像を絶します。凄いです。

村井　稲を作る田んぼとは思えないくらい。

香月　高橋九一さんの『むらの生活史』（農山漁村文化協会、一九七八）に二戸市のかつての湿田のありさまが紹介されています。「その深さは胸までだった。この湿田の底には、仕事をするとき足場にするために、太い松丸太を並べてあったが、それでも田植えのときなど、ゆるい泥が動くので、体が前後にゆさぶられる。こういう田から、仕事を終えて田の畔に這い上がると、黒い泥人形である。すぐ側の小川で、洗い落とすために麻の股引をぬぐと、へそから下は素肌である。」という記述で。これほどの湿田になると、その乾田化はかなり困難だったはずですが。もちろん私もその実態は知らず、話だけで教えてもらった世代なんですが、こういう状況をどんな形で今の学生に伝えられるのか。

木村　あれを乾田にするというのは本当に大変なことです。違う場所にあらたに作るということも、あったのでしょうね。

村井　信濃川の下流でしたか、排水のための水路を作り、動力で水を流して出す。三十年ぐらい前に見て、電力が止まったらどうなるんだろう、と思いました。

香月　暗渠排水の普及の影響はすごいものだったと思います。今はもう田んぼが乾いているのが当たり前という感じだけれども。これは宮本先生から聞いた話ですが、東日本でいろいろな土人形の産地があるでしょう。そういうところは土人形だけで食べてきたのかどうか。あれは、産地によってはかたわらで暗渠排水用の土管をずいぶん作っていたんだぞ、それがあったから同時に土人形の技術も産地も長生きできたんだと。暗渠排水は、粗朶《そだ》だけ入れる簡便な方法もあるけれども、きちんとするのであれば土管を大量に使いますから、広大な面積の田んぼで実施するのだったら、土管の需要はものすごくあったはずなので、それが郷土玩具の産地を永続させたひとつの条件にはなっていると。私も宮城県の土人形の産地でそうした話を聞いたことがあります。

でも、そんなふうに土管の大量の需要があって、それが田んぼを変えていったという状況はなかなか今、イメージしにくいでしょうね。耕地整理にしても数軒単位では効果が薄く、集落の大半の家々が合意し申し合わせてやらなければいけない。それをあの時代やったわけで、その中に馬がひとつの役割をもって係わってくるわけですよね。だから従来とは全然違う意味でそこに馬が登場して、耕耘機が普及したらその馬の姿がすっと消えてしまった。くり返しになりますが、その馬が入れるためにということで整えられた水田の土地条件は、基本的には耕耘機がそのまま踏襲してという形ですから。

村井　なかなかそういう発想を私らはできなくて、ずっと馬がいて近代化でなくなりました。でもそうではない馬の歴史があるということですよね。

香月　やはり、軍馬のための馬匹改良が大きかったと思います。政府が力を入れていた動きで、そのベールをはがして、というかベールのまだら模様を透かして、変わったことと、変わっていないことがあるはずですから、具体的なレベルでそこを見ていくというのはなかなか…。馬匹改良の動きが勢いづいた時代の状況を前提として、馬が係わってくるひとつのムーブメントを、私はやっと聞き書きで垣間見ているというところですから。

村井　私の祖母の家は埼玉県大里郡寄居の在で、明治時代に農馬を戦争で持っていかれたので、それ以来馬は飼わずに借りることにしたそうですが、軍馬として育成されなかったけど軍隊でご奉公した馬も気にかかります。

木村　大正時代に公布された「馬籍法」なんて、馬に戸籍ができてしまうようなものです。そんなのは馬だけですよね。本当に、国によって完全に管理された、まさに国の「駒」だった。神への馬として、戦の馬として、もてなしの馬として、働く馬として、利用され続けた動物だったと思うのです。

でもだからこれだけ、他の家畜とは別格の扱いを受けてきた。国からの足枷をはずされた馬が、これからどんな姿をみせていくのか、興味のつきないところです。

香月洋一郎（かつき　よういちろう）　一九四九年福岡県生まれ。一橋大学社会学部卒業。前神奈川大学教授。著書に、『景観のなかの暮らし―生産領域の民俗』（未来社）『山に棲む―民俗誌序章』（同）『馬耕教師の旅―「耕す」ことの近代』（法政大学出版局）など。

村井文彦（むらい　ふみひこ）　一九五七年東京都新宿区百人町生まれ。新宿区立戸山中学校、東京都立明正高校卒業。立教大学大学院（史学専攻）修了。専攻・日本史（近世）。馬事文化財団職員となり、馬の博物館・JRA競馬博物館主任学芸員、学芸部長を経て、公益財団法人馬事文化財団調査役。

木村李花子（きむら　りかこ）　一九五九年神奈川県生まれ。東京農業大学農学科卒業、名古屋大学大学院生命農学研究科博士課程（後期）修了。博士（農学）。馬の博物館、馬事文化研究所（インド）を経て、東京農業大学教授。著書に、『野生馬を追う―ウマのフィールド・サイエンス』（東京大学出版会）、『ウマのコミュニケーション』（神奈川新聞社）など。共著書は、「カッチ湿原が生んだ幻のロバ―古代における野の育種」長田俊樹編著『インダス　南アジア基層世界を探る』（京都大学学術出版会）ほか。

馬水槽（新宿駅東口）新宿区指定有形文化財（工芸）明治時代
働く馬に飲み水を与えようと、ヨーロッパで使われた馬の水飲み場が、1906 年、ロンドンから東京に贈られた。

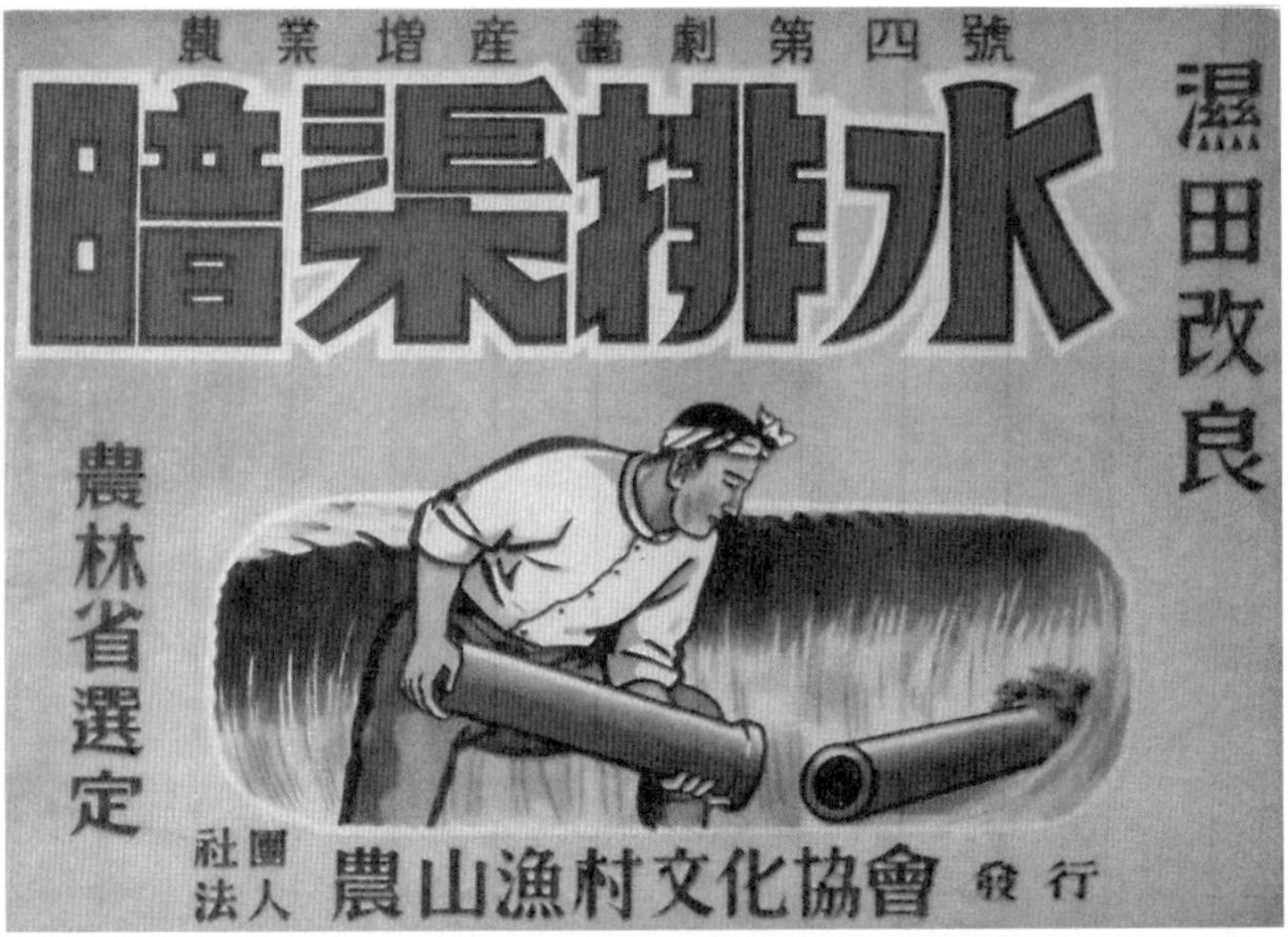
農業増産畫劇第四號
暗渠排水
濕田改良
農林省選定
社團法人
農山漁村文化協會 發行

②

乾田馬耕の普及へ。農林省選定紙芝居『暗渠排水　濕田改良』（「農業増産畫劇」第 4 号
社団法人農山漁村文化協会発行　大日本畫劇株式会社発売　1942 年）より。
耕地整理と暗渠排水は馬耕普及の前提となる施策であった。これは暗渠排水を奨励するための紙芝居。全 20 枚の構成で、その原理、工法や効果が分かりやすく説明されている。

ユルリ島の馬（北海道根室市昆布盛）
昭和 25 ～ 46 年まで、昆布を断崖絶壁の島の上に引き上げる労力として馬が使われた。その後は海に浮かぶ牧として自然放牧が行われ、馬肉用に取引されていた。石山勝敏撮影。

座談会を終えて　―埒を越えたのか―

異領域間、異分野間、異世代間での対話、「埒を越える対話」という、はなはだ難しい設定のもと、各専門を通して馬に関わりをお持ちの方々にご参加いただきました。三十二名の識者による十二話のオムニバスとして読んでいただけたらと思います。一話一話の中で、話者の専門と興味、知識と考察がぶつかり合い協調することで、確かに埒を越えたのです。

第一章の「祓の象徴」では、日本の馬にまつわる伝承や馬の宗教的機能を、起源と目される北方ユーラシアの馬文化に遡り、馬に伴う様々な慣習や伝承が、文化の相互の影響の中から生まれてきたことに気づかされます。「馬と生きる信仰」では、馬産地に残る民間信仰の信仰基盤や馬への意識が、風土の中から生じていく様相が、東北在住の識者らによって炙り出されています。「馬装と神の座」では、唐鞍が神の乗る物となる変遷の考察や、馬奉納の記録や古代の神事の復活を通じて、神に非常に近い存在となった馬が浮き彫りになっています。

第二章の「馬の博物誌」では、例えば考古学的な馬の発掘から、印伝技術の大陸からの伝播を遡るという調査の分野を越えた広がりから、学際的かつ博物学的視点を持つことのおもしろさが強調され、こうした視点からのアプローチを大学や博物館を通して実践する意義の再認識に座が沸きました。「馬文化の発展経路」では、古墳時代以降、日本の馬飼育地が西から東へ向かう進展経路を確認しながら、歴史、考古、家畜という三方向から絞り出された日本の馬文化の特徴が明確な像を結んでいます。「和種馬に乗る誇り」では、日本の和種馬に乗る技術や意義が、和式馬術の実践家らによって鼓舞され、特に戦国期の馬と江戸期の馬の相違については説得力のある検証が進みました。

第三章の「ンマハラセー――走らない馬の美ら」では、速さを競わず歩様の美しさを競う琉球競馬「ンマハラセー」を復活に導いた識者らによって、祭事や在来家畜を維持するために必要な、自然や文化を含む包括的な琉球弧文化理解への方法論が繰りだされています。「日本競馬観客考」では、現代の日本の競馬ファンの賭け方や競走馬への独特なこだわりが、識者であり一流の競馬ファンでもある立場から語られることで、「日本的なもの」への考察が姿を現しました。「馬の幸福のエネルギー」では、馬術家である彫刻家と、馬に乗り馬具や馬の周辺文化をも作品にする芸術家の創造の源泉には、古代美術から現代美術にまで影響を及ぼしてきた、馬のエネルギーが大きな役割を果たしていることが伝わってきます。

第四章の「国家を築く馬」では、東北と北海道という各馬産地の発達の相違が、軍馬、農馬、搬出馬、馬車組合などの詳細な実例をもとに、経済・産業、さらには社会・文化の面から緻密に検証されることで紐解かれていきました。「知識は馬の背に乗って」では、不明な点の多い琉球の馬文化の実態と特徴が、古老への聞き取りによって、ヤマトの馬文化との相違を示しながら明らかに象られています。「記録される馬」では、馬耕教師をはじめとする様々な村での民俗・歴史調査の際に、「記された」あるいは「聞き取りされた」事実を、如何に理解するかという研究者側の在り方が問われました。馬の置かれた社会的位置の変化に留意せず、一時代からその前後の時代を、単なる延長として推察する安易さに強い警笛が鳴り続けています。

埒の開いた先に見えてきたのは、「神の馬」「昔の馬」「喜びの馬」「働く馬」で拾い上げた、語り得ないと思われていたもの、棚上げにされていたものの存在でしょう。こうした事柄のひとつひとつが複数の光源から光を当てられて陰影濃く浮かびあがってきたのではないでしょうか。ここでは信仰や民俗、歴史、考古、社会、科学、芸術などの識者が馬の姿を何層にも分析し再構築しています。埒を越えようとする力が、語り合うことによって何倍にも増幅する、その現場に立ち会う興奮を味わっていただけたらと思います。

また、いくつかの話題が談を跨いで重複していますが、これは馬に関わる、分野を超えた共通の問題意識と考えられます。例えば、馬の導入と起源、板張り厩、曲り家、和鞍、日本馬と調教、馬耕、博労、馬頭観音、琉球文化、ヒポセラピーなどについては二つ以上の座談会で話題にのぼりました。これらは、日本の馬文化の特徴的因子であると共に、今後の「馬文化（学）」の発展の方向性をも示唆しているように思えます。埒を越えた先で、鞭は再び振り上げられている。

木村李花子

「農と祈り——田の馬、神の馬」への図書館情報学分野の参画

「馬」に関するレファレンスについて

東京農業大学学術情報課程の図書館情報学分野では、「食と農」の博物館開館十周年記念展示「農と祈り――田の馬、神の馬」の開催にあたって、「午年に因む図書コーナー」として学生たちによる書評とともに、「日本の馬と信仰」に関する書誌の作成(1)を行いました。後者については、私が担当する「図書館総合演習」(「図書館特論」との合併授業)の授業の一環として取り組み、その成果を『書誌――馬と信仰』(2)という小冊子にまとめ、展示会で配布したところ、思いがけず好評を得ました。

さて、図書館のサービスのなかに「レファレンス・サービス」というものがあります。「何らかの情報あるいは資料を求めている図書館利用者に対して、図書館員が仲介的立場から、求められている情報あるいは資料を提供ないし提示することによって援助すること、およびそれにかかわる諸業務。」(『図書館情報学用語辞典』)です。日本の図書館では、欧米に比べて、些かこのサービスは弱かったのですが、これからの図書館において、力を入れたい最も重要なサービスのひとつとみなされています。

また、図書館にどのようなレファレンス質問が寄せられ、どのような回答をしたのかについて、その記録を蓄積した「レファレンス事例データベース」というものも存在しています。司書の調査業務の効率化、合理化を図り、正確で標準的、定型的な回答を可能にするための支援サービスではありますが、利用者もQ＆A形式の百科事典や便覧のように利用することができます。欧米では、米国の世界的な書誌ユーティリティであるＯＣＬＣ(Online Computer Library Center)と米国議会図書館(Library of Congress)を中心に、世界の主要な図書館が参加する〝Question Point〟(3)というサービスが有名です。日本では、国立国会図書館の「レファレンス協同データベース」(4)があります。同館および公共図書館、大学図書館、専門図書館におけるレファレンス事例や、調べ方マニュアルなどを検索することができるのです。

では一体、最近の日本の図書館で、「馬」についてどのようなレファレンス質問が寄せられたのでしょうか。早速、国立国会図書館の「レファレンス協同データベース」を検索してみることにしました。すると「馬」に関する質問が、ざっと百件程も見つかりました。それでもこの数字が網羅的なものでなく、あくまでデータベースに参加している図書館の事例の一部だとすれば、多くの市民や住民は「馬」について相当に興味関心を持っていることがわかります。何を知りたいと思ったのか、すべてをご紹介できませんが、瞥見すると以下のようなものでした。

・馬の年齢の数え方を知りたい(所沢市立所沢図書館)
・馬は立ったまま寝ると聞いた事があるが、腹這うことがあるのか。写真で分かるものが見たい。(横浜市中央図書館)
・世界の馬の数、国内の乗用馬の数と種類、オーストラリアに馬はいなかったはずなので今いるのかを知りたい。(いわき市立いわき総合図書館)
・都道府県別の馬の飼養頭数について、明治三十五年以降から昭和の初めまで、五〜十年刻みで調べたい。(国立国会図書館)
・どうして日本では馬車は牛車に比べ、あまり発達しなかったのか(市川市中央図書館)
・戦国時代に馬を使った戦は、よく知られていますが、いつごろから戦に馬を使っていたのでしょうか?(大

阪府立中央図書館）
・干支である「午」に関する詩や短編を紹介してください（京都女子大学附属小学校図書館）
・折口信夫の短歌に馬頭観音をうたった作品があったが、四国の八十八ヶ所めぐりで行き倒れになった人を痛んで詠んだものとのこと。その作品にあたれる資料を探している（磐田市立中央図書館）
・「無事是名馬」という言葉は本当にあるのか。「無事是貴人」が変化したのか、それとも新しいことわざなのか（東京都立中央図書館）
・鏡に写した文字（ひだり馬？）は縁起がいいということだが、その由来などを知りたい（国立国会図書館）
・豊中の「ウマザカ」を夜通ると、馬の首が転げ落ちてくるという伝承に関する由来とその資料について教えて欲しい（豊中市立図書館）
・宮城県の神社における馬の奉納について調べている。馬屋のある神社を古い絵図で確認できないか、神社の馬屋や奉納について書いている古い資料にどんなものがあるか（宮城県図書館）
・春駒について知りたい（近畿大学中央図書館）
・中南米の楽器で動物（馬や驢馬）のアゴの骨でできたものがあるが、その名称を知りたい（岡山県立図書館）

クイズのように、さまざまな分野の質問が並んでいます。これに対して、各館の簡明で精緻な回答が用意されていました（回答については、データベースを参照）。

授業では、書誌を作成しましたが、上記のような質問に即座に答えるには、一つの書誌では太刀打ちできないことが明らかです。こうしてレファレンス・ライブラリアンは、日常的な調査・研究を通じて、予測的に、さまざまな多くのテーマに関する専門書誌や主題書誌を作成しておき、レファレンス・サービスの檜舞台に備えます。

さらにその成果を活用し、利用者が調べるのに役に立つ「パスファインダー」（調べ方案内）を提供しなくてはならないのです。

今後また機会があれば、学生たちと、「馬」に関する埒を越えた総合的なパスファインダーを作成してみたいと思います。

学術情報課程教授　那須雅熙

1　那須雅熙「「日本の馬と信仰」に関する書誌の作成」『「食と農」の博物館展示案内』六七、二〇一四年三月、二十一頁
2　東京農業大学学術情報課程／図書館司書履修生（代表：木村到、小林拳）『書誌――馬と信仰』二〇一四年三月

3　http://www.oclc.org/support/services/questionpoint.en.html

4　http://crd.ndl.go.jp/reference/

馬関連書籍の書評作成について

「食と農」の博物館開館十周年記念展示「農と祈り――田の馬、神の馬」の図書資料に関わる企画に、学術情報課程の司書資格履修学生とともに参加いたしました。博物館・図書館ともに取り扱う情報媒体がやや異なりますが、利用者に情報を提供する情報提供機関であることは共通しています。今回の特別展における企画は、「情報サービス演習」の一環として四年生、短大二年生が中心となりました。

図書館における情報サービスは、利用者と図書館資料を結びつける基本的なサービスです。情報サービス演習は、情報サービスの業務について理解を深めるとともに、情報化社会での多様化した情報源に対し、利用者の要求に応じられるような情報リテラシーを身につけさせることを目的にしています。

この演習の中核は、情報の探索と提供です。これは、図書館利用者の質問に対して、図書館資料を使った探索やネットワーク上のデータベースなど活用した情報検索を行っています。特にデータベースの活用では、キーワードの使い方によって検索精度が大きく変化します。そこで、学生の専門分野の論文を科学技術振興機構が提供するJ―STAGEから入手させ、キーワード抽出と索引語への変換を行います。データベース構築の一端を体験させることによって、データベース検索の理解を深めさせます。

図書館における情報サービスは、利用者側からの要望を受けて行われることが多くあります。近年、インターネットや電子書籍、電子ジャーナルの普及によって、利用者の情報入手形態が変化し、図書館における情報提供の在り方も変わりだしてきています。図書館側からは、構築されている資料を活用してもらえるように利用者への積極的な情報提供を行っていく必要があります。演習では、利用者が図書館資料を利用してもらえるように資料を紹介する書評の作成についても実施しています。

情報サービス演習では、このように情報化社会に即した内容を取り入れ、学生自らが情報サービスの在り方を考えつつ、情報活用能力を高めるように工夫しています。

・役畜関連書籍の書評作成

特別展の企画に参加するにあたり、役畜に関わる資料の探索を実施しました。国立国会図書館のＮＤＬ―ＯＰＡＣ、公共図書館、大学図書館等のＯＰＡＣ、日本書籍総目録やＣｉＮｉｉＢｏｏｋｓなどのデータベースで検索をし、馬関係の資料のリストアップを行いました。このリストアップした書籍の中から、学生が任意の書籍を選んで書評を作成しました。

書評とは、本の内容を紹介するだけでなく、その内容を分析して批評や評価したものをいいます。書評の要素には、内容紹介、論点の提示、論点の批評などが含まれます。重要なのは、書評を読んで「本を読んでみよう」という気にさせるということで、図書館の資料の利用率を高めることが期待されます。

書評の作成には、作者の論点の把握や学生自身の評価を加えるため、書籍の熟読が必要です。これにより、学生たちは資料への向き合い方、効果的に情報を提供するための方法を身につけていきます。

書評の出来映えの判定は、「書評バトル（ビブリオバトル）」によって行います。「書評バトル」とは、各自が作成した書評をクラスで発表し、どの本が一番読みたいと思ったかを投票で決めるものです。プレゼンテーションの技術力も影響しますが、書評が上手く書けている学生の得票率が高いのは言うまでもありません。

学生が作成した書評の一部を次に紹介いたします。

書　名：日本の馬と牛
著　者：市川健夫
出版社：東京書籍
出版年：一九八一年

『日本在来牛馬のルーツから始まり、近代の牛馬肉消費動向までを記した本である。役畜としての牛馬について述べられているのは最終章のわずか十一ページだが、その中で古代～昭和中頃までの役畜と日本の文化・経済との関わりをたどることができる。

本書の特徴は、数値の具体性にある。牛一頭当たりの耕作面積や馬の年代別飼養頭数などが、事細かに記載されているのだ。これだけの分量のデータをまとめた本は、それほど多くは世に出回っていないのではないだろうか。

二百五十ページに満たない本ではあるが、上記のように貴重なデータが山ほど盛り込まれており、読み応えは充分な一冊だ。』

書　名：馬は語る　人間・家畜・自然
著　者：沢崎坦
出版者：岩波書店
出版年：一九八七年

『この本を読んで一番伝わってくることは、著者の馬への愛情だろう。幼少期に馬に魅せられ、生涯を馬と過ごしてきた著者だからこその視点で馬と人との関わりや生態、現状や問題が記されている。本書の中の馬はとても生き生きとしていて、文体はまさに著者を通して馬自身が語っているようである。各所で使用されている著者自らが撮影した馬たちの写真からも気取っていない普段の様子を伺うことができる。馬の専門書のように難しい用語や生態が出てくることは少なく、ありのままの身近な馬の姿が伝わってくるため、あっという間に読み終わってしまうだろう。最終章では著者が馬や馬に関係してきた人たちとの思い出深いエピソードがいくつか載せられており、馬とのやりとりから多くの人生のポイントや教訓を学ぶことができるだけでなく、とても温かい心で本を閉じることができる。』

書　名：わらうま　その民俗と造形
著　者：馬の博物館特別展／根岸競馬記念公苑（馬の博物館）学芸部／編
出版社：横浜　馬の博物館
出版年：一九八八年十月

『躍動、神秘、精巧、はかなさ、緻密さ、愛おしさ…。百三十という本書に載っている〝わらうま〟を見て、そんな言葉が浮かんでくる。人々は何を考え、何を思い、この〝わらうま〟を作ったのか？

それは、カミの存在証明、カミの送迎手段、カミへの願い・感謝のための手段であった。

この百三十近くある〝わらうま〟を目にしたとき、現代人である我々は、何を考え、何を思うのか？　私は、本書の〝わらうま〟を目にしたとき、その愛らしさや神秘さから、当時の人々の馬への愛しみやカミに対する姿勢を思わずにはいられなかった。日本人が大切にしてきた、「目には見えないものへの尊敬の姿勢」というのを、この〝わらうま〟が物語っているように感じた。』

書　名：図説　馬と人の文化史
著　者：J、クラットン＝ブロック
監　訳：桜井清彦
出版社：東洋書林
出版年：一九九七年

『機械文明が発達し、「役畜」という言葉自体に馴染みがなくなっている。しかし、機械が動力として活躍してきたのはごく最近のことであって、それまで人間社会の発展に大きくかかわってきたのは馬や牛などの動物、「役畜」である。

本書では、ウマを主体にその生態から、家畜化・利用の歴史が詳しく記載されている。人を乗せ、荷車を引き、畑を耕し、戦場を駆ける…そんな古代から人間社会と深くかかわりを持ち続けてきた馬。その歴史を詳しく知りたいという人にとっては、豊かな情報が得られるだろう。』

書　名：WORKING HORSE —働く馬—
著　者：［編］馬事文化財団　馬の博物館
出版年：二〇〇二年三月二十二日

『日本の働く馬

動物好き（特に馬好き）で役畜に興味を持つ人向けの一冊である。

表紙を見てわかるように本書の中には働く馬の写真や絵が多く、写真や絵を見ているだけでも楽しめる。しかし、その写真一つ一つには馬が働くことになった歴史や役畜用に改良された変化が見て取れると思う。

例えば、乗馬用の馬と輓馬の体の形の違いを紹介する絵では、動物園で見る馬とは違う馬の姿が見られる。動物園の馬より太い首に、短く太い脚。この写真は重い荷物をひたむきに運ぶ馬の姿につながるだろう。

さらに、日本の働く馬の姿にも心惹かれる。岩手県の山の中で切り出した丸太を運び出す白馬の写真は、いまでは見ることの少なくなった馬の姿である。

本書は写真や絵だけでなく内容面も充実している。明治政府の西欧農業に学ぶことを意図した農業振興策の始まりや明治維新後の水田作を中心とする畜力農機具の改良と馬耕技術の向上普及の進展など、歴史背景と合わせた農業と役畜の説明が充実している。これらはわかりやすいグラフと共に説明されており役畜とその歴史について理解の進む一冊である。』

書　名：図説：日本の馬と人の生活誌
著　者：山本芳郎、有馬洋太郎、岡村純
出版社：原書房
出版年：一九九三年

『この本の厚さは約三センチ、本棚に並んでいたらほとんどの人が遠慮する厳めしい身なりをしている。ただ、パラパラとめくったほんの一ページだけを我慢して読んでみれば、著者たちの馬への情熱がすぐに伝わってくる。

　本書で最も強調したいのは図説であることだ。文章の解説もさることながら、豊富に盛り込まれている図や写真を眺めているだけで時間は過ぎ去っていく。まずは図だけでも目を通してもらいたい。戦前の生活を切り取った白黒写真が並べられ、馬子《まご》と美しい風景をたくさんみることができる。

　本書の挨拶冒頭から、馬への情熱たるや並大抵のものではないことがわかる。「馬、なかでも我が国に現存する馬の主流であるサラブレッドは（中略）すばらしい動物である。流麗な体型、ビロードの皮膚、軽快優美な脚は『生きている芸術品』というにふさわしい。」こんな愛情を持った人間たちが五百ページ以上も馬について分かりやすく教えてくれているのである。

　また本書は馬と別の視点からも大いに楽しめるようになっている。著者らは馬の歴史を紐解くために、全国の農村に足を運んでは現地の生活を見聞し、写真や図を用いてわかりやすく解説している。現地の一人ひとりが持つ歴史や生活を、馬を軸に記録していて、私たちはこれを読むだけで、昭和初期にタイムスリップできる。

　本書は馬の歴史についてはもちろん事細かに述べられているが、近現代の生活を学習するのにもってこいのツールであると感じた。』

まだ、多くの学生が作成した書評をご覧いただきたいのですが、紙面の関係上、ほんの一部の学生達が作成したものを掲載しました。学生達の書評の発表を聞いていますと、農家が農業に対して誇りを持っていること、更にはその農業を支えてくれる役畜に深い愛情を注いでいることが理解できたようです。近年では、機械化が進み役畜の活躍する姿が見られなくなりましたが、その役畜を題材にした情報探索と情報提供の課題を実施したことで、我が国の農業のあり方を改めて考えたのではないでしょうか。

学術情報課程准教授　惟村直公

あとがき

「馬文化」の検証と発展の要は、馬を語り部として過去、現在、未来を思考することであるのかもしれません。この世界を語るに最も相応しい動物は人と出逢った馬なのでしょう。例え我々の歴史のどこかで馬が不在でも、それは不在という形で存在しているのですから。馬を廻る考察は、人間が必要とする様々な要求に馬が十分に応えて来たが故に、我々に危機感が高まるときにこそ深まるのかもしれません。

最後に、本書編集にあたっては、松葉直子氏、早川佳代氏、（有）彩考、「食と農」の博物館・中垣千尋氏、同・砂川三紀氏および学術情報課程の先生方にご尽力頂きましたこと、心より感謝いたします。

平成二十七年三月十日

学術情報課程

日本人と馬 ——埒《らち》を越える十二の対話

平成二十七（二〇一五）年三月十日　初版

企画・編集　東京農業大学「食と農」の博物館・学術情報課程

発　行　所　東京農業大学出版会
〒一五六-八五〇二 東京都世田谷区桜丘一-一-一
TEL 〇三-五四七七-二六六六

装丁・デザイン／木村正幸（デザイン工房エスパス）
印刷／青森コロニー印刷株式会社
製本／時田製本印刷株式会社